北京市科学技术委员会
科普专项资助

大学科普丛书
第一辑 潘复生主编

Perpetual Competition

万年的竞争
新著世界科学技术文化简史

刘 夙◎著

科学出版社
北 京

图书在版编目(CIP)数据

万年的竞争：新著世界科学技术文化简史 / 刘夙著. —北京：科学出版社，2017.4

（大学科普丛书）

ISBN 978-7-03-052332-7

Ⅰ. ①万… Ⅱ. ①刘… Ⅲ. ①科学技术-文化史-世界-普及读物 Ⅳ. ①G321.9-49

中国版本图书馆 CIP 数据核字（2017）第 052329 号

丛书策划：侯俊琳

责任编辑：牛　玲　张翠霞 / 责任校对：彭　涛

责任印制：李　彤 / 封面设计：有道文化

编辑部电话：010-64035853

E-mail: houjunlin@mail.sciencep.com

科学出版社 出版

北京东黄城根北街 16 号

邮政编码：100717

http://www.sciencep.com

北京虎彩文化传播有限公司 印刷

科学出版社发行　各地新华书店经销

*

2017 年 4 月第　一　版　开本：720 × 1000　1/16

2018 年 1 月第　二　版　印张：24 3/4

2022 年 5 月第四次印刷　字数：310 000

定价：58.00元

（如有印装质量问题，我社负责调换）

总　序

人类历史是一部探索自然和社会发展规律的编年史。无论是混沌朦胧的原始社会，还是文明开化的现代社会，人类对自身的所处所在都充满了与生俱来的天然好奇心。在历史发展的长河中，通过不断地传承、质疑、探索、扬弃，人类在认知自我、认知自然、认知社会的过程中集聚了强大的思想动能，为凸显人类理性光辉、丰富人类精神生活、推动人类社会持续进步提供了有力的精神武器。科学，作为运用范畴、定理、定律等形式反映现实世界各种现象的本质、特性、关系和规律的知识体系，既可以解释已知的事实，也可以预言未知的新的事实，在人类文明发展中始终扮演着重要的角色，随着人类对未知世界深入探索，在当今以至未来社会，科学知识的普及和传播必将发挥越来越重要的作用！

2016 年 5 月 30 日，习近平总书记在全国科技创新大会、两院院士大会、中国科学技术协会第九次全国代表大会上发表重要讲话，提出了“到新中国成立 100 年时使我国成为世界科技强国”的奋斗目标。总书记还强调，“科技创新、科学普及是实现创新发展的两翼，要把科学普及放在与科技创新同等重要的位置。没有全民科学素质普遍提高，就难以建立起宏大的高素质创新大军，难以实现科技成果快速转化。希望广大科技工作者以提高全民科学素质为己任，把普及科学知识、弘扬科学精神、传播科学思想、倡导科学方法作为义不容辞的责任，在全社会推动形成讲科学、爱科学、学科学、用科学的良好氛围。”从中可以看出：科学普及不仅是推动经济发展、提升公民科学素养的必要手段，而且也应该成为高等院校和科研机构服务社会的重要职责。

在当前国内科普图书市场上，原创科普佳作依然难得一见，广受关注和好评的还多数是引进版，这与我国科研水平快速提升的现状极不相称。近年来，科学普及受到全球各国政府、社会组织以及公众的高度重视，形成了快速发展态势，科学普及工作也有了很多新的变化。在现代科学传播理念的指引下，科学普及既要关注科学的产生、形成、发展及其演变规律，包括人类认识自然和改造自然的历史；也要关注自然界的一般规律、科学技术活动的基本方法和科学技术与社会的相互作用等问题。科学普及不仅要传播自然科学和人文社会科学知识，更要积极引导公众在德、智、体、美等方面的全面发展。因此，需要不断创新，务求实效。

由重庆市科学技术协会主管、重庆市大学科学传播研究会主办、面向全国的《大学科普》杂志，自 2007 年创刊以来，始终以“普及科学知识，创新科学方法，传播科学思想，弘扬科学精神，恪守科学道德”为己任，致力于推动大学与社会的结合，通过组织全国科学家解读科学发现和技术发明，创作高水平的科普文章和开展丰富多彩的科普活动，激发公众的科学热情，传播科学精神和创新精神，在全国科普界独树一帜，影响深远，为提升全民科学素养做出了积极的贡献。

十年磨一剑，砺得梅花香。《大学科普》杂志围绕广受公众关注的科技话题，通过严谨而细致的长期打磨，积累了丰富的高校科普资源，全国一大批科技工作者由此走上科普创作之路，在此基础上，组织一套原创科普佳作可谓水到渠成。科学出版社对科普工作高度重视，双方经过一年多的合作策划，形成了明确的丛书组织思路，汇集了全国众多来自高等院校和科教机构的优秀科普专家，以科学技术史、科技哲学、科学学、教育学和传播学等学科为支撑，将自然科学、工程技术科学和人文社会科学等融合传播，力求带给读者全新的科学阅读体验，真正起到激发科学热情、传播科学思想、弘扬科学精神的作用。在此，我们也热忱期待有更多科学家和科普工作者加入这一行列，为全民科学素养的提升、为国家创新发展贡献出智慧和力量！

中国工程院　院　士
中国材料研究学会　理事长
吉林大学　校　长

2017 年 3 月 20 日

前 言

2014 年上半年，在博士后即将出站时，我到成立未久的重庆大学人文社会科学高等研究院做了半年访问学者，为本科学生开设了“世界科学技术文化史”通识选修课。本书就是由这门课程的讲义改编而成。因为当初一共给学生上了 16 次课，除了两次课安排为课堂讨论外，其余 14 节课均由我讲授，所以这本书正文也有 14 章。

本书初稿完成于 2014 年 8 月。是年 9 月，我到上海辰山植物园从事植物文化方面的科学普及工作，暂时不再研究世界科技文化史，加上我本来计划用几年时间对全书进行细致的修订，这本书稿也就搁置了半年多。直到 2015 年 5 月，我看到市面上陆续开始出现一些和书中有类似观点的著作，才下定决心尽快把它修改到可以作为通俗读物出版的水平，为自己的原创思想争一争优先权。不过因为工作繁忙，到 2016 年年底才把书稿改定。在这期间，世界已经接连发生了法国巴黎恐怖袭击、英国公投脱欧、特朗普当选美国总统等重大事件，越来越多的人已经持有和我相同的看法，就是世界已经再次走到了一个前途未卜的历史转折点。我相信，我在书中的思考应该会对担忧世界前景的人有所启发。

虽然这本书本来是大学通识课的讲义，但是它似乎不太符合通识课的要求，因为我在里面强烈地体现了个人的哲学思想和历史观。这些思想和观念在国外学界看来虽然已经不算新颖，但在国内还很少有人研究，把它们用在世界科技文化史的叙事上更是前所未有，这正是本书副标题中“新著”二字的含义。考虑到国内思想界的现状，如果有讲授世界科技文化史的大学教师愿意把本书作为参考书，我会颇为感激。当然，除了这个新的编史纲领和书中个别议题（如科学和俗常世界观的关系、国防思维批评、规范整体论批评）之外，本书中的大部分内容仍是前人研究的成果。它们的主要出处，我在参考文献中已经给予了较为详细的说明。

我在书中尽量从比较客观的角度出发讨论问题，但正如我在第五章结尾所说，本书并没有（也不可能）保持“价值中立”，所以在书中（特别是后半部分）不可避免会有个人的议论。这样一部具有鲜明个人风格的宏观历史著作不可避免会引发持不同意见的学者和一般读者的批评，我会虚心接受其中的合理成分。此外，因为我从事科技史研究的时间很短，对文献的掌握和史实的了解都不够充分，书中肯定还有不少错误和疏漏，也欢迎读者不吝赐教。

感谢北京大学生命科学学院饶毅教授为我提供了在博士后期间研究科技史的机会。感谢清华大学人文学院吴国盛教授在科技史和科技哲学方面的教诲，本书中有不少观点即来自吴教授和他的高足。我在重庆工作期间，重庆大学的靳萍老师对我多有照顾，本书的部分章节又得以先在她主编的《大学科普》杂志上发表，我对此深表谢意，本书也因此最终列入“大学科普丛书”。感谢中国人民大学重阳金融研究院的贾晋京在近现代经济史和金融史方面给予的指点，他还帮助审阅了本书的第一稿。感谢复旦大学现代人类学实验室的严实审阅了前两章中和分子人类学有关的内容。感谢中国科学院自然科学史研究所硕士生戴凌青和英语名师、工业化的深度思考者陈虎平审阅了本书修改稿，分别主要从科技史和科技哲学角度提出了许多修改意见，帮助我改正了很多较为严重的错误。感谢科学出版社的侯俊琳和牛玲两位责任编辑的辛勤工作。最后，感谢我的爱人李佳这几年间对我的支持和鼓励。

刘夙　谨识

2016年12月16日于上海松江

目　录

第一章　从古猿到智人

从费因曼的段子说起

这本书的副书名叫作“新著世界科学技术文化简史”。这个名字听上去有点儿长，而且似乎有点奇怪：如果单叫“世界科技简史”，好像还好理解，为什么还要加一个“文化”呢？科技和文化是什么关系？还有，在这个副书名的英文翻译（*A New Brief World History of Science*，*General Technology & Culture*）中，technology 一词前面怎么还有一个 general？这是什么意思？

的确，按照史学界的学术规范，在讨论像“科技文化史”这样的概念之前，理应先给“科学”（science）、“技术”（technology）和“文化”（culture）都下个定义，从而再给“科技文化”下个定义，确定好它的内涵和外延，才方便之后的研讨。但麻烦的是，虽然大家对科学、技术和文化这三个词完全不陌生，但它们恰恰都是那种很难给出定义的词。这种困难体现在两个方面：第一，这三个概念所涵盖的现象和活动非常复杂多样，要把这么多现象和活动的共性和本质找出来，并概括成简单的语言，本身就是一件不容易的事情；第二，即使有人辛辛苦苦给它们下了定义，其他人也可能不接受，而另外为它们下别的定义。因此这三个概念有很多不同的定义，如何在这些定义中进行抉择，同样是一件不容易的事情。

对于历史学这样的人文社会学科来说，因为缺乏像理工科那样的思想共识，上面提到的在同一个概念多种不同的定义中进行抉择的困难，就成了一个很突出的问题。美国有一位很有名的物理学家叫费因曼（Richard P. Feynman），博士毕业于普林斯顿大学，是 1965 年诺贝尔物理学奖得主。他同时也是一个很不错的科学通俗读物作家，晚年由他口述的自传《别闹了，费因曼先生！》非常有趣。书里面有一段，就体现了身为自然科学学人的费因曼对哲学概念在定义上缺乏共识的现象的嘲讽：

在普林斯顿研究院的餐厅里吃饭、聊天时，大家总喜欢物以类聚地坐在一块。开始时我也跟物理学家坐在一起，但不久我就想：看看世界其他人在做些什么，一定也很好玩。因此，我轮流和其他小组的人一起用餐，每一两个星期转移阵地一次。

当我转到哲学家的小组时，听到他们很严肃地在讨论怀特海（Alfred North Whitehead）所著《过程与实相》（*Process and Reality*）一书。他们的用语很奇怪，我不大听得懂他们在说什么，但我不想打断他们的谈话，唠唠叨叨地要他们为我说明，其实有几次当我真的问问题，而他们也试着解释，我还是摸不着头绪。最后他们干脆邀请我去参加他们的研讨会。

他们的研讨会很像在上课，每周固定一次，讨论《过程与实相》的其中一章，方式是由某些人报告读后心得，之后再进行讨论。在参加这个研讨会之前，我拼命提醒自己，我只不过是去旁听，千万别开口乱说话，因为我对他们的题目一无所知。

研讨会上所发生的事，却是很典型的——难以置信的典型，但千真万确地发生了。首先，我安安静静地坐在那里一句话也没说，这也是很难置信的事，但也真的发生了。接着一位同学就讨论的一个章节发表报告。在这一章内，怀特海不停使用“本质客体”这个名词，用法很专门，也许他曾在书中对这个词下过定义，但我完全搞不懂那是什么东西。

略微讨论过“本质客体”的意义之后，主持研讨会的指导教授讲了一些话，意图澄清观念，又在黑板上画了些像是闪电的东西。“费因曼先生，”他说，“电子是不是‘本质客体’呢？”

于是，我又惹上麻烦了。我解释说，由于我没有读过那本书，因此我压根儿不晓得怀特海所指为何，而且我只是来旁听的。“不过，”我说，“如果你们先回答我一个问题，让我多了解‘本质客体’这个概念，我就可试试回答教授的问题了。请问砖块算不算一种本质客体呢？”

……答案倾巢而出。有人站起来说：“一块砖就是单独的、特别的砖。这就是怀特海所说的本质客体的意思。”

可是又有人说：“不，本质客体的意思并不是指个别的砖块，而是指所有砖块的共有的普遍特性，换句话说，‘砖性’才是本质客体。”

另一个家伙站起来说：“不对，重点不在砖的本身，‘本质客体’指的是，当你想到砖块时内心形成的概念。”

他们一个接一个地起立发言，我发现这是我有生以来第一次听到那么多关于砖的天才的说法。后来，就像所有典型的哲学家一般，场面一片混乱，好笑的是，在先前那么多次的讨论中，他们从来没有问过自己，究竟像砖块这类简单物体是不是“本质客体”，更不用说电子了！

实际上，怀特海的用词不是“本质客体”（essential object），而是“永恒客体”（eternal object），费因曼记错了。从哲学的角度讲，那三个学生对怀特海的“永恒客体”概念的理解也都不对。但是这些都不影响这一段故事体现的自然科学家从人文学科概念的不唯一性那里感受到的“荒谬”性。

同样，如果一定要在本书一开始就探讨科学、技术和文化这三个词的种种定义的话，那这本普及读物的开头就会陷入一些抽象的、过于学理性的讨论，读者会觉得太无聊了，摔书不读还是轻的，我怕的是以后大家可能会像费因曼那样对人文学科抱有终生的偏见。更何况，如果没有把对科学、技术和文化现象与活动的直观感悟作为知识基础的话，即使给出对这三个词的定义，给大家的印象也不深刻，大家也不容易记住。所以，最好还是先开始讲具体的、生动的史实，有了一定的史实基础之后，再回来总结科学、技术和文化的定义，这样比较有趣味，感受也会比较深刻。

那么，一部世界科技文化史，应该从哪里讲起呢？我们先来看两个现成的例子。美国学者詹姆斯·麦克莱伦三世（James E.

McClellan Ⅲ）和哈罗德·多恩（Harold Dorn）合著的《世界科学技术通史》一书，在美国广泛用作这门课的教材，它的第一章先从由古猿到智人的演化讲起；中国学者吴国盛所著的《科学的历程》追溯得更远，是从宇宙的起源和演化讲起，其后当然也要讲人类的起源和演化。国内外的科技通史作者不约而同都把这个“故事”（英文 story，它和“历史”history 是同源词）的开头放在人类的诞生或更早，这是因为，从人类诞生的时候开始至少就已经有技术或文化了，所以不先从几百万年前讲起是不行的。不仅如此，我觉得上述两部著作对从猿到人、从旧石器时代到农业出现前夕的这段历史讲得还太简略，人类社会中有些关键的要素，恰恰是在这段时间内奠定其基础的，只有充分了解人类的这段早期历史，才能很好理解此后历史时期中人类社会的各种现象。所以，这第一章将只讲农业以前的人类故事，第二章再讨论“三农”问题。

“生物学人类”的起源和人类的本质

其实，“人类”（humans）这个概念也是没有统一定义的。我们先从生物学意义的人类开始吧——这是最流行、最容易被今天的人接受的一个定义。“生物学人类”（biological humans）这个概念，是伟大的英国生物学家查尔斯·达尔文（Charles R. Darwin）在19世纪中叶提出以自然选择为基础的演化论之后，才发展成熟的。今天，连很多普通的中国人都知道“人是猴变的”，可见演化论思想在中国普及之广。

不过，知道一种思想和能够正确理解这种思想，是两回事。一般人对人类演化的理解其实充满了错误。比如，严格来说，猴（monkeys）和猿（apes，也叫“类人猿”anthropoids）首先是指现代仍然生存的物种，而现生的猿猴里没有一种是人类的祖先。准确的说法应该是，从猴、猿、人的共同祖先中演化出了猴类的祖先与人猿共同的祖先，再从人猿共同祖先演化出长臂猿类的祖先与大猿（great apes，是猩猩、大猩猩、黑猩猩和倭黑猩猩的统称）和人类的共同祖先，复从大猿和人类的共同祖先演化出大猿的祖先和人类的最近祖先——猿人，最后从猿人演化出人类。

我们可以用动物分类学的语言把这个过程重述一遍：现代的猴类、长臂猿类、大猿和人类及历史上存在过的那些形似的祖先类群都属于灵长目（Primates）。首先，人猿共同祖先和其他灵长目动物的祖先分离开来，形成了人总科（Hominoidea，英文hominoids）；然后，长臂猿类的祖先分离出去，剩下的形成人科（Hominidae，英文hominids）；接着，猩猩的祖先分离出去，剩下的组成人亚科（Homininae，英文hominines）；再次，大猩猩的祖先，以及黑猩猩和倭黑猩猩的共同祖先先后与人类的祖先分离，三者分别形成大猩猩族（Gorillini）、黑猩猩族（Panini）和人族（Hominini，英文hominins）。人族包含好几个属，其中只有人属（*Homo*）的各个种能够称为“人类”，它们是从其他那些“猿人”属演化出来的。这些关系用语言表述出来很啰唆，但画一张图便一目了然（图 1-1）。

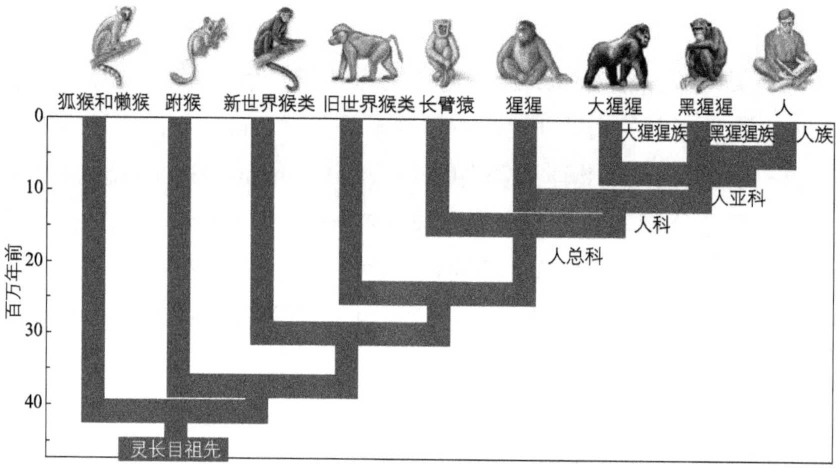

图 1-1 灵长目的系统发育树

图片来源：根据麦格劳-希尔教育出版集团版权所有的图片翻译、改绘

这种演化关系是怎么确定的呢？原来我们和其他灵长目动物的亲缘信息竟然就藏在我们身体的几乎每个细胞里！乍一看，这可能会让人吃惊，但如果大家回忆一下中学时学过的生物学知识，就觉得并不神秘了。人体的绝大多数细胞都含有 DNA（“脱氧核糖核酸”的英文 deoxyribonucleic acid 的缩写），也就是遗传信息的载体。这些贮存在 DNA 分子中的遗传信息，在形式上体现为 4 种碱基（A、T、C 和 G）的序列。但是，DNA 上已经确定有意义的序列（也就是基因）只占其全长的一小部分，更多部分是目前还不知道其功能的序列。这就好比一本书里面我们能看懂的文字只占一小部分，几乎湮没在其他大量的乱码里面一样。DNA 中的这些无义序列既然不能“表达”成具有生物学功能的 RNA（核糖核酸）、蛋白质等物质，也就不受自然选择的影响，而是随机地发生突变。这个突变速率几乎是恒定的，在误差

允许的范围内就像钟表一样准时——每过差不多一段相同的时间，就发生一次突变。因此，从共同祖先分离出来的两个种的同一段 DNA 无义序列差别越大，它们分离的时间越久，亲缘关系越远，而且具体的分离时间是可以通过序列的差异程度推算出来的——这就是“分子钟”（molecular clock）测年法。

正是通过用分子钟方法比较人和其他灵长目动物的 DNA 序列，我们不仅能够确定现生灵长目动物之间的演化关系，而且能够大致确定它们的祖先相互分离的时间。根据最新的研究成果，还在 8500 万年前的晚白垩纪，那时恐龙还没有灭绝，灵长目的祖先就已经和其他哺乳动物的祖先分开了；大约 3000 万年前的渐新世，人猿共同祖先和其他灵长目动物的祖先分离；到 1500 万～ 2000 万年前的中新世，长臂猿类和人科分离；大约 1400 万年前，猩猩的祖先和人亚科分离；600 万～ 800 万年前，大猩猩族分离出来；450 万～ 600 万年前，黑猩猩族与人族分离开来，到这个时候，人类祖先就和所有 4 种大猿的祖先“相揖别”了。

现在让我们来看人族这个分支出现之后的演化过程。已知人族最早的属可能是萨赫勒人属（*Sahelanthropus*），是 2001 年在乍得境内的萨赫勒地区（撒哈拉沙漠南部的一条荒漠草原带）发现的。根据专用于化石年代测定的一套办法，人们测出萨赫勒人生活在 600 万～ 700 万年前，这几乎与上述用分子方法算出的人族和黑猩猩族分离的时间同时。因此，如果萨赫勒人的确是人族成员的话，那它就代表了人族的最早阶段。不过，也有人认为萨赫勒人可能是人和黑猩猩的共同祖先。

在大约 400 万年前，非洲出现了南方古猿属（*Australopithecus*），其中最有名的一个种叫阿法南方古猿（*Australopithecus afarensis*），1974 年在东非发现了一具被命名为“露西”（Lucy）的保存较为完整的女性阿法南方古猿全身化石。南方古猿属里有几个生活在 150 万～ 300 万年前的化石种，现在被放到了另一个叫傍人属（*Paranthropus*）的属里。当傍人属在东非大地上栖息的时候，人属也在约 240 万年前于南非地区出现了，随后也扩散到东非。今天大部分古人类学家认为，人族可以分成包括萨赫勒人属在内的地猿群

（*Ardipithecus* group，也叫早期人族 early hominins）、南方古猿属、傍人属和人属 4 个主要的类群（图 1-2）。

上面我们只是简单罗列了一下人类祖先在人属出现之前的演化情况，但完全没有提不同属种的界定标准。为什么一块化石应该归于猿人属而不是人属呢？怎么确定一个头骨属于这个种而不是那个种呢？这就涉及属种的界定问题，也就开始涉及人类的“本质”问题了。

我们还是从最早的萨赫勒人开始说起。萨赫勒人的头骨在很多方面都像黑猩猩，但也具有人类的一些独有特征，比如犬齿较小、枕骨大孔（foramen magnum）的位置前移等。枕骨大孔是脊柱和颅骨相连接的位置，人类因为只用两足直立行走，枕骨大孔位于颅底中央，这样头可以正好架在竖直的脊柱之上。黑猩猩因为主要靠四肢行走，枕骨大孔还是位于颅底靠后处。这样一来，从枕骨大孔的位置就可以推测化石种的行走方式了。从萨赫勒人的枕骨大孔位置，我们似乎可以推测，它已经可以在部分时候仅靠两足行走了。400 万年前出现的南方古猿属的各个种，则几乎可以肯定都能靠两足行走。这样看来，双足行走大概可以认为是人族的共同特征之一。

其实，古人早就意识到双足行走是人类的重要特征。古希腊哲学家苏格拉底（Socrates）就把人类定义为“双足行走的没有羽毛的动物”，之所以加上“没有羽毛”，是为了和同样双足行走的鸟类相区别。说到这个定义，哲学史上有个很有名的笑话：苏格拉底的学生柏拉图（Plato）很欣赏他老师对人类下的这个定义，不料却遭到犬儒派学者第欧根尼（Diogenes）的驳难。第欧根尼把一只鸡拔光羽毛，带到柏拉图面前，说：“看，我给你带来个人！”柏拉图不由语塞。之后，柏拉图便不得不给人类加了另一个特征的限定——具有宽平的指甲。

那么，人类的祖先为什么要从四足行走改为双足行走？一个过去很流行的说法是，因为气候变化，人类的四足祖先栖息的非洲森林逐渐变成了树林非常分散的热带稀树草原（savanna），因此它们被迫适应双足行走，既是为了能够长途跋涉，从一片树林到另一片树林栖息，又可以抬高视线，以便更好地发现附近凶猛的食肉动物。按照这个说法，双足行走简直可以视为人类之所以成为人类的重要的第一步。

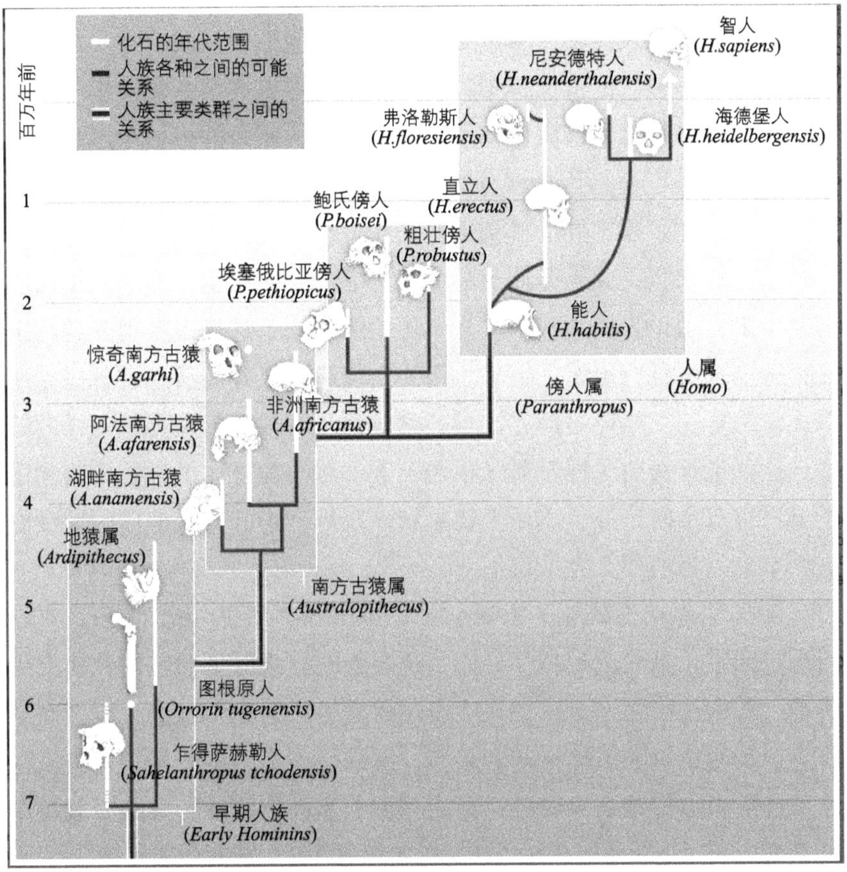

图 1-2 人族的系统发育树

图片来源：根据美国史密松协会（Smithonian Institute）人类起源网站版权所有的图片翻译、改绘可惜，这个说法后来遭到了挑战。古生态学家想方设法重建了非洲的古气候，结果发现热带稀树草原全面替代森林的时间是300万～200万年前，这比人族的出现晚了好几百万年。无论是早期人族还是南方古猿，实际上还是生活在森林里，只不过那时的森林已经不再郁闭，而是在其中散布了很多比较开放的疏林罢了。

这样一来，人类祖先为什么要双足行走的原因，就变得不那么明显了。于是各种假说纷至沓来，充分体现了古人类学家和动物学家的想象力。相对而言，采集食物假说是比较有说服力的——虽然森林并没有完全消失，但是因为气候变得干旱，树林里的食物资源减少了。人类祖先因此必须想办法摘到那些长在过于纤细而不能承受自己体重的枝条上的果实，或是开放疏林中多刺灌木上的果实。显然，把前肢解放出来，用手去摘这些果实是个不错的办法，这样人类祖先就逐渐变得适应于双足行走了。但是，因为它们终归还是生活在森林里，所以无论是早期人族还是南方古猿，其骨骼还有很多与黑猩猩一样的特征，比如指骨弯曲（便于攀缘枝条）等。总而言之，最早的人族除了能够进行双足行走外，本质上还是猿。双足行走的意义也就因此没有人们本来以为的那么大了。

英国学者克伦普顿（Robin H. Crompton）更进一步认为，双足行走恐怕不止是人族的特征，而是早在人科出现时就已经演化出来的特征。他的理由之一是，现在完全过树栖生活的猩猩也会在树上双足行走，目的也是为了摘树叶和果实。后来，人类的祖先只不过是把这个习性更多地保持下来而已，而大猩猩和黑猩猩那种特殊的四肢并用的指背行走（knuckle-walking，行走时前肢以指背着地承重）方式反倒是后来才出现的。如果这个假说成立的话，双足行走就更不是人类的本质了。

另外一个经常被视为人类本质的特征，是制造工具。20世纪80年代末，在东非发现了260万年前的石器。虽然它们只是被简单砸破形成一道锋利石棱的石头，却似乎标志着人类从此可以凭借自己的意愿加工自然界中的天然物体，从而获取更多的食物。考古学上所谓的"旧石器时代"（Paleolithic period）由此开端。2010年，古人类学家在东非又发现了两块明显带有切痕的动物骨头，其年代为 340 万年前，相当于阿法南方古猿的生活时代。虽然没有发现石器本身，但是骨头上深深的切痕无可争议地表明它们是被石器切割所致，这就把旧石器时代的上限又向前推了 80 万年。

但是，这些发现并没有引起特别大的轰动，因为在此之前，我们已经知道制造工具并不是人类的专利。比如，猩猩就可以折下枝条做成小棍，用来驱赶靠近它们的蜂类；黑猩猩会把枝条伸入白蚁的巢穴用来钓白蚁吃，更是众所周知的例子。后来，动物学家还发现连乌鸦也会制造工具。也就是说，曾经被哲学家认为比直立行走更能代表人类本质的工具制造，也早就不能被视为是人类特有的本领了。

此外，还有人认为道德、语言或传播知识的能力才是人类的本质，这些也都被动物学研究推翻了。因为人们发现黑猩猩、猕猴等动物也有道德感，具备某种程度的语言能力，而且可以在个体之间、代际之间传播知识（比如吃土豆前先把它洗一洗）。这样看来，试图用单一的某个特征的有无作为人类的本质，在科学上已经被证明是不可行的。事实上，如果我们能够理解“渐变”是自然选择的精髓，那很自然就会接受这样的观点：无论是双足行走、制造工具，还是道德、语言，都是逐渐演化而来的，要在这样的连续谱系中找到一点，以此为界截然划分出人类和非人类，只能是一种人为的、武断的做法。后面我们会看到，在生物学上区别猿人属和人属，就是靠武断的划分，但这也是不得已而为之的。

“延伸的表型”理论

到这里我还没开始讲到科学、技术和文化，却讲了哲学家为人类指定的那些本质一个个被动物学家证明不成立的历程，这有什么意义呢？我认为最大的意义，就是要让我们明白，人类和动物在性状（characters）上其实没有质的区别，只有量的区别；换句话说，人类要比我们想象的更接近动物，特别是更接近大猩猩、黑猩猩、倭黑猩猩这些大猿。通过动物学家对动物——特别是大猿的习性的研究，我们能够更好地理解人类本身。事实上，从 20 世纪 60 年代开始，西方的动物学家们的确在不断地为我们理解人类提供有用的理论。下面要介绍的“延伸的表型”（the extended phenotype）理论，就是一个非常重要的理论，由它出发，可以为我们理解科学、技术、文化以至整个人类社会提供崭新的思路。

“延伸的表型”理论提出者是英国著名科学传播作家理查德·道金斯（Richard Dawkins）。道金斯的名字大家可能并不陌生，因为他的《自私的基因》非常有名，可以跻身 20 世纪最重要的科学传播著作的前几名。《自私的基因》初版于 1976 年，在我看来，这本书的思想不算特别有原创性，因为所谓“自私的基因”理论实际上是英国演化生物学家威廉·哈密尔顿（William D. Hamilton）的“内含适应性理论”（inclusive fitness theory）的通俗化表达。

比起“自私的基因”这个通俗的名字来，“内含适应性”显得比较文绉绉，但如果我们预先了解自然选择的原理的话，它的道理其实很好明白。所谓“自然选择”（natural selection），如果用现代遗传学的术语来说的话，其过程是这样：不同的生物个体，因为含有不同的基因（这种不同从根本上说是由遗传突变造成的），对环境的适应能力也不同；这种适应性的差异会造成生殖能力的差异，更适应环境的个体有更多的后代，其基因也就更容易流传下来，而不适应环境的个体有较少的后代，其基因也就不易流传下来，甚至完全绝灭。用清末著名思想家严复的话来说，就是“物竞天择，适者生存”。通过这样的自然选择过程，生物的基因就不断发生改变，从而引发其外在性状的改变，这样就造成了生物的演化。但是，演化不是定向的，不是“从低级到高级”“从简单到复杂”这样具有明显目的性的过程，而是一个随机的过程，几乎完全取决于生物体基因的随机突变和随时间、地点各个不同的具体环境压力。在很多情况下，“高级”的、“复杂”的生物体反而不如“低级”的、“简单”的生物体更能适应环境。因此，过去把 evolution 这个词译为“进化”是不太合适的，因为“进”这个字包含了“进步”这样的定向性、目的性的含义，这是不符合演化的本意的。

以自然选择为基础的演化论——我们可以称之为“达尔文主义”（Darwinism）——是一个非常伟大的思想。然而，在达尔文提出这个天才思想之后的一百多年里，人们都无法普遍接受其中的以个体作为自然选择单位的提法，认为这无法解释生物中普遍存在的利他主义——特别是亲属之间的利他主义（想想看，一位母亲对儿女的付出是多么巨大）。因此，一直到哈密尔顿之前，学界还是坚持认为自然选择可以同时在个体和群体两个层次上发挥作用。但是哈密尔顿巧妙地指出，亲属之间的利他主义说到底也是利己主义，因为对于一个个体来说，它的亲属体内有相当数量的基因是和这个个体相同的——比如你和你父母、兄弟姐妹有 1/2 的基因是相同的，和你祖父母、父母的兄弟姐妹有 1/4 的基因是相同的……因此，帮助了你的亲属，让他们更容易传递基因，实际上也等于帮助了你自己基因的传递。这种把个体本身的适应性及携带了相同基因的其他个体的适应性综合在一起的适应性，就叫做“内含适应性”。

内含适应性理论及同时期出现的互惠利他理论、演化博弈论等新理论、新模型不仅宣告了群体选择的“死刑”，更好地解释了表面上看是群体选择的现象，而且也让人们发觉，甚至个体都不是自然选择的单位，这个单位应该是基因。换句话说，并不是个体在相互竞争，而是同一基因的不同形式——也就是不同的基因型（genotype）在相互竞争，每一个基因型都在竭力让自己拥有更多的后代——这就是“自私的基因”一名的由来。内含适应性理论成功地在达尔文主义框架内解释了动物的利他主义，对当时已经被称为“新达尔文主义”（neo-Darwinism）的达尔文主义再次做了革命性的扩展。很自然地，人们就想到它是否也适用于人类。把内含适应性理论应用于人类社会，这就是《自私的基因》一书之所以引起轰动的原因。据道金斯自述，有些人在读过《自私的基因》之后，产生了“不得不与抑郁症进行长期较量”“失眠了3天”“生命变得空虚而无意义”之类的负面反应，可以想象这一理论对很多人的思想冲击之大。

继《自私的基因》之后，道金斯于1982年出版了《延伸的表型》，并且认为这是他最得意的作品。但是因为这本书的结构比较松散（前半篇是对各种批评“自私的基因”理论的声音的回复，后半篇才谈到延伸表型理论本身），又比较有思辨性，影响力不如《自私的基因》一书。为此，在1989年《自私的基因》出修订版的时候，道金斯特地增设了第十三章“基因的延伸”，对延伸表型理论做了浓缩性的介绍。

延伸表型理论也不难理解。虽然基因才是自然选择的单位，但是各种基因型彼此之间并不是直接竞争的，而是在构建生物个体这样的“载体”之后，通过载体的性状来竞争的。这就好比在摩托车比赛中，车手并没有直接用自己的身体竞赛，而是通过摩托车这个载体来竞赛一样。在遗传学上，就把由不同基因型决定的个体的外在性状称为“表现型”（phenotype），简称表型。表型是基因型的竞争工具，是基因型的延伸。

一般说到表型，我们主要会想到个体的形态，比如人类个头的大小、头发的颜色等，但是实际上，个体的行为也在表型之列，因为现代遗传学已经充分证明，包括人类在内的动物的行为也是由基因部分决定的（在第三章中会详细讨论这个问题）。因此，环境不仅可以针对个体形态间接对基因起到自然选择的作用，而且可以针对个体行为间接对基因起到自然选择作用。以道金斯举的河狸筑坝行为为例，既然这种建筑行为由基因部分决定，那么不同的基因型最终就可能影响河狸建筑的人工湖质量，我们因此可以说有“建造好的人工湖的基因型”，也有“建造不好的人工湖的基因型”，也就是说，基因不仅可以决定个体的形态，而且可以通过个体的行为决定环境被改造的程度。因此，个体行为是比个体形态更为延伸的表型。

像河狸筑坝这样的动物行为早就让演化生物学家们意识到，生物体有时不是被动地适应环境，而是通过主动改造环境来为自身创造更好的生存条件。他们还为这种行为起了一个名称，叫“生态位构建”（niche construction）。但是延伸表型理论的关键之处在于，它指出这种生态位构建，归根结底是基因型之间进行生存竞争的手段。

我想大家可能已经大概猜出来我下面要说什么了。将这一套理论用于人类，我们可以很容易得出这样的推论：人类的各种行为也是延伸的表型。我们都知道，人类像所有动物一样，通过自己的行为主动地改造环境和社会，从而为自身创造更好的生存条件。同样，从根本上说，人类也通过自己的行为主动地开展族群之间、个体之间的生存竞争，从而间接服务于不同族群、不同个体的基因之间的生存竞争。

这听上去是非常严酷无情的理论，但是，如果我们从这个角度打量 240 万年以来人属的演化历史，你会发现，现实就是严酷无情的。

我们古代亲戚的悲剧

以前认为人属是在东非出现的，但是在2010年，从南非的洞穴中先后发掘出200万年前的源泉南方古猿（*Australopithecus sediba*）和豪登人（*Homo gautengensis*）的化石，前者非常像是南方古猿属和人属之间的过渡环节，而后者是目前已知人属出现的第一个种，这使学界开始相信南非可能才是人属的起源地。

不过，在人们了解较多的人属的种里面，最早的是东非的能人（*Homo habilis*），活动时段是230万～140万年前。能人的脑容量已经达到了680毫升，远远超过阿法南方古猿的400毫升。在一个化石种是否应该归入人属方面，有一条重要的标准就是脑容量。如果以600毫升作为人属的界定标准的话，能人自然应该归入人属。但我们必须牢记：演化是渐变的，用600毫升这个标尺把能人归入人属，更多是一种武断的做法；事实上，虽然能人的脑容量有了明显的增大，制造工具的能力也有所增强，但是它们仍然表现了十分明显的猿性。它们的下肢较短，上肢较长，说明仍然是攀爬树木的高手。以前曾认为能人是现代人类的祖先，但是现在学界普遍认为，能人只是人属演化中的一个早期旁支。

比起南方古猿来，为什么能人的脑容量会有这么大的增长？原因可能不止一个。比如，传统的说法认为工具制造和使用本身需要猿人的大脑有足够的记忆能力，这促使猿人的脑向大容量方向演化。一些学者则提出，猿人的社会关系可能是促使脑容量增大的压力，因为要记住和群体里更多的个体的来往关系，需要更多的脑细胞，这就是“社会脑假说”（social brain hypothesis）。但不管怎样，在自然选择的作用下，南方古猿的一支终于走上了脑容量越来越大的演化道路。

这一时期，以能人为代表的人类虽然还比较原始，但它们还是成功地促进了在东非同一地域生活的鲍氏傍人（*Paranthropus boisei*）的灭绝。前面已经提到，曾经被归类南方古猿属的几个种，后来被归到了傍人属，鲍氏傍人就是其中之一种。人类和鲍氏傍人的骨骼有明显区别，前者的骨骼较为纤细，头骨比较窄小，而后者的骨骼较为粗壮，头骨尤其强健。有学者怀疑，这种区别的产生，可能和双方一开始对食物资源的竞争有关。为了减少彼此之间的竞争，人类和鲍氏傍人必须在生活方式上发生明显分化，减少食谱之间的重叠，于是双方的体质特征也因此越差越大。这种现象在生态学上叫作“性状替换”（character displacement）。

具体来说，人类继承了其南方古猿时期的祖先的本领，更会制造工具，能够从食肉动物吃剩的骨头上刮下柔软的肉吃，或是割开骨头吸取骨髓，因此是杂食性动物，头骨也就比较纤细。鲍氏傍人则“选择”了以粗硬的植物性食物为主食，因此头骨比较粗壮，以便产生更大的咀嚼力；与此同时，它们不太会制造工具（甚至有可能根本不会制造工具），也就吃不到那么多的肉食。这样到 140 万年前，因为气候剧变，鲍氏傍人的食物资源骤减，就不幸灭绝了，成为人族演化上的一个死支；人类则通过制造工具的本领体现出了灵活适应环境的能力，挺过了这场环境危机。鲍氏傍人，是人属诞生以后第一个我们可以较有把握猜测的族群竞争的失败者。

然而，要说人属里面真正的飞跃，还应归于大约 180 万年前匠人（*Homo ergaster*）的出现。匠人的脑容量已经达到了 870 毫升左右，较之能人又有大幅提高。更重要的是，匠人成为人属里面第一个完全适应于双足行走的种，他们已经学会了奔跑，利用这种本领一次又一次敏捷地和食肉兽争夺腐肉。

匠人很可能就是现代人类的祖先。由匠人很快演化出直立人（*Homo erectus*），他们在大约 180 万年前第一次“走出非洲”，散布到了欧洲、东亚以至印度尼西亚这样遥远的地方（中国的元谋人、蓝田人、北京人都属于直立人），这充分说明了这个种的成功。相比之下，不完全适应双足行走的能人，在与匠人－直立人共存了 40 万年之后，就不幸灭绝了。现在我们无法找到匠人 - 直立人直接攻击能人的证据，但是可以想象，即使没有直接的攻击行为，仅仅是在对生存资源的争夺方面，匠人 - 直立人也要明显胜过能人，就像能人时代的人类胜过鲍氏傍人一样。能人就这样成了族群竞争的又一个失败者。直立人还有一项重大的发明：它们学会了保存和使用火，用来烹制食物、抵御寒冷和驱散野兽，这更是大大加强了它们对环境的适应能力。

到了大约 60 万年前，从非洲的直立人中又演化出海德堡人（*Homo heidelbergensis*，包括罗得西亚人 *Homo rhodesiensis*，大致相当于过去所说的“早期智人”）。海德堡人在制造石器的本领上又有创新，但更重要的是，他们开始成为狩猎者，这需要强有力的团队合作意识。这显然需要更大容量的脑，而事实也的确如此——海德堡人的脑容量达到了 1100 ～ 1400 毫升，已经与现代人的脑容量范围相重叠了。狩猎的能力让海德堡人第二次走出非洲，同样到达欧洲和东亚。大约 30 万年前，欧洲的海德堡人进一步演化成平均脑容量甚至比现代人还略大的尼安德特人（*Homo neanderthalensis*，中国学者李辉称之为“西方智人”）。亚洲的海德堡人则以在俄罗斯西伯利亚南部发现的丹尼索瓦人（Denisovans，李辉称之为“东方智人”）为代表，中国的大荔人可能也属于丹尼索瓦人。这一回，轮到直立人倒霉了。他们在欧洲、东亚、非洲先后消失，最后仅仅残余在印尼弗洛勒斯岛上，演化成一种矮小的、脑容量只有大约 400 毫升的弗洛勒斯人（*Homo floresiensis*），并于大约 1.8 万年前最终灭绝。顺便说一句：如果死守 600 毫升这个“本质”标准，那么弗洛勒斯人根本就不能归入人属，可见脑容量现在也没法作为区分猿人和人类的本质区别了。我们只能在演化谱系图上硬性规定，人类——更严格地说是生物学人类——就是大约 240 万年前出现的那个脑容量超过 600 毫升的古猿群体及其全部后代（包括现代人在内）的统称。

然而，海德堡人 - 尼安德特人也不是最终的胜利者。大约 20 万年前，东非的直立人终于演化成智人（*Homo sapiens*，大致相当于过去所说的“晚期智人”，李辉则称之为“南方智人”），我们现代人也都属于这个种。最早的智人的脑容量也已经达到了现代人水平，并且可以进行远距离的器物贸易，但他们的最大进步是具备了较完善的语言能力。不过，这种语言能力一开始对石器制造的本领的提升并没有太大帮助，智人制造的工具，在很长时间内并不比尼安德特人好多少。大约 13 万年前，智人试图走出非洲，并在西亚的地中海沿岸地区停留了大约 5 万年。但在 8 万年前，随着最后一次冰期造成的寒冷气候的加剧，西亚就不见智人的遗迹了，长期在寒冷的欧洲演化的尼安德特人却进占了这一地区。学界因此猜测，智人可能被迫退回了非洲大陆。毫无疑问，智人在这一役输给了尼安德特人。

那么，语言的最早功能是什么？英国生物学家罗宾·邓巴（Robin I. M. Dunbar），提出了一个有趣的假说：语言是用来闲聊的，通过闲聊，同一个群体里的个体不仅可以相互增进感情，而且可以传播对其他个体的评价，“知己知彼，百战不殆”，这就增加了个体与群体其他成员交往时的收益，减少了可能的损失。另外，语言还使人类对生与死这样的现象产生了概念，由此产生了原始的宗教情绪，体现在化石上就是对死者遗体的妥善摆放和陪葬品的使用。

到 7 万年前，原本只是用于人际闲聊的语言，终于在智人族群中展现出了它的巨大潜力。人类学会了用语言来传递祖先在生存中所获得的重要信息，并用故事来塑造群体的身份认同；语言也让个体之间能够用更为精深、抽象的概念分享更多的复杂想法。有了这种更深入的交流，智人的创新能力就被激活了，大量新的工具源源不断被创造出来，艺术也在这时出现了；与此同时，智人的生活经验也得到了更可观的积累和传递。智人心智这次重大的发展，可以称为“创新大爆炸”。从此，智人有了更多样、更有用的工具和更丰富的应对环境威胁的经验，于是他们在大约 6 万年前再一次走出非洲。这次，他们成功了。这是人类在演化史上第三次大规模走出非洲，不仅重新到达了欧洲和东亚，最后又占据了人类此前从未涉足过的美洲、大洋洲和许多太平洋岛屿。到达欧洲的智人和尼安德特人很可能展开了激烈竞争，语言能力匮乏、不会贸易、工具落后的尼安德特人这一次在环境压力和智人竞争的双重打击下节节败退。尽管他们也试图模仿智人的手艺，甚至学会了制造装饰品，但终究积重难返，最终在大约 2.8 万年前灭绝。不过，分子研究显示，在非洲人以外的现代人基因组中普遍有 1% ～ 4% 的基因来自尼安德特人（尼安德特人的 DNA 是从其遗骨中提取的），说明有少部分尼安德特人通过与智人通婚，而让他们的基因流传了下来。因此，准确来说的话，尼安德特人并没有全部在与智人的竞争中灭绝，而是有少部分同化于智人族群之中，这算是给这个悲剧增添了些许温暖的色彩。

第一批到达东亚的智人也遇到了少量丹尼索瓦人，通过通婚让他们的少量基因流传了下来（在新几内亚的一些原住民族群中可以检测到大约 6% 的丹尼索瓦人基因），2014 年的一项研究表明，藏族人之所以能够适应青藏高原的稀薄氧气，就是因为从丹尼索瓦人那里获得了相关的基因。但是，原本在东亚大地上广泛生存的大部分丹尼索瓦人很可能早已经在冰期最盛的时候灭绝了。另一说是大约 7 万年前印度尼西亚的超级火山多巴火山（Toba Volcano）喷发，导致东亚气候发生变动，丹尼索瓦人因不适应环境的剧烈变化而灭绝。

以上就是人属成员主要通过延伸的表型展开的族群竞争简史，这些延伸的表型包括石器制造、用火、狩猎和语言活动等。但是我们似乎习惯于把石器制造、用火和狩猎称为技术，而把语言活动称为文化。然而，从延伸表型理论来看，当“文化”一词指的是人类的行为时，它和技术并没有本质区别，完全是同义词。在本书中，我用“技术”一词作为这些活动的统称。

当然，传统上技术的定义没有这么宽泛，它只是人类行为中改造自然环境、创建人工自然的部分。这里我们给它另起一个名称，叫“自然技术”（natural technology）。人类行为中的另一部分——针对他人、群体的部分，虽然常常被称为文化，现在则可以称之为“社会技术”（social technology）。这样的提法，正好与“自然科学”“社会科学”相呼应。这样说来，石器制造、用火和狩猎都是自然技术，而语言活动是社会技术。

也许你会觉得技术不能涵盖所有的文化行为。唱歌跳舞、读诗看戏这些休闲消遣活动，以及智人在 7 万年前开展的绘画、雕塑等艺术活动，难道也是技术吗？在这里可以明确告诉大家——是的！至于具体原因，就要留到本书后面讲述了。

就这样，我大胆地违反了诸如文化人类学这样的学科对文化的定义，把“文化”这个词逐出了人类行为范畴。那么这个词还有用吗？有用！虽然文化不必再用来指人类的行为，但它可以用来指人类行为造就的可以保存或传播的产物。譬如说，制造工具这种行为是自然技术，制造出来的工具就是文化；语言活动是社会技术，而通过语言活动传播的知识是文化。这样一个“文化”的概念和考古学上的“文化”概念有些类似——在考古学上所谓的文化，首先就是指遗址中所有的物质产物。联合国教育、科学及文化组织所谓的“非物质文化遗产”，我们也可以理解为是代代传播的用来指导那一套技术的半习得、半默会的知识。与此同时，“技术”这个词也就被逐出了行为产物的范畴。我们只能说制造工具是技术，但不能说工具是技术，等等。以前，在中国技术哲学界有个经典争论，就是：技术到底是行为、产物还是知识，还是全都包括在内。我在这里也算对这个经典问题做出了自己的回答。

在本章最后，我终于给出了本书所采用的技术和文化的定义。至于科学的定义，则留到第四章再说，这里我只打算先给出一个简单的结论供大家思考：科学活动也是技术，而科学知识是科学活动的文化。所以严格来说，按照我们这里的定义，科学是不能和技术或文化并列的，这样是犯了语病。

但是，考虑到“科学和技术”及其简称“科技”在中文语境中已经得到了极为广泛的应用，为了照顾这种流行说法，我在这里再多做一些细致定义：在所有技术中，不属于科学范畴的技术可叫“一般技术”（general technology）；一般技术再分为前面提到的自然技术和社会技术。这样，科学和一般技术是可以并列的，我们可以把“科技”作为“科学和一般技术”的简称。同样，自然科学和自然技术是可以并列的，合称“自然科技”；社会科学和社会技术是可以并列的，合称“社会科技”。本书后面统一遵照这里的定义使用这些术语。

这样一来，新达尔文主义范式的“科技文化史”的完整研究范围，就应该包括以下 4 个方面：① 自然技术史；② 社会技术史；③作为技术的可保存产物的文化（不包含科学知识）之历史；④作为一类特殊技术和文化的科学之历史。而研究的重点，则在于论述科学、一般技术和文化在人类族群竞争中的作用。这样一来，所谓“世界科技文化史”，其实就是以族群关系为中心的世界史。

当然，为了避免本书的内容过于庞杂无当，我还是会把重点放在自然科学、自然技术及其文化的历史之上，但对于那些重要的社会科学、社会技术及其文化，也会简要提及。

思维聚焦

对于人文社会学科研究来说，确定一些重要概念的定义是非常重要的。本书从延伸表型理论出发，认为技术是指人类用做个体竞争和族群竞争手段的行为。其中，改造自然环境、创建人工自然的行为可称为自然技术，而针对他人、群体的行为可称为社会技术。文化则是技术造就的可以保存或传播的产物。新达尔文主义范式的科技文化史的研究重点在于论述科学、一般技术和文化在人类族群竞争中的作用。

根据分子方法，人类和4种大猿的共同祖先是1500万～2000万年前出现的；人族与黑猩猩族的分离是500万～700万年前的事情。

人族可以分成地猿群、南方古猿属、傍人属和人属4个主要的类群，由地猿群演化出南方古猿，由南方古猿演化出傍人和人类。地猿群可能已经用双足行走，南方古猿开始制造石器，人类是大约240万年前出现的。

人属中的主要种包括能人、匠人－直立人、海德堡人－尼安德特人和智人。能人脑容量首次达到了600毫升以上。匠人完全用双足行走，直立人第一次走出非洲并学会了用火。海德堡人学会了狩猎，并第二次走出非洲，他们在欧洲演化成尼安德特人。智人在大约6万年前第三次大规模走出非洲，成为人属唯一的现存种。

第二章　走向农业时代

第一次全球化

第一章把世界科技文化史这个故事讲到了大约6万年前人类第三次大规模地走出非洲，本章继续讲述智人之后的扩散过程。

严格地说，我们现在还不能特别清楚智人大规模走出非洲的精确时间，早到7万年前、晚到5万年前都是可能的。近几年有一些新的研究，甚至认为智人大规模走出非洲的时间更早。比如，2015年在湖南道县就发现了一些智人牙齿的化石，定年为12万～8万年前。我们这里只能取一个大概的数字。相比之下，农业起源的时间较为精确，是大约1.2万年前。在农业起源之前的4万～6万年里，智人都在干什么呢？简单来说的话，就是：一边过着狩猎－采集的生活，一边不断向“新”土地上扩散，直接或间接消灭或取代那里已经存在的更早的族群。

智人扩散的路径，其大致面貌今天已经知道得比较清楚了，但是这些路径是怎么推断的呢？这又要谈到第一章提到的“分子钟”方法了。以前，人类学只有体质人类学、文化人类学、考古学和语言学4个分支（狭义的人类学就只指文化人类学），但是在人们把分子技术用于人类起源和族群起源研究之后，就诞生了一门新的学科——分子人类学。就像利用现代人和现生的大猿DNA中的无义序列构建人科的演化树一样，分子人类学还利用现代人不同个体的DNA中的无义序列构建这些个体所属族群的亲缘关系，得出了很多颠覆性的结论。

在这些DNA无义序列中，线粒体DNA和Y染色体DNA上的无义序列是最重要的。线粒体（mitochondrion）是细胞核以外的细胞器，主要功能是提供人体活动所需的能量，其中含有少量DNA；

Y 染色体是人类 23 对染色体中的一种性染色体，它和另一种 X 染色体一起决定了人类的生物学性别——一般来说，具有 2 条 X 染色体的个体在生物学上是女性，具有 1 条 X 染色体和 1 条 Y 染色体的个体在生物学上是男性。

在代际传递的过程中，线粒体 DNA 的特点是较为严格地进行母系传递。这是因为在精子和卵结合形成受精卵时，精子中只有核染色体进入卵，线粒体是不进入的，因此一个人体内的线粒体全都来自他的母亲。Y 染色体的特点则是更严格地进行父系传递，不仅一个人体内的 Y 染色体只能来自他的父亲，而且女性干脆就没有 Y 染色体。这两个特点使得分子人类学对线粒体 DNA 和 Y 染色体 DNA 的分析特别容易和来自人类学其他分支的研究结果相互对照——比如说姓氏，基本也是父系传递的（如果不考虑抱养或私生子等问题的话），因此 Y 染色体 DNA 的分析结果就可以和家谱相互比照。

在 20 世纪 90 年代初，分子人类学家对全世界人类线粒体 DNA 的抽样研究显示，现代人都是 16 万～20 万年前一个女性的母系后代，她是全体现代人的母系最近共同祖先（the female-line most recent common ancestor）。之所以强调是“最近”，因为很显然，她的母亲、母亲的母亲也是全体现代人的母系共同祖先，但她是这一串母系共同祖先里面最晚的一个。她至少生了两个女儿，这些女儿的母系后代一直存活到了今天。科学家因此借用《旧约全书》里的人类女性始祖夏娃的名字，把这个女性称为“线粒体夏娃”（Mitochondrial Eve）。但这个称呼特别容易让人误解，以为那个时候全世界只有 1 个女人。事实是那个时候肯定有很多女性，而且她们的其他基因也很可能传递到了现在，只不过她们的线粒体基因没有传递到现在而已。

类似的，在人类历史上还存在一个“Y 染色体亚当”（Y-Chromosomal Adam），他是全体现代男性的父系最近共同祖先，据最新的推算生活在 20 万～34 万年前。当然，在 Y 染色体亚当生活的年代，全世界也不可能只有 1 个男人。事实上是那个时候肯定有很多男性，而且他们的其他基因也很可能传递到了现在，只不过他们的 Y 染色体基因没有传递到现在而已。

线粒体夏娃和Y染色体亚当的生存时间如此晚近，推翻了以前在人类学界流行的“多地区起源说”。这种学说认为，直立人自从在180万年前走出非洲之后，就在世界的各个地方不断繁衍，分别演化为现代人的不同族群，比如欧洲人就是尼安德特人的后代，中国人就是蓝田人、北京人的后代，等等。但是分子人类学证据几乎是彻底推翻了这种学说，重建了第一章介绍的“一枝独秀”式的人类演化史。如今，基本已经没有什么年轻学者还相信多地区起源说了。

那么，智人走出非洲的时间又如何用分子方法推断呢？其实也很简单，把非洲的原住民排除在外，只研究非洲以外的原住民的线粒体和Y染色体就行了。人们根据线粒体DNA和Y染色体DNA序列的突变情况，把它们分成了不同类群，术语叫做“单倍群”（haplogroup），并给每一个单倍群都起了代号。结果表明，在线粒体DNA的各个单倍群中，只有M和N两群走出了非洲，它们彼此的分化时间是在大约7万年前；在Y染色体DNA的各个单倍群中，几乎所有非洲以外的现代原住民都属于CT群，它的出现时间是4万～8万年前。分子上的结果，加上考古学等其他学科的证据，最终让人们认定，智人很可能是在5万～7万年前大规模走出非洲的。

考虑到灵长目社会实际上都是父系社会，即使看上去是“母系社会”的，其社会本质上也还是父系社会，因此，在族群迁徙的时候，主要迁徙者是男性，而不是女性。这样一来，Y染色体的分析结果更能揭示智人的迁徙过程。下面我们就用Y染色体来进一步描述智人的大迁徙（图2-1）。

首先，虽然走出非洲是智人大迁徙中比较突出的、和我们东亚人关系最密切的一幕，其实智人在非洲也进行了大迁徙。已知在Y染色体单倍群中，最早分化的A群和B群基本上仅见于非洲，A群主要分布在南非的科伊桑人之类肤色为浅黄黑色的原住民中，而B群主要分布在非洲热带雨林原住民中，代表族群是肤色为红黑色的俾格米人。过去人类学家把这些原住民也归为尼格罗人种（“黑色人种”），现在知道他们和典型的尼格罗人有很大不同，有些学者就又提出了一个“橙色人种”的概念。

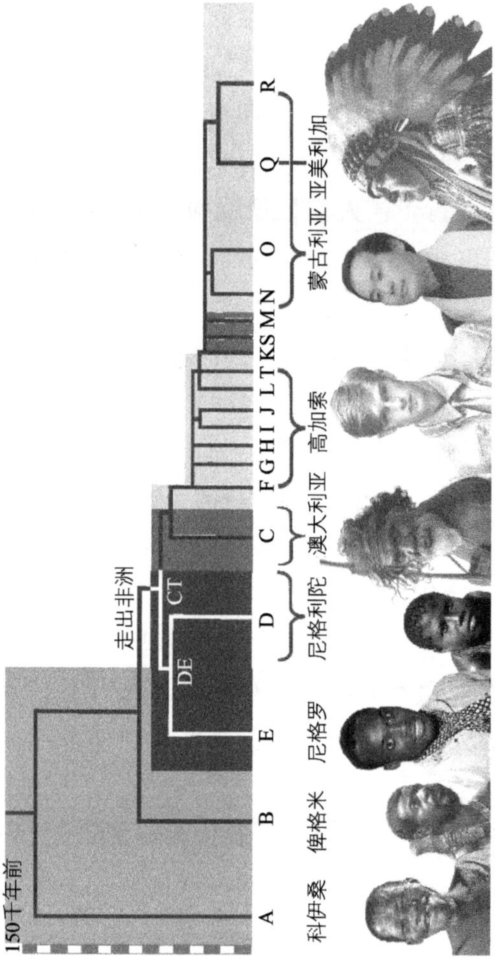

图 2-1 Y 染色体单倍型和现代人大族群

注：本图根据复旦大学王传超和李辉的论文改绘。

后来，剩下的 CT 群 Y 染色体在 6 万～ 7 万年前分化为 DE 群和 CF 群，这个时间差不多就是走出非洲的时间。其中 DE 群又分化为 D 群和 E 群，E 系族群主要在非洲发展，这一群人就是典型的深色皮肤的尼格罗人。尼格罗人——特别是其中的班图人——后来不断侵占原本属于 A 系和 B 系族群的地盘，最后把他们分别赶到了南非一角和热带雨林中。但是，E 系族群也并非都是尼格罗人，今天在北非、西亚和南欧的高加索人中也有不少 E 系男性。

D 系族群则走出非洲，向亚洲扩散，其路线大体是从西亚到南亚。据猜测，其中一支可能沿海岸线到达东南亚岛屿，另一支则可能从南亚北上青藏高原东部，最后这两支中又有一些人东渡重洋到达了日本列岛。但是这一群人力量比较弱小，他们的 Y 染色体现在只远距离间断存在于印度的安达曼人、藏族人和日本人（特别是北海道的阿依努族）等族群中。其中，个头矮小、肤色较黑的安达曼人（常被划为“尼格利陀人种”，或意译为“矮黑人”）的体质比较接近 D 系族群的起初面貌。在东亚的各个 Y 染色体类群中，我们对 D 群的迁徙情况知道得最不充分。

同样是走出非洲，CF 群就成功得多了。CF 群在 5 万～ 6 万年前分化为 C 群和 F 群，其中 C 群现在已知曾经扩散到了亚欧大陆的很多地方，甚至在西班牙都有分布。对于 C 群向东亚迁徙的情况，有学者认为和 D 群中的南支很像，可能也是沿着海岸线一路从西亚到南亚、东南亚。可能正是因为 D 系和 C 系族群的竞争，残存在印度尼西亚的弗洛勒斯人就最终灭绝了。到东南亚之后，一部分 C 系族群于大约 5 万年前渡海到达澳大利亚，成为澳大利亚原住民；另一部分经菲律宾、中国台湾地区到中国大陆东部和日本。到了中国大陆东部之后，C 系族群继续北上，到达寒冷的北亚。今天 C 群除了高频见于澳大利亚原住民中之外，主要见于北亚族群中，其中的突出代表就是蒙古人（草原民族蒙古人最早居然可能是从南方的海边民族迁徙而来，这可能会让很多人吃惊）。

F 群在西亚继续分化，其中从 F 到 J 的几系族群后来除了留在西亚外，还进入欧洲和南亚，成为高加索人种（“白色人种”）的最早来源。其中，进入欧洲的主要是 IJ 系族群及其后来衍生出的 I 系族群，也就是克罗马农人，他们到来之后，尼安德特人就被排挤得灭绝了。另一个 K 群后来分化出 M、NO、P 和 S 等单倍群，在大约 4 万年前再次来到东部亚洲，并进占西伯利亚。其中，由 NO 系族群进一步分化的 N 系族群主要在亚欧大陆北部繁衍，而 O 系族群则在东亚和东南亚获得长足发展，很快就把这里的 C 系和 D 系族群大部分排挤走或同化了。今天，汉族男性的 Y 染色体中 75% 以上都属于 O 群。O 系族群中还有一部分在到达马来群岛之后，与这里的 K、M、S 系族群等先期到达的族群混合，再不断向太平洋岛屿迁徙，直到最后连夏威夷、社会群岛、新西兰和复活节岛这样偏远的岛屿也都占领完毕。P 群则很可能在东南亚（以前认为是中亚或北亚）一带分化出 Q 群和 R 群，再向北到达中亚和北亚。R 系族群后来从中亚进入欧洲，成为高加索人种的另一个来源。先后进入大洋洲的部分 C 系族群和 K、M、O、S 系族群，后来共同形成澳大利亚人种（“棕色人种”），而先后进入东亚和北亚的部分 C 系、D 系族群和 N、O、Q 等系族群，后来就共同形成蒙古人种（“黄色人种”）。

大约 1.2 万年前，生活在北亚的族群（主要是 Q 系族群，也包括少量 C 系族群）跨过白令海峡，踏上了美洲的土地，逐渐自北向南将整个美洲占领完毕。这些美洲原住民有时也被称为“红色人种”。这样，到 1.2 万年前农业起源的时候，除了少数远洋岛屿之外，生活在狩猎 - 采集社会中的智人已经基本占领了全世界的陆地。这才是人类最早的全球化（globalization）过程。

讲到这里，我要赶紧声明一点：用 Y 染色体 DNA 单倍群来作为族群的代称，这只在智人大迁徙的年代有一定的合理性，但也已经发现有不准确的一面。比如，欧洲的克罗马农人 Y 染色体 DNA 单倍群虽然绝大多数属于 IJ 群和 I 群，但其中也有少量 C 群和 F 群，说明连克罗马农人这么早的族群都已经不是“纯种”了。此后，经过复杂的族群分化、交往、同化过程，现在已经几乎没有什么族群能够保证 Y 染色体单倍群的单一性了（虽然大多数情况下仍然可以找到主要类型）。假定你是汉族男性，结果测出来 Y 染色体属于 C 群，那绝不表明你祖上一定是蒙古人或其他北亚族群，因为汉族人中本来就有一定比例的 C 系人群，其祖先大多数是在 O 系的华夏族群向四周扩张的时候被同化到其中的。如果有人在今天试图用 Y 染色体 DNA 单倍群言之凿凿地确定一个人的古代族属来源，多数情况下他是在胡说八道。

上面我已经提到了非洲发生的 E 群对 AB 系族群的取代，欧洲发生的 R 系族群对 I 系族群的取代，以及东亚和东南亚发生的 O 系族群对 CD 系族群的取代。这三大族群取代发生的具体时间是什么时候？原因何在？在本章的最后我会逐一详细介绍。这里先提示一句话：它们无一例外，都是农耕族群通过农业技术在与狩猎－采集族群的竞争中获胜的体现。

了解了智人的迁徙过程之后，接着我们就可以讲农业的起源和传播了。

农业为什么会扩散?

一说到农业（agriculture），我们大概首先会想到广袤的农田，想到诸如联合收割机在滚滚金色麦浪中缓缓而行的场景。实际上，种植农作物（绝大多数是植物）只是农业中的一种方式——种植业，也叫农耕业。农业还有另一种方式，就是饲养牲畜（自然是指动物），这便是畜牧业。畜牧生产有游牧和定牧两种类型，在历史时期，定牧主要是由已经定居下来的狩猎–采集族群和农耕族群兼事，以畜牧业为专事的族群则基本都是游牧族群。因此，在工业社会之前，地球上的广大居民主要的生产方式有狩猎–采集、农耕和游牧三种。我们都知道农耕技术包括土地处理（比如垦荒、修筑梯田、犁地、耧播）、资源管理（比如灌溉、施肥）、病害防治、收获储藏加工等几个方面，而畜牧技术也包括饲养、繁殖、兽医、宰杀加工等几个方面，但无论农耕还是畜牧，首要的技术都是野生生物的育种和驯化（domestication）。

为什么会产生农业？传统的说法是，狩猎–采集是一种十分辛苦、令人疲于奔命的生产方式，从事狩猎–采集的旧石器时代居民竭尽全力也只是勉强糊口而已。在长期的艰辛生活中，他们逐渐发现可以主动把可食用植物的种子或块根播种在土地里，然后不用费力采集就可以获得更多的植物性食物；同样，可以把野生动物驯化成家养动物，然后不用费力狩猎就可以获得更多的动物性食物。一旦他们掌握了这些知识，出于过更好生活的追求，农业马上就诞生了。

这是一种典型的线性、进步性历史观，仿佛农业一定比狩猎–采集进步，所以狩猎–采集族群一旦摸到了农业的诀窍，就会毫不犹豫地从猎人变成农夫或牧人似的。事实并非如此。从现代人类学的田野考察来看，很多狩猎－采集社会对身边的生物的性状具有极为丰富的知识，这很难让人想象他们竟然几千几万年都不知道植物可以种植，动物可以饲养。从考古学来看，在农业刚刚起源的时候，反倒是狩猎－采集族群的生活更为安逸、身体更为健康，生活在美国著名人类学家马歇尔·萨林斯（Marshall Sahlins）所谓的“原初丰裕社会”（original affluent society）中，而农业族群的生活却更为艰苦、身体更为弱小、寿命也更短。也就是说，农业族群根本就是舍弃了原本优裕的狩猎－采集生活，过上了一种紧张的、“退步”的生活。直到今天，一些狩猎－采集部落虽然和农业社会比邻而居，完全可以学习如何从事农业，但他们仍然拒绝改变自己的生产方式。

那么，是什么原因让一部分狩猎－采集社会变成了农业社会？又是什么原因让农业不断扩散？对此自然没有统一的答案。不过，美国生物学家贾雷德·戴蒙德（Jared Diamond）在他的名著《枪炮、病菌与钢铁》中还是梳理了四个主要的因素。

第一，野生动植物资源终归数量有限，特别是大型野生动物，几乎都是越捕猎越少。在这方面，澳大利亚和美洲原住民面临的问题更突出。在亚欧大陆和非洲，大型野生动物与会狩猎的远古人类共存了几十万年，已经演化出了害怕人、躲避人的天性，所以尽管这里的远古人类狩猎技术越来越高超，大型野生动物越来越少，但靠着它们规避人类的习性，终归还能遗存下来。澳大利亚和美洲就不然了。这里的大型野生动物以前从来没有见过人，并不怕人，而它们最先遇到的恰恰又是已经掌握了相当高超的狩猎技术的人类，所以很快就被灭绝了。像澳大利亚的巨型有袋类动物，美洲的大树懒、大野牛，据信都是这样在 1.17 万年前开始的全新世（Holocene）之前的更新世（Pleistocene）被人类杀光的，这就是“更新世大屠杀”理论。当然也有人提出不同意见，认为这些动物的灭绝不是人类造成的，而是因为它们没有挺过最后一次冰期。问题在于，如果这些大型动物能够挺过之前那么多次冰期，何以就不能挺过最后一次，而且还是齐刷刷地灭绝了呢？

第二，在野生动植物总体资源减少到不能承载狩猎－采集部落的人口压力的同时，由于冰期结束，气候发生变化，适合驯化的野生植物的分布面积反而有所增加，这就使面临生存压力的狩猎－采集社会更容易开始动用他们早就知道的种植植物种子或块根的知识，开始发展农耕业，同时驯化野生动物，发展畜牧业。

第三，一旦狩猎－采集社会决定开始发展农业，就会充分调动他们的聪明才智，去解决农业生产过程中遇到的一系列新问题。比如，要收割谷物需要石制镰刀，要把收获的谷物带回住处需要容器；要给谷物去壳需要杵臼和磨；要烹饪谷物需要专门的炊具；要储藏谷物还需要专门的仓库或地窖。为了解决这些问题，以磨制而不是打制为主要加工方法的新石器出现了，各种编织容器出现了，陶器也出现了。以这些文化为特征，人类由此从旧石器时代进入新石器时代（Neolithic period）。新石器时代的到来显然和农业的起源有直接联系，当然新石器时代的开端要比农业的起源早一点，因为在农业技术发展起来之前，上面这些新的工具就已经用于处理野生的谷物了。此外，在绝大多数情况下，要从事农业生产，就必须定居，要定居就必须营建住房，建筑技术也便由此开端了。当这一系列的问题被陆续解决掉之后，农业技术就基本发展成熟，由狩猎－采集社会转为农业社会的成本也就很低了。

第四，农业可以比狩猎－采集产出更多的食物，养活更多的人；人口的增加反过来又要求农业族群进一步扩大农业生产，增加粮食产量，这样就形成一个正反馈（positive feedback），使农业族群不由自主地越来越大。因为人口的增加往往略快于粮食产量增长的速度，所以早期农业社会的人均能量摄入反而不如狩猎－采集社会。但是在这个时候，他们很难再回到原来的生产方式去了。也就是说，绝大多数的族群，一旦因为野生动植物资源的匮乏从狩猎－采集转入农业，因为上述的正反馈的存在，就等于走上了一条“不归路”。除非是发生了灾难性的事件（比如因为生态环境的破坏或强大的天灾导致局地的农业社会彻底崩溃，人口锐减），否则这些族群从此就只能世世代代从事农业了。

总之，农业技术的发明，是人类在第一次全球化之后，因为生存空间的不足，面对第一次资源危机（野生动植物资源危机）时被迫采取的全盘创新。此后，人类在历史上又先后经历了三次全球化和三次资源危机，除了20世纪开始的最近一次还在愈演愈烈外，都是通过技术创新的方式克服的。技术创新——通过族群竞争实现的掌握新技术的族群的全球化——资源危机——技术创新的循环，可以视为到目前为止的世界宏观历史（macrohistory）的一个基本规律。当然，我们总结历史规律，可以为未来提供有益的启迪，但不能用来预测未来。如今，某些技术乐观主义者以为人类一定可以用全新的技术完美地解决第四次资源危机，我看未必。

早期农业社会不如狩猎－采集社会的艰辛生活，在人类文化上有一个生动的反映，就是在很多族群的传说中都有“告别美好时代”一类的故事，其中自然是以作为犹太民族传说的《旧约全书·创世纪》中的“逐出伊甸园”最为人熟知：

神用地上的尘土造人，将生气吹在他鼻孔里，他就成了有灵的活人，名叫亚当。神在东方的伊甸立了一个园子，把所造的人安置在那里。神使各样的树从地里长出来，可以悦人的眼目，其上的果子好作食物。园子当中又有生命树和分别善恶的树。……

神将那人安置在伊甸园，使他修理看守。神吩咐他说：“园中各样树上的果子，你可以随意吃，只是分别善恶树上的果子，你不可吃，因为你吃的日子必定死。”

神说：“那人独居不好，我要为他造一个配偶帮助他。”……神使他沉睡，他就睡了；于是取下他的一条肋骨，又把肉合起来。神就用那人身上所取的肋骨造成一个女人，领她到那人跟前。那人说：“这是我骨中的骨，肉中的肉，可以称她为‘女人’，因为她是从男人身上取出来的。”……

神所造的，惟有蛇比田野一切的活物更狡猾。蛇对女人说：“神岂是真说不许你们吃园中所有树上的果子吗？”女人对蛇说：“园中树上的果子，我们可以吃；惟有园当中那棵树上的果子，神曾说：‘你们不可吃，也不可摸，免得你们死。’”蛇对女人说：

“你们不一定死，因为神知道，你们吃的日子眼睛就明亮了，你们便如神能知道善恶。”

于是，女人见那棵树的果子好作食物，也悦人的眼目，且是可喜爱的，能使人有智慧，就摘下果子来吃了；又给她丈夫，她丈夫也吃了。他们二人的眼睛就明亮了，才知道自己是赤身露体，便拿无花果树的叶子，为自己编做裙子。

天起了凉风，神在园中行走。那人和他妻子听见神的声音，就藏在园里的树木中，躲避神的面。神呼唤那人，对他说：“你在哪里？”他说：“我在园中听见你的声音，我就害怕，因为我赤身露体，我便藏了。”神说：“谁告诉你赤身露体呢？莫非你吃了我吩咐你不可吃的那树上的果子吗？”那人说：“你所赐给我、与我同居的女人，她把那树上的果子给我，我就吃了。”神对女人说：“你做的是什么事呢？”女人说：“那蛇引诱我，我就吃了。”

神对蛇说：“你既做了这事，就必受诅咒，比一切的牲畜野兽更甚；你必用肚子行走，终身吃土。我又要叫你和女人彼此为仇；你的后裔和女人的后裔也彼此为仇。女人的后裔要伤你的头；你要伤他的脚跟。”又对女人说：“我必多多加增你怀胎的苦楚，你生产儿女必多受苦楚。你必恋慕你丈夫，你丈夫必管辖你。”又对亚当说：“你既听从妻子的话，吃了我所吩咐你不可吃的那树上的果子，地必为你的缘故受诅咒。你必终身劳苦，才能从地里得吃的。地必给你长出荆棘和蒺藜来，你也要吃田间的菜蔬。你必汗流满面才得糊口，直到你归了土，因为你是从土而出的。你本是尘土，仍要归于尘土。”

亚当给他妻子起名叫夏娃，因为她是众生之母。神为亚当和他妻子用皮子做衣服，给他们穿。神说：“那人已经与我们相似，能知道善恶。现在恐怕他伸手又摘生命树的果子吃，就永远活着。”神便打发他出伊甸园去，耕种他所自出之土。于是把他赶出去了。又在伊甸园的东边安设基路伯，和四面转动发火焰的剑，要把守生命树的道路。

以后我们会看到，每当人类的生产方式、社会组织方式发生革命性变革时，由于新技术破坏了原本通过长期发展已经稳定下来的社会秩序，带来了众多的新问题，当这些问题一时不能解决、社会秩序一时不能恢复稳定时，就会出现这种美化、怀念过去的“退步主义”（regressive）传说和史观，而且一直流传到社会秩序恢复稳定之后。

当然，农业不断扩散还有一个重要原因，就是农业社会因为人口增加，其族群竞争力也增加了。首先，在冷兵器时代，人口常常是决定族群竞争胜负的重要因素。在与游牧－采集社会的竞争中，农业社会纯靠人口数量往往就能取胜。其次，人口的增加导致农业社会必须发展出一套新的、更有效的管理社会的措施，这是比人口数量增加更关键的因素。管理，是仅次于语言的第二重要的社会技术，它的本质是对关系（特别是人际关系）进行控制的行为。第三章在谈文明的起源时对此会有详细讲述。

上面主要只讲了农耕社会。游牧社会是在农耕社会出现之后才出现的，而且出现时间晚到了公元前 1000 ～前 400 年，在此之前只有由狩猎－采集社会和农耕社会兼事的定牧业。因此，在讨论早期农业社会的技术文化史时，可以先不考虑游牧社会。

农业发展的不均衡性

表面上看，第一次资源危机是可能在经历了第一次全球化的任何一个族群中发生的，因此农业也可能在任何一个族群中随机地发生。这样一来，“为什么农业首先在西亚‘新月地带’等地方起源”似乎就成了一个伪问题，因为如果农业起初是在西伯利亚起源的话，我们一样还会问“为什么农业首先在西伯利亚起源”。

但是事情并没有这么简单。研究表明，农业的起源绝对不是随机的过程，而是深刻地受着环境的影响。对此，戴蒙德在《枪炮、病菌与钢铁》中同样有非常精彩的论述。事实上，戴蒙德对农业发展的不均衡性的环境归因，是他这本新达尔文主义范式史学著作最新颖迷人的观点。

要进行农业生产，首先必须驯化动植物。但是，并不是所有动植物都能够驯化，就像列夫·托尔斯泰在长篇小说《安娜·卡列尼娜》开头的名句“幸福的家庭都是一样的，不幸的家庭各有各的不幸”所说的那样，能够驯化的动植物都是一样的，不能驯化的动植物各有各的不能驯化的原因——这就是戴蒙德所谓的“安娜·卡列尼娜法则”（Anna Karenina Principle）。

我们先来看农作物。以谷物为例，最容易驯化的谷物是一年生自花繁殖的大籽粒植物。因为先民们在驯化农作物时，总是抱有希望农作物能达成某些优良性状的目的。就谷物而言，这些优良性状包括籽粒多、籽粒大、无毒无异味、籽粒成熟后易于采集（为此，籽粒应当统一成熟，而且成熟后应该仍然留在植株上，而不是掉在地上或轻易散播出去），等等，还有很关键的一点：选育出的优良性状可以稳定地遗传下去。对于一年生植物而言，因为它的生命只有一年，所以在繁衍后代时采取了大量结实的策略；尽管其中大部分种子都没有机会发芽，比如会被动物吃掉，但因为数量大，总有一部分能够生长结实，这就够了。在生态学上，这种生殖策略被称为 *r* 策略。相比之下，多年生植物因为寿命较长，所以在繁衍后代时采取了"少而精"的策略，虽然结实较少，但是种子有较好的自我保护能力，发芽的机会大。这种生殖策略被称为 *K* 策略。此外，自花繁殖植物的种子携带的仍然是母株的基因，因此母株的优良基因在子代上仍然会有持续的体现；异花繁殖植物的母株却必须在接受了其他植株的花粉之后才能结出种子，母株的优良基因就不一定能在子代上持续体现。这样一来，一年生自花繁殖的大籽粒植物无疑最接近理想的谷物，只要能够在驯化中选育出籽粒无毒的、籽粒成熟后易于采集的品种就行了。

但是，这种理想的一年生大籽粒野生植物并不是在世界各个地方都容易演化出来的。生态学指出，*r* 策略生物适应于不稳定、多变的环境，而 *K* 策略生物适应于稳定的环境。在热带雨林里，因为气候十分恒定，终年温润多雨，绝大多数植物都采取了 *K* 策略，你几乎见不到一年生植物。而在有雨旱季之别的热带地区和温带地区，一年里总有一段时间是不适合植物生长的，这时就会有一些植物成为 *r* 策略的一年生植物，只在适合生长的季节里迅速生长发育，开花结实，完成一个生命周期。

因此，世界上的主要农业起源地几乎都在季风区和温带地区。比如上面提到的新月地带，其西部就位于冬季阴冷湿润、夏季炎热干燥的温带地中海气候区，在这里驯化的农作物有小麦、大麦、豌豆、兵豆、亚麻、甜瓜等，全都是一年生植物；中国东部属于冬季寒冷干燥、夏季炎热多雨的温带和亚热带季风气候区，在这里驯化的农作物有粟、黍、水稻、大豆、赤豆、大麻等，也全都是一年生植物；中美洲属于一年里有雨季和旱季之分的热带草原气候区，驯化的农作物有玉米、菜豆、南瓜等；同样属于热带草原气候的非洲萨赫勒地带，驯化的农作物则有高粱、珍珠稗、非洲稻、豇豆、草棉等。在世界主要的五大农业发源地中，唯有南美洲安第斯山区位于赤道附近，但因为这里是山区，起伏的地形造就了丰富的植物种类，因此人们还是从中驯化了不少农作物，其中有两种是多年生的块根类作物——马铃薯和番薯。

在大型哺乳动物（以体重超过 45 千克作为标准）里面，能够驯化的就更少了，而且地理分布更不均衡。前面提到，“更新世大屠杀”导致澳大利亚和美洲的很多大型哺乳动物都灭绝了，其中可能有一些适合驯化的种类，但就这样白白消失了。因此，澳大利亚和美洲原住民在人类族群的农业技术发明竞赛中，因为身边缺乏大型哺乳动物，从一开始就居于劣势。在世界上被驯化的 15 种大型哺乳动物里，只有 2 种（大羊驼和羊驼）源于南美洲安第斯山区，没有一种源自澳大利亚。

在现生大型哺乳动物里面，绝大多数因为各种原因都不适合驯化。这些原因包括：食量太大（因此所有的大型纯食肉动物都难以驯化）、生命周期太长（因此象和大猩猩难以驯化）、在圈养条件下难以繁殖（因此猎豹和小羊驼难以驯化）、性格暴躁（因此河马和斑马难以驯化）、容易受惊（因此多种鹿和羚羊难以驯化）、不具备合适的群居习性。完全不具备这 6 方面缺点的大型哺乳动物，便只剩下已被驯化的 15 种，而其中 13 种都原产于亚欧大陆和北非。

尽管一个地区可能不具备适合驯化的动植物，但如果能够通过交通和贸易从其他地区引入已驯化的农作物和牲畜，仍然可以发展农业。在这方面，旧世界再次表现了优越性。旧世界的三个主要的农业起源地——新月地带、中国东部和非洲萨赫勒地带——都位于北半球，其中，新月地带和中国东部不仅纬度相差不太大，而且气候也更接近。农作物在这两个地区之间的交流是较为容易的，不仅因为在史前就有陆路交通，而且因为其间很少要跨越完全不适合这些作物生长的地域（即使是中亚沙漠地区，只要是绿洲，一般也能够种植这些作物）。同样，马、黄牛、山羊、绵羊和猪这 5 种现在在全世界广布的大牲畜，在欧亚北非地区的传播也较为容易。这使得欧亚、北非地区很多不是农业起源地的地方（比如日本、中亚和欧洲）也能很快进入农业社会。相比之下，旧世界北半球的农作物和牲畜要传播到非洲南部就非常困难，而美洲的农作物和牲畜要在北美、中美和南美之间相互传播也非常困难，因为这样要跨越气候非常不同的地区，其中有过于广泛的地域不适合这些作物的种植和牲畜的饲养。

因此，自从农业在 1.2 万年前最早从新月地带起源以来，主要的农业区基本都位于旧世界北温带，以新月地带、埃及、萨赫勒地带、印度河流域和中国东部等几个地域为中心向四周扩散。在美洲，虽然在北美东部、中美洲和南美洲安第斯山区也都出现了农业，但是因为美洲农业的先天缺陷（农作物组合不合理、缺乏大型牲畜等），其技术水平和发展速度较之旧世界就逊色多了。

世界农业发展的这种不均衡性，对后来的世界史走向产生了深刻的影响。农业技术发展带来了人口增长，引发了社会管理技术的发展，因此世界各农业区先后出现了文明。在中国众所周知的“四大文明古国”（古巴比伦、古埃及、古印度和中国）就全部位于上述旧世界的农业中心地区。至于新世界，虽然在中美洲和南美洲后来也形成了具有高度文明的国家，但其社会管理技术的发展较欧亚、北非就迟缓多了。

文明的出现，进一步加快了各种自然技术（如金属冶炼、造船、水利建设）和社会技术（如行政管理、法律、宗教）的发展。与此同时，人类与各种大牲畜的亲密接触，也造成了大量由牲畜传染病演化而来的人类恶性传染病的流行，在造成农业人口大量死亡的同时，也促成了他们对这些疾病较强的免疫力。传染病可以视为一种另类的、并非人类有意识造就的自然技术。在农业社会基础之上发展起来的这种种自然技术和社会技术，最终成了族群竞争的有力武器，决定了在

16 世纪是西班牙人征服美洲人，而不是美洲人征服西班牙人。甚至直到今日，掌控着世界政治和经济命脉的族群，也仍然要么是新月地带文明的后继者，要么是中国东部文明的后继者。正如戴蒙德所说："公元前 8000 年时的历史进程之手仍然在紧紧抓住我们。"

农业时代的三大族群取代

有了对农业发展不均衡性的认识，我们回头再看前面提到的智人大迁徙中的三大族群取代事件——欧洲的R系人群取代I系人群，东亚和东南亚的O系人群取代CD系人群，非洲的E系人群取代AB系人群，也就更容易理解了。

在这三大族群取代里面，欧洲的族群取代是研究得最充分的。特别是2013年以来分子人类学界先后公布了对十几具数千到数万年前的欧洲和北亚古人类遗体所做的全基因组草图分析的结果，使我们能够不断发掘出早期欧洲人类迁徙史中那些容易被隐匿起来的细节。

前面说过，在大约4万年前最早进入欧洲的智人（克罗马农人）的Y染色体DNA单倍群主要是IJ群和作为其“下游群”的I群。细分的话，I群还可以再分为I1群和I2群。这里要补充一下Y染色体DNA单倍群的命名方法：一级单倍群是用从A开始的大写拉丁字母命名的。其次级单倍群则在这个字母之后加数字，比如O群再分为O1、O2等。这些次级单倍群再划分次级单倍群时，在数字之后加小写字母，如O2又可以分O2a、O2b。再往下的划分则是数字和小写字母交替使用，这个细分的过程在理论上说可以一直进行到给每一种具体的Y染色体DNA序列（这几乎等于细化到每一个男性）都起一个代号为止，当然现在还没达到那种程度，比如O群里面现在最多也就细化到O3a2c1a1。

I1系族群主要在北欧发展，先后创造了欧洲考古学上所谓的埃泰博勒文化（Ertebølle culture，公元前4700～前3900年）、漏斗颈陶文化（Funnelbeaker culture，公元前4000～前2700年）、圆洞尖底陶文化（Pitted Ware culture，公元前3200～前2300年）等一系列的古斯堪的纳维亚文化。I2 系族群则在欧洲其他地方广泛分布。起初，这两群人都是狩猎－采集族群；后来，农业在新月地带起源之后，西亚的农人（主要属于 E 群和 G 群，也包括 J 群和 T 群）从大约公元前 6000 年开始一波波地向欧洲迁徙，但是这些还不会金属冶炼只会制造新石器的早期农人并没能取代 I 系族群。这和欧洲的地理环境有关：欧洲的地形（特别是阿尔卑斯山以南）太崎岖了，发展农业很不容易，所以农人们只能步步为营地占领山间的小块宜农地区，人口也不太多。I 系族群既然没有被迅速排挤或同化，也就有了学习农业生产的机会。离西亚最近的巴尔干地区的 I2 系族群就很快学会了农业生产，后来北欧的部分 I1 系族群也学会了农业生产（上述漏斗颈陶文化就是农业文化，而圆洞尖底陶文化也是兼事畜牧生产的狩猎－采集文化）。但是，中欧和西欧的 I2 系族群在很长一段时间内都没有转为农耕族群，这就注定了他们后来的命运。

公元前 4500 年的时候，从北亚迁到了黑海－里海草原（今乌克兰东部和俄罗斯西南部）的 R 系族群——更准确地说是 R1 系族群——开始发展出坟冢文化（也称作库尔干文化，英文为 Kurgan culture，Kurgan 来自俄语中的突厥语借词 курган）。有一种流行的误解认为坟冢文化是游牧文化，实际上人类学家现在的共识是游牧文化的起源不早于公元前 1000 年，之前欧亚草原上的新石器文化都是定居的耕牧混合型文化。当时欧亚草原的气候比现在温润，所以是可以支持这种生产方式的。

尽管独特的坟墓形式是坟冢文化的一大特征，并且用来为这种文化命名，但是较之当时欧洲的农业族群，R1 系族群更重要的技术特色在于驯化了马。在冷兵器时代，马是非常重要的战争工具，既可以直接骑乘，又可以用来拉战车。不仅如此，在公元前 3800 年左右，生活在邻近黑海－里海草原的高加索地区的迈科普人（Maykopians）还发明了青铜器，用青铜制造的武器显然比石制武器有更好的性能。迈科普人的族属未定，但他们的文化同样属于坟冢文化。

凭借驯化马和青铜冶炼的技术优势，R1 系族群开始一波波地从黑海－里海草原向外扩张。反映在考古文化上，就是作为坟冢文化典型类型的坑墓文化（也叫亚姆纳文化，英文 Yamna culture，Yamna 来自乌克兰语“坑墓”яма一词的形容词ямна）不断向周边扩张，最终到公元前 2500 年的时候，作为坑墓文化后继类型的绳纹陶文化（Corded Ware culture）已经扩张到了西欧的莱茵河流域。随着 R1 系族群的扩张，欧洲原来的居民就不断被排挤或同化。巴尔干的 I2 系族群相对来说比较幸运，他们的农业技术水平最高，所处的地理位置首当 R1 系族群的冲击，加上生活在山区，地理环境复杂，所以大量繁衍了下来。北欧的 I1 系族群的农业技术较为落后，还有不少部落处在狩猎 - 采集阶段，但因为那里气温较低，环境较差，新来的 R1 系族群不如久居此地的 I1 系族群更懂得在这种地方的生存之道，所以 I1 系族群也繁衍了下来。中欧和西欧的 I2 系族群则更多遭到了排挤，加上人数又少，就这样被 R1 系族群取代了。

耐人寻味的是，全基因组分析表明，今天欧洲南北大多数的居民的基因主要还是来自西欧狩猎 - 采集者（Western European Hunter-Gatherers，大体相当于 I 系族群）和早期欧洲农民（Early European Farmers，大体相当于 E、G、J、T 等系族群），来自古北方欧亚人（Ancient North Eurasian，大体相当于 R 系族群）的基因只占不到 20%。这与 Y 染色体 R1 单倍型的明显优势（中欧一般在 30% ～ 60%，西欧在 60% 以上甚至可达 100%）形成了鲜明对比。对此最合理（但显然也最残酷）的解释，恐怕就是 R1 系族群的技术更有竞争优势性，因而可以以少胜多，大肆杀戮欧洲原住民的男性，而把他们的女性据为己有。顺便说一句，R1 系族群不仅向西扩张，还向南、向东扩张，向南远达印度（这就是雅利安人），向东则到了新疆，成为南疆最早的原住民，所以今天的维吾尔族中的 R1 比例居然高达三成多。

仅仅从遗传来说，I 系族群似乎只是部分被取代、部分被同化。但他们的语言——这种最重要的社会技术的文化——却基本完全被取代了。语言学界认定，R1 系族群的语言就是所谓的“原始印欧语”（Proto-Indo-European），随着他们的不断扩张，原始印欧语就分化为今天的印欧语系（Indo-European language family）诸语言（如英语、德语、俄语、法语、意大利语、希腊语等)。今天在欧洲，绝大多数地方都讲印欧语系语言，即使是I系族群有较高遗留的巴尔干地区和北欧也是如此（北欧只有萨米人等少数非高加索人族群不讲印欧语)，唯一可能是I系族群原始语言遗存的，是西南欧的巴斯克人讲的巴斯克语。有趣的是，巴斯克人的Y染色体类型和周边讲印欧语的族群非常相似，也是以R1为主，一个可能的原因是，最早到达这里的R1系族群“先遣队”人数太少，所以他们反而被I系族群所同化，接受了对方的语言，成为巴斯克人的先祖。

说过了欧洲的族群取代，我们再来看东亚和东南亚。最早到达东亚和东南亚的“早东亚人”主要是C系族群，此外还可能有D系族群。曾经有学者指出，在中国的“晚期”智人中，生活在黄河流域的山顶洞人（今天的海河流域在当时也是黄河流域的一部分）和生活在长江流域的资阳人很可能就是C系族群。

O系族群是在大约3万年前到达东亚和东南亚的“晚东亚人”，据说柳江人就是刚刚到达东亚的O系族群的代表。在很长一段时间内，东亚大陆的O系族群和C系族群技术水平可能差别不大。但是从1.9万年前末次冰期结束的时候开始，O系族群开始了大扩张。O1系族群主要在华东发展，与江南地区的河姆渡－崧泽－良渚先越文化密切相关，构成后来的百越族群的主体。O3系族群主要在中原地区和西南地区发展，与长江中上游的城背溪－大溪－青龙泉先蛮文化和中原的半坡－仰韶先羌文化密切相关，构成后来的百蛮（苗瑶)、氐羌、华夏族群的主体。O2系族群较为复杂，一部分（O2a）与O3系族群混合，在西南地区发展为百濮族群，后来向中南半岛扩散；另一部分（O2b）则经华东到达朝鲜和日本。O系族群的扩张，在其后期显然和农业的起源、新石器相关技术的发展有密切关系。特别是到了5000～6000年前，农业的发展使得O系族群人口大为膨胀，如今一半的汉族男性都可以归为当时4个O系“超级祖先”（其中3个又都属于O3）的后代。在O系族群的压迫之下，CD系族群只有少部分同化于其中，另有一部分向北迁移，据猜测，还有相当数量的人口遭到了屠戮（比如著名考古学家、殷墟考古的奠基人李济在1977年撰有《安阳》一书，在其中总结了商朝人祭遗骨的体质特征，发现有相当数量属于和蒙古人种的商人不同的“太平洋类黑人种”，因此很可能是来自其他种族的俘虏）。

最后再来看非洲的情况。在撒哈拉以南的非洲，A 系族群本来生活在东非到南非的广大草原区域，而 B 系族群主要生活在中非热带雨林中。后来，E 系族群在萨赫勒地带发展出了农业，并占据了西非和东非北部。其中，西非的班图人从大约 3 万年前开始从其起源地喀麦隆和尼日利亚一带逐渐向东、向南扩张。他们首先在中非热带雨林地区抢占了 B 系族群的地盘，砍伐森林，开垦为农田，种植适应湿润气候的农作物，B 系族群的领地因此不仅被限制在剩余的森林中，而且逐渐被分割成不相连属的小块，其原始的语言也丢失了。从大约公元前 1000 年起，班图人到达东非，获得了适应干旱气候的农作物，并学会了冶铁。此后，班图人就一路南下，不断挤占 A 系族群的生存空间。公元 3 世纪时，班图人终于到达了南非海岸。最后，A 系族群被限制在西南非洲面积不大、不适宜农耕的地方，他们有幸保留了自己的原始语言——科伊桑语系语言（其最大特点是具有吸气音）。这就是在欧洲殖民者到来之前，非洲大陆最主要的族群迁徙史。

需要强调的是，上面叙述的三大族群取代事件——特别是东亚和东南亚的族群取代事件的详细情况，只是目前根据已有数据做出的各种猜测中的一种。分子人类学是个如日方升的领域，很多结论几年甚至几个月一变，所以大家不必拘泥于上面介绍的细节，领会大趋势即可。

到这里我们就可以看到，正是农业技术起源的不均衡性，导致不同的族群出现了技术水平的差异。之后，技术水平更高的农业族群在和技术水平较低的狩猎－采集族群的竞争中就往往获胜，将后者同化或取代。狩猎－采集族群也可能通过学习农业文化（人类学术语叫“文化借用”）主动转为农业族群，但同时尽可能保留自己的传统文化，从而避免被同化或取代的命运。发生在欧洲、东亚和东南亚及非洲的三大族群取代事件，只是这个全世界普遍存在的族群竞争过程的代表场景而已。通过这个竞争过程，农业族群就不断扩张。

然而，地球是有限的，这种扩张总有一个尽头，这个尽头就是农业的全球化。到了那个时候，因为人口的增长，又会出现新的危机——陌生人危机。陌生人危机导致了下一次大规模的技术创新，从此人类就进入文明时代。

思维聚焦

通过对今人和古人线粒体DNA和Y染色体DNA的分析，结合考古、语言等其他证据，可以重建智人的迁徙史，特别是在大约6万年前大规模走出非洲之后的迁徙史。已知智人走出非洲之后，先后有两次主要的向东亚迁徙的过程；当一部分智人通过白令海峡自北、向南占据整个美洲之后，人类即完成了第一次全球化过程——狩猎-采集技术的全球化。

农业之所以在大约1.2万年前起源，根本原因是第一次全球化造成的第一次资源危机——野生动植物资源危机。与农业起源同时，人类还发展出了磨制石器、编织、陶器、建筑等与农业生产关系密切的新技术，从而由旧石器时代进入新石器时代。

技术创新——通过族群竞争实现的掌握新技术的族群的全球化——资源危机——技术创新的循环，可以视为世界宏观历史的一个基本规律。农业时代先后发生在欧洲、东亚和东南亚及非洲的三大族群取代，都是农耕族群通过农业技术在与狩猎-采集族群的竞争中获胜的体现。退步主义传说和史观则往往反映了新技术对旧社会秩序的破坏。

海陆和气候格局在很大程度上决定了适合驯化的动植物在全球分布的不均衡性，而适合驯化的动植物在全球分布的不均衡性又在很大程度上决定了农业起源的不均衡性。农业起源的不均衡性，对后来的世界史走向产生了深刻的影响。

第三章　文明的肇始

文明的曙光

第二章已经介绍了人类历史上的第一次全球化——作为狩猎-采集族群的智人从东非地区不断扩散到世界各地，还指出第二次全球化是农业的全球化。可能你会对“全球化”这个用语有所怀疑，因为它的本义好像只是指“地理大发现”以来全世界被纳入西方资本主义国家主导的经济体系中的过程。这种全球化看上去是非常彻底的，时至今日，世界上已经找不出哪个族群还没有生存在这个全球互通的经济体系里，无非是程度轻重的区别而已。相比之下，农业经济的“全球化”就不那么彻底，直到今天世界上还有一些地方的族群仍在过着狩猎-采集的生活，而且在很大程度上可以自给自足，更不用说几千年前了。而且，在远古那种颇为封闭的时代，既然做不到全球物资、人力和信息的普遍交流，又有什么资格称为“全球化”呢？

我的看法是，全球化这个概念是可以扩展的。毕竟，人文社会科学界研究全球化，并不只是为了描述一个现象，而是要探究这个现象对我们的生存方式造成的冲击，找到解决由此造成的社会问题的方案。因此，全球化现象的本质不在于某套技术是不是完全扩展到了所有的族群，也不在于是不是出现了全世界范围的交流，这些都是表面现象；用新达尔文主义的话来说，一套相互紧密配合的革命性技术引发了族群竞争的高潮，在通过族群取代、同化和文化借用这三种典型的过程扩散到尽可能大范围的族群中之后，引发了新的危机，从而引发世界性的社会危机，这恐怕才是全球化的本质现象。这也就是我把全球化概念扩大化，把狩猎-采集、农业、文明和工业这 4 套技术的扩散都称为全球化的理由。而且，既然全球化是一个过程，那么先后几次的全球化是可以重叠的，即使前一次的全球化未完，当部分地方已经出现了资源危机时，就可能引发后一次全球化的开始。

现在就让我们来看文明（civilization）的全球化过程。从西文词源来看，civilization 来自拉丁文 civis，本义是市民，也就是城市居民。另一个和文明密切相关的词 politics（政治）来自古希腊语 πόλις（*polis*），本义也是城市。这就提示我们，城市化（urbanization）是一种重要的文明技术。而城市化的最明显表现，就是在有限的地域内比以往集中更多的人口。

但是，这绝不是城市化概念的核心内容。为了探索城市化的更重要的含义，我们先要看在城市出现之前已经发生了什么。

农业生产造成的人口增加首先改变了社会管理方式。用美国人类学家埃尔曼·塞维斯（Elman R. Service）的术语来说，狩猎－采集社会的最初形态是游团（band），人数从几人到几十人不等，它虽然通常由若干有极密切血缘关系的家庭组成，但单独的家庭无法从事生产，而是主要由游团中的成年男性共同进行狩猎，主要由游团中的成年女性共同进行采集。这使得游团内部的等级关系比较“扁平化”，全体同性成员之间相对来说都比较平等，男性和女性之间也比较平等。领地接近的几个具有较密切血缘关系的游团再以氏族（clan）的名义组成 150 人左右或更少人数的部落（tribe），部落中的各氏族之间相对来说也是平等的。由于狩猎－采集社会的人口低密度性，他们的最高社会组织通常也就到部落一级（在物产特别丰富的地方可到酋邦一级），从最小的生产单位氏族到部落，主要只形成了两级。这就是狩猎－采集族群的社会面貌。

新石器时代的农业社会则不然。一方面，其最小生产单位是家庭（family），由家庭组成几十人左右的氏族，由氏族组成几百人左右的部落。因此，虽然还是同样的人数，从最小的生产单位家庭到部落，组织层次却多了一级。另一方面，由于人口密度增加，新石器时代的农业族群往往是整个部落聚居在同一个定居点里，一个村落就有一两百人，而由于定居生活的关系，每个家庭通常都有各自的住处，这都使得农业社会的公共空间和私人空间出现了明显分化，进一步加剧了社会管理技术的复杂性。

传统上认为，狩猎－采集族群生产不了太多过剩的食物，所以发展不出阶级社会，而农业族群能够生产剩余的食物，根据对这些剩余资源的占有程度不同，出现了贫富分化，由此出现了阶级分化。然而，在原初丰裕社会中，很多狩猎－采集族群并不是不能生产过剩的食物，而是因为野生动植物资源太丰富了，用不着生产过剩的食物。所以农业族群囤积剩余食物的主要原因，在于野生动植物资源的短缺使他们必须亲自生产食物，而农业生产的周期性和气候的年际变化性又使他们必须通过囤积的方法度过青黄不接的时节和荒年。尽管如此，在新石器时代早期，农业氏族或部落内部也还是较为平等的，一方面，氏族和部落都是由具有最亲密血缘关系的人组成，亲属之间的利他主义本身就降低了人们私藏过剩食物的意愿；另一方面，在像氏族和部落这样的人人相互熟识的社会里，假定有人胆敢私藏过多的食物而不拿出来分享，一旦被发现，就会引起他人的不满，而可能在社会中受到孤立。被孤立意味着无法再得到他人的帮助，这对于个体的生存是不利的。正因为如此，我们一旦感觉自己被孤立，往往会觉得非常痛苦，这种痛苦的情绪正是长期演化而来的一种心理策略，促使我们放低身段向其他人示好，从而获得重新被接纳的机会。

但是，随着人口增多，这种通过熟人之间的监督维持平等关系的机制就持续不下去了。前面提到了 150 人这个数字，它是第一章提到的英国学者罗宾·邓巴发现的人人熟识、能详细记住过去彼此之间的交往关系的群体的最大平均人数，所以又叫“邓巴数”（Dunbar number）。邓巴通过对灵长目动物大脑新皮层体积和群体规模关系的研究，定量地发展了群体规模扩大促进脑容量增大的社会脑假说。他发现，对应我们智人大脑新皮层体积的群体规模就是大约 150 人。如果一个部落大大超过了 150 人，结果就是不再有人能够记住部落中的每一个人，这时候，处理陌生人之间的关系就成了一大问题，我们可以称之为“陌生人危机”。

对于狩猎－采集社会来说，和陌生人的相遇通常是很不愉快的，有很大的概率以其中一方被赶跑或杀死告终。但对于较大规模群居的农业社会来说，就必须发明一些社会技术降低陌生人之间的敌意。一种有效的办法是让每个群体都具备一些共同特征，让人一了解这些特征就能区分“我群”（in-group）和“他群”（out-group），从一开始就降低对我群内的陌生人的敌意。部落图腾的主要用途，就是充当这种群体的识别符号。当然，比实体的图腾更有效的特征，是群体内部代代相传的“我们是一家”的传说。正如以色列历史学家赫拉利（Yuval N. Harari）指出的，不管人类语言是如何起源的，到了农业时代开始的时候，它最重要的功能已经变成了替超过 150 人的群体构建内部相互认同的一整套叙事。通过这些叙事构建的集体，就是美国政治学家本尼狄克特·安德森（Benedict R.O. Anderson）所谓的“想象的共同体”（imagined community）。

但是，如果我群内的陌生人发生了争端怎么办？像以前那样靠熟人社会自行调解已经行不通了，一种有效的解决方案，就是在群体内部找几个人人信服的“大人物”充当权威，赋予他使用武力的特权来调解争端。这些“大人物”就是酋长（chief）。具有仲裁和武力使用特权的酋长的出现，是人类的社会管理技术的一大飞跃，也可以看成是专制和法律的滥觞。当然，另一种有效的解决方案是部落分家，一部分人另择领地生活，从而使各自的群体人数仍然降到熟人社会规模的上限以下。

酋长的出现往往会引发一系列相关的社会变动。首先，酋长可以利用他的权威决定部落财富的重新分配，并从中为自己抽取一定的份额，作为自己因为部落事务缠身不能亲自从事农业生产的补偿——这显然就是税收的前身了。其次，酋长可以利用他的权威把大量人力组织在一起，从事一些有利于公共利益的大型工作，比如建造村落周边的保护性工事，以防止周围的狩猎－采集部落的劫掠，等等，而这显然是公共服务的前身。再次，酋长可能利用调动武力的特权，把所有这些权力垄断在自己所在的氏族中，甚至垄断在自己的后代中，形成世袭制。复次，世袭酋长的氏族可以利用其特权进一步为自己和自己所在的氏族攫取更多的财富，造成部落内的财富不均。因此，恐怕并不是财富不均决定了等级社会的出现，而是等级社会的出现决定了财富不均。最后，酋长或他身边的人可能会把部落原有的简单宗教意识改造成较为系统的宗教，为等级制辩护，从而在精神上减轻下级氏族和下级成员对等级制的不满（关于宗教的起源，在讨论科学的起源时还会再讨论）。

所有这些新的社会技术的出现，彼此之间并没有严格的充分必要关系，并不是说其中一种技术出现之后，其他的技术也一定会出现。一定要记住：统计学上的一个重要原则是，相关性不等于因果性。这个思想无论对自然科学还是社会科学都极为关键。因此，发展到酋长制的部落也有丰富多样的形态，有的有世袭制，有的没有世袭制；有的比较平等，有的较不平等。然而，因为酋长制克服了农业社会人口增长后遇到的陌生人问题，迈过了这道坎之后，农业社会的人口就继续增长，陌生人度越来越高，从而使酋长为自己氏族谋利的倾向越来越大，社会等级也就更容易发展。

不仅如此，当农业全球化使传统的部落农业发展到极致，无法再支撑更多的人口时，人类便面临了第二次资源危机。这时候，酋长制的实施成了解决危机的最积极的方法。通过酋长主持的公共服务，农业生产的效率更高，剩余财富更多，这可以促进社会分工，使更多的人像酋长那样不再从事一线农业生产，而是专注于制造石器、编织、制陶、建筑房屋、祭祀等其他技术工作。毫无疑问，社会分工可以促成更多技术创新，反过来又进一步提高了农业生产的效率。因此，人们对酋长制下不平等的忍受，是以这种制度可以促进公共利益的提升，从而促进生产水平的提高和物质财富的积累，进而促进自己所在族群在族群竞争中获胜为前提的。不能满足人们这种需求的酋长就可能被推翻，但结果是人们又会选出新的酋长来，否则已经提高效率的农业生产就会因为公共服务的缺乏而崩溃，我群在族群竞争中就会居于劣势。

随着农业地域的人口和村落密度进一步提升，村落的人口数也越来越多。不同的村落之间开始发生冲突，这时候，酋长制的第二个好处就显出来了：通过酋长主持的组织化、等级化的军队，部落可以在冲突占据优势。当然，部落竞争的结果通常只会有一个：或者是通过潜在的战争威胁，或者是通过实际战争的征服，这些村落最终被迫联合起来，在各自的酋长之上由势力最强的部落酋长担任了权力更高的“总”酋长。这时候，农业社会的社会形态就由部落转为酋邦（chiefdom），酋邦就是国家的原形。酋邦可以通过更大规模的公共服务提高农业生产效率（开源），也可以通过更明显的等级制，以一部分人资源收益的减少为代价满足另一部分人对资源的需求（节流）；再加上城市化的作用，酋邦就这样克服了第二次资源危机的第一波。在酋邦中，人口数可达数千人，社会管理等级包括了酋邦—部落—氏族—家庭 4 级，较之农业部落更复杂了。

以上就是城市出现之前发生的事情。至于城市本身，还没有一个公认的定义，恐怕以后也不可能有。相比之下，我觉得城市生态学对城市的定义比较好，即城市是一个社会共同体的物流、人流、能量流、资金流和信息流的枢纽，为了形成这样的枢纽，需要这些资源的集中，就像动物在演化中需要把神经元集聚为大脑以便更好控制躯体、应付环境一样。这个定义不仅适用于现代城市，恐怕也适用于古代城市。以前的学者为判断一个古代聚落是不是城市下的很多标准，比如有宫殿，有庙宇之类宏伟的公共建筑，有手工业作坊，有商人，有城墙之类防御工事，布局有规划之类，似乎都可以视为因为上述定义中“五流”的存在而导致的必然结果。

城市化的好处有很多。比如现代研究表明，城市化可以节省社会运转所需的资源（比如给同样多的人口供应生活必需资料，这些人集中住在一起时的物流成本显然比分散居住时的物流成本低）。而且，城市中充分的信息交流又有利于技术创新。这些都进一步加强了酋邦对资源开源节流的能力。

一般认为最早的城市出现在新月地带的美索不达米亚平原（又称两河平原，由幼发拉底河和底格里斯河共同冲积而成），时间在大约公元前 3500 年，乌尔古城就是其中的代表。美索不达米亚因此成为人类最早进入文明社会的地区。此后，在古埃及的尼罗河三角洲，印度河流域，中国的黄河、长江流域，中美洲和南美洲等地区，也先后出现了城市。不难看出，旧大陆最早的城市总是出现在大河的冲积平原之上，因为这里灌溉方便。灌溉是解决“靠天吃饭”的非常重要的农业技术，而要建设大型的水利工程，自然非得需要酋长把人力组织起来不可。城市的出现，可以视为文明的曙光，到了国家出现以后，文明时代就全面到来了。

上面提到的想象共同体构建、专制、法律、税收、公共服务、宗教、组织化军队直至城市化，全都属于社会技术。按理说这不应该是世界科技文化史重点关注的内容，但在新达尔文主义的视角之下，既然自然技术和社会技术在延伸表型的本质方面没有区别，而文明的起源对于完整、深入理解自然科学和自然技术文化史又特别重要，那么我们还是必须要好好了解一下这一段的历史。但在继续讲国家的起源之前，有必要先讲一些演化心理学的东西。延伸表型理论和演化心理学是新达尔文主义范式社会科学的两大理论基础，把这个讲完，本书的所有理论铺垫才算都做完了。

从体质演化转向技术演化

演化心理学理论关注的核心概念是什么呢？是人性（human nature）。

顾名思义，人性就是人的特性，是人之作为人而不是禽兽的特征。看上去，“人性”和“人的本质”的意思差不多，其实不然。第一章已经说过，“本质”这东西总是有一种“全或无”的意味，所以人的本质就是人一定有而禽兽一定没有的特征。但是，生物学已经证实，人的几乎任何一种重要的特性，都在动物（特别是大猿）的身上有某种不完善的体现，更重要的是，人的这些特性正是从其类似于大猿的祖先所拥有的不完善的特性逐渐演化而来的，在这个渐变的过程中没有天然存在的截然界限。因此，我们应该像医学上的疾病诊断或心理学上的人格量表那样，把人性理解为一套性状的集合，每一个性状都体现为“完全非人”和“完全是人”两个极端之间的某个过渡值，一个物体越是在各个性状方面都接近“完全是人”的极端，这个物体就越有人性。从这个意义上说，我们等于给出了“人类”的另一个定义：人类就是有人性之物的集合。

这样定义的“人类”，和生物学人类的范围并不等同，我们经常有这样的感觉：有的动物或非生命的物体总让人觉得就是人（养宠物的朋友估计会有很强烈的这种体会），有的人就让人觉得不是人（比如穷凶极恶的罪犯），就是因为前者让人觉得有人性，后者让人觉得没有人性的缘故。

那么，人性包含哪些方面呢？怎样的特征就让人觉得“有人性”呢？这个就是心理学的研究内容了。不过说来令人唏嘘：如果以实验心理学作为现代心理学的开端，那么心理学已经有将近 150 年的历史了；但是在很长一段时间内，标榜自己是一门科学的现代心理学，却总是喜欢把基础建立在一些没有事实根据的假说之上，由此构建的心理学有时候还不如我们的常识更懂人性。直到 20 世纪 80 年代，西方学者把新达尔文主义范式引入心理学研究，创立了“演化心理学”（evolutionary psychology）这样一种新范式的心理学，我们似乎才可以放心说，心理学终于找到了探究人性的正确道路。

演化心理学从生物学出发，提出了几个更实证的理论作为其全部理论大厦的基础。首先，作为绝大多数人类行为的内在原因的人类心智是演化的产物，是有遗传背景的。过去在心理学界十分流行的行为主义（behaviorism）范式认为，人类的心智是一块“白板”（blank slate），几乎没有先天的、遗传的基础，所有的心理和行为都是后天环境塑造而成的。行为主义心理学的创立者约翰·华生（John B. Watson）就曾在 1930 年的一本书中放下豪言：

> 给我一打健康而又没有形态缺陷的婴儿，给我一个由我支配的专门环境，让我可以抚养他们，我可以保证，随机从中挑出任何一个人，不管他的天赋、嗜好、倾向、能力、长处，以及祖先的种族如何，我都能把他训练成我选择的任何一种职业的专家——医生、律师、艺术家、商业大亨，甚至是乞丐和小偷。

虽然其实华生本人的态度没有这样极端，但在他之后的斯金纳（B.F. Skinner）却真的把行为主义推进到了非常激进的进步，过分强调了环境对人性的影响。在行为主义心理学的基础之上就发展出了演化心理学家勒达·科斯米德斯（Leda Cosmides）和约翰·图比（John Tooby）所称的“标准社会科学模式”（the Standard Social Science Mode），它同样认为环境是决定人类行为的压倒性因素。其中的“标准”两字足以体现这种模式的普遍性、主流性。比如，美国学者斯塔夫里阿诺斯（L.S. Stavrianos）所著的《全球通史》是享誉世界的全球通史著作，但在该书最新的第 7 版中，他仍然坚持说道：

历史教给我们的一个重要教训就是，核战争并非不可避免。因为战争的发生不是因为人类的本性，而是因为人类社会。而人类社会又是由人类组成的，因而它也可以由人类重新构建。

问题在于，从20世纪50年代开始，不同学科的研究者从多个方向都证明，这种“白板说”是错误的、不符合事实的。其中，最有说服力的证据来自双生子研究。我们知道双生子有两种：同卵双生子和异卵双生子。同卵双生子的遗传型几乎完全相同，实际上他们是天然的“克隆人”；异卵双生子则和一般的同父母兄弟姐妹一样，只有一半基因是相同的。利用两类双生子的特点，可以进行很多与遗传有关的心理学研究。比如，在20世纪30年代的大萧条时期，美国一些贫苦的父母不得不把刚生下来的孩子送给他人抚养，其中就包括一些双生子。对于其中从小分离的同卵双生子来说，这等于是人为造成了一批先天相同、后天不同的对照样本。如果“白板说”是对的，既然这些同卵双生子的后天环境有很大差异，那么他们的心智就应该非常不同，而且这种差别程度和从小分离的异卵双生子或一般的兄弟姐妹应该是一样大的。

从1989年开始，美国明尼苏达大学的研究人员先后研究了上百对从小分离的同卵孪生子，详细收集他们的病史和社会经历，认真比较他们当下的体格和心理状况。这样一场持续了十几年的大型的研究最后得出了什么结论呢？第一，即使同卵双生子从小分开抚养，他们的心智仍然具有很大的相似性，以智商的相关性最高，其他如人格、社会态度甚至兴趣爱好也都有很大的相关性。第二，由父母一起抚养长大的同卵双生子，成年后在这些心理特征方面并不比从小分开抚养的同卵双生子更相似。这个结论雄辩地说明，人的心智在很大程度上的确是由遗传决定的。粗略来说，先天和后天的影响大约各占一半。

由于双生子研究在确定人性的遗传因素方面具有明确而有说服力的作用，如今它已经成为心理学研究的常规手段。中国学者在2014年就用这种方法发现中国人的幸福感也受遗传的影响，其中生活满意度和情感幸福的遗传度都是33%，也就是说，人与人之间幸福感的差异有33%是由基因决定的。

既然人类心理受到遗传这么强大的影响，那么，它就和人的形态性状一样，要经受自然选择的考验。演化心理学指出，人的心智是模块化（modulated）的，不是像计算机CPU那样的通用处理器，而是分割成一个个的模块，每个模块负责解决一类具体的生存或社交问题——比如，遇到蛇怎么办？遇到陌生人怎么办？怎么才能吸引对面那个帅哥/美女的注意？能更好地解决生存问题的心智表型（及相关的基因型）就更多传递下来，而不能更好解决生存问题的心智表型（及相关基因型）就不容易传递下来，最后就消失了。

但是，生物体的体质演化总的来说是一个缓慢的过程，当环境造成的选择压力不是特别大的时候，往往需要上万年的时间才能让生物的相关性状发生明显的改变，产生更大的适应。以直立行走为例，人类用了至少240万年来适应这种行走方式，但这种适应到今天还不能说是完美的，还是留下了一些隐患——比如，直立行走导致脊椎下部和下肢关节承受了巨大的压力，所以我们的腰椎和膝关节都非常容易受伤。直立行走导致内脏器官容易在重力的作用下偏离正常位置，这就是内脏下垂。此外，直立行走和痔疮、高血压这些疾病也有关系。

同样，现代人的心智本来是在漫长的数百万年的旧石器时代中慢慢塑造出来的，主要负责解决旧石器时代的那些生存和社交问题。但是，在人类于大约1.2万年前进入农业时代，于大约7000年前进入文明时代，又于18世纪进入工业时代之后，周边的环境——不管是自然环境还是社会环境——都发生了巨大的变化。1.2万年听上去是一个很久的时段，但在人类的演化史上不过是短暂的一瞬。我们可以想象，这么短的时间恐怕不足以让人类演化出适应农业社会的心智，更谈不上适应文明社会和工业化社会了。

更重要的是，从7万年前智人的“创新大爆炸”之后，人类越来越有能力通过技术营造有利于自身生存的环境，而且可以通过后天的学习来获取文化。从此，这些可以通过学习而在个体间、代与代之间传播的文化和由这些文化指导的技术，就取代了主要由遗传决定的技术，成为新的作为族群竞争工具的延伸的表型。族群竞争的结果，因而越来越多地表现为技术、文化的演化，而不是体质的演化。这样一来，我们心智的演化就更缓慢了，甚至可以说近乎停滞。直到今天，我们的心智仍然基本停留在旧石器时代晚期，擅长解决的仍然是旧石器时代人群面对的那些问题；我们，不过是生活在现代社会的原始人——这就是演化心理学上极为关键的旧石器时代心智理论。

不妨举个有趣的例子：很多人天生就怕蛇、怕蜘蛛、怕死尸，因为毒蛇和毒蜘蛛可以致人死命，尸体会腐败产生毒素、滋生传染病，对生存有害，所以长期的演化让我们在基因里就害怕这些东西。但是，今天电源插座和汽车造成的意外死亡比毒蛇和毒蜘蛛多得多，我们却不会怕插座或汽车！这既是因为我们还没有足够的时间来演化出害怕插座和汽车的本能，更是因为发达的技术和文化让我们不需要演化出这种本能也能有效地规避插座和汽车的风险。

在此我要啰唆几句题外话：演化心理学的这些理论，体现了新达尔文主义和19世纪末到20世纪上半叶一度风行的社会达尔文主义（social Darwinism）的一个根本区别：社会达尔文主义以为人类的体质在现代还在快速演化，进而认为通过所谓“优生学”（eugenics）可以改良人种，这在新达尔文主义看来是荒谬的。

此外，新达尔文主义和社会达尔文主义还有两个根本区别。第一，社会达尔文主义从体质快速演化的臆想出发，认为不同的族群体质显著不同，而且可以分优劣，这为种族屠杀这种严重违犯人道主义的恶行提供了所谓的依据。但在新达尔文主义者看来，不同的族群虽然的确存在一定程度的基因差异，但人类共通的人性仍然是主要的、应予优先考虑的。比如X染色体上有个基因名为*MAOA*，它有两个主要基因型，*MAOA-3R*基因型容易让男性变得敏感、冲动、易于使用暴力，如果是从小就受虐待的男性，甚至会发展出反社会人格；*MAOA-2R*基因型则没有这样的表现。据统计，*MAOA-3R*基因型在非白人族群中频率普遍较高，如汉族人是54%、新西兰毛利人是56%、黑人是58%，但白人就只有36%。有人因此认为这是非白人族群社会更倾向于发展集体主义的原因之一，因为这样可以抑制这些男性的反社会行为。但是，决定社会形态的因素成百上千，我们充其量只能把这种基因差异作为来自遗传背景的因素之一。如果认为仅仅这一个基因差异就决定了东西方的社会形态不同，那就陷入了一种最庸俗版本的遗传决定论，也就重新陷入了社会达尔文主义的泥潭。

第二，社会达尔文主义常常过于强调个人竞争，强调极端的利己主义，新达尔文主义则把利他行为圆满地纳入了理论框架，从而使利己主义无法再用“生存竞争”来为自己背书。总之，如果有人一听到“新达尔文主义”，不去了解它“新”在何处，就急不可耐地用批评社会达尔文主义的那些理由来批新达尔文主义，那我只能说，他的偏见蒙蔽了他的理智。

言归正传。根据旧石器时代心智理论，如果要了解现代人的人性，我们首先应该了解旧石器时代晚期的环境，从而了解哪些问题是当时的人类心智必须迫切解决的。通过比较旧石器时代晚期的环境和现代环境的差异，我们就可以像找出椎间盘突出、内脏下垂、痔疮这样的生理不适应一样，找出心理上的不适应，从而有可能更有成效地解决现代社会的种种问题。

下面在介绍国家的起源时，我们就可以看看，从狩猎－采集时代，到农业时代，再到文明时代，人类生存的环境发生的变化让我们的心理逐渐出现了哪些不适应。

“青铜纪”和“黑铁纪”

在演化心理学上曾经有一个很有名的假说，叫作“非洲稀树草原假说”，大意是说既然自从人类的祖先有几百万年生活在非洲稀树草原上，那么自然选择一定已经让人类演化出了喜欢大草原景观的心理。这是一个很有趣的假设，但是后来被证明是过于“强势”的假设，因为相关的心理学实验难以重复。但是一般来说，人类总是喜欢自然风景胜过人造风景，喜欢花果点缀其间的茂密植被胜过垃圾点缀其间的高楼大厦，这很可能的确有先天心理因素在里面；我们的祖先可能就是这样不断回避已经被人类的生活痕迹（如食物残渣、排泄物等）污染过的地方，去选择新的宜居之地。今天，很多城市人厌倦了城市生活，喜欢“逃向”乡村和野外，其中应该就有这种心理的作用。这也就为城市规划提出了有益的启示：应该在住宅周边多布置绿化，使人出门不久就能接触到类似野生植被的环境，可能有益于纾解城市生活的紧张感。

另外，因为我们长期生活在较为狭窄的时空范围内，如果没有经过后天的训练，我们对广阔时空的理解常常是非理性的。比如，世界上很多族群都有“大洪水”的传说。据今天的研究，这可能反映了大约 1 万年前末次冰期结束、海平面上升淹没在海边不远处居住的族群住地的事实。果真如此的话，世界上大部分地方其实是没有洪水的，但在这些海边族群看来，只要自己身边方圆几十里的地方有“洪水”，那就相当于全世界发了大洪水。现在也一样，每逢发生大地震，媒体就开始跟风，不断报道世界各地的地震信息，引得很多人叹息：“最近怎么这么多地震？”“地球调成震动模式了吗？”其实多数时候地震的发生频率并没有增高，只不过你关心得多了以后，如果对地理没有一个正确的概念，就会倾向于认为这些地震都是发生在自己身边不远处，于是多少会产生一种“世界末日”的错觉。

我们对空间的感觉是如此，对时间的感觉也一样。很多族群极为漫长的历史，在其传说中往往被压缩到几代人甚至一两个祖先身上，这就是明证。再如天文学家认为，因为太阳的亮度在未来会继续升高，大约 8 亿年之后地球表面的大部分氢原子就会蒸散到宇宙中，地表水将近于消失，地球会成为金星那样的炼狱。你可以看看自己是不是因为这个假说产生了不安感。

然而，人更是社会动物。我们与他人交往有关的心理，要比上述的对自然的朴素认知顽固得多，演化心理学家对这方面的研究也更多。这方面的重要研究结果会在后面的内容中慢慢介绍，这里先讲两项至关重要的结论。

第一，由于邓巴数的限制，一个社会的规模越大，它的陌生人社会性质越高，我们对在其中生活的他人也就越来越不理解、越来越有隔阂。这种从熟人社会向陌生人社会的转变造就了一系列社会技术的出现，前面已经介绍了一些，这里再补充几个和国家的出现关系更密切的：因为社会管理变得越来越困难，越来越需要领导者通过自己的聪明才智整合社会中各个人群的信息，制定合适的社会政策，所以在酋邦出现之后，一个不可避免的发展趋势，就是其中的领导阶层开始打破氏族、部落的限制，开始出现选贤任能的因素，实行某种程度的贤才统治（meritocracy）。同样，城市的出现，也使市民的社会关系从原来的血缘为主，转为以阶层、地缘为主（所谓“在家靠父母，出门靠朋友”“远亲不如近邻”）。再如，因为最高酋长无法认识酋邦里所有的人，酋邦的统治必须分层级，最高酋长一般只和各个部落各自的小酋长及其助手接触，各个部落的信息由小酋长或其助手汇总上报，而大酋长的信息也由他们向下传达。为了保证信息传递过程中不发生走样，文字的使用就显得很有必要了。

与此同时，陌生人社会也造成了我们心理上的不适应。比如，由于长期生活在以血缘为主要关系的熟人社会中，我们的裙带主义（nepotism）和小圈子心理至今仍然极为顽固，成为陌生人社会建设的极大阻碍。另外，在陌生人社会中，因为我们可能和很多人只见一面或几面，于是各种欺骗横行（比如现在大城市的很多街头乞丐并不是真穷，恰恰相反，他们通过这种方法挣了不少钱，甚至足以置办房产），人情也显得淡薄，却又加重了我们的孤独感。

当然，陌生人社会造成的最大后果是，由于整个社会中的人群不可避免地要根据各种关系分裂成很多较小的群体，因此所有的陌生人社会都潜藏着内部危机。一旦群体之间的利益冲突发展到不可调和、不可妥协的程度，社会的分裂甚至崩溃就在所难免。这种群体划分可以通过多种形式进行，血缘、地缘、阶级阶层、职业、语言、信仰等都是重要因素，只强调其中某一方面是不合理的。直到今天，一个国家如何解决各个群体之间的冲突，让他们不仅能彼此妥协，而且能首先达成对国家而非其他想象的共同体（比如国家概念之下的部落、城市，超越国家概念的全体教徒甚至全世界）的合法性的共识，仍然是政治学研究的重要课题，也是政治史研究的一条主线。

第二，随着文明的出现，人类的等级行为得到了很大的强化。实际上，动物学家早就发现，群体动物全部都有等级行为，从鱼类开始的高等群体动物甚至还有和等级行为相关的推理能力（如果 A 强于 B，B 强于 C，则 A 强于 C）。等级行为的好处在于，确定的等级可以避免两个个体之间不必要的冲突，因此在演化上具有优势而被选择了出来。

然而，等级行为并不一定体现为严格的等级制度。事实证明，等级行为完全可能产生类似于平等的行为——群体中能力较弱的个体联合起来，共同杀死、逐走或孤立能力最强的个体，从而使由多人组成的次强个体联盟的等级凌驾于最强的个体之上，形成美国人类学家克利斯托弗·贝姆（Christopher H. Boehm）所谓的“逆向统治等级”（reverse dominance hierarchies）。因此，虽然人类社会形态可以表现为从极为不平等到极为平等的连续谱系，但其背后仍然都有一个等级意识的心理根源，因此是有规律可循的。

前面已经提到，狩猎－采集社会和早期农业社会之所以较为平等，是因为武力并不垄断在领袖手里。但如果武力开始垄断到酋长的手里之后，缺乏武力的个体通常无力反抗拥有武力的个体，等级社会也就稳定地存在下来，并且可以发展成奴隶制那样相当残酷的社会制度。另外，社会治理层次的复杂化也很容易和等级制相互配合，形成精致复杂的统治等级。从此，人类社会就出现了一对不可调和的矛盾，一是社会管理技术总是倾向于维持一定的等级制，二是处在中下层的阶级很容易受有利于他们的平等主义意识形态影响而反抗等级制。这构成了政治史研究的另一条主线。

正因为人类有这样丰富的演化社会心理，这决定了历史研究主要仍是社会技术史研究，而不是自然技术史研究。其实历史学家已经基本公认，自然技术在根本上决定了人类社会的走向和族群关系，但是不同的族群对各种自然技术的接受程度为什么会有差异？为什么同一种自然技术在不同的族群之间会有不同的传播结果？这就不是单纯的自然技术史研究所能解决的问题了，而必须通过对社会技术及其文化的研究才能解决。虽然我提倡用来自自然科学的新达尔文主义范式重新审视历史，但这个新的视角其实是这样：第一，通过延伸表型理论表明人类历史在根本上是族群竞争史，这个观点其实不算新鲜，无非是把其背后的历史哲学更深化了一下而已；第二，通过演化心理学研究揭示人性之常在技术传播中的作用——这是新达尔文主义范式史学最有创新性的地方，用科学哲学的话来说，是对历史研究的“还原”（reduction），但还原仍然意味着深化，而绝不意味着颠覆。如果把这种还原主义（reductionistic）、自然主义（naturalistic）的研究范式理解为用自然技术文化史研究代替社会技术文化史研究，那就走上歧途了，而且最终我们也根本不可能实现更深入理解人类历史的目的。

话说回来。当酋邦的人口进一步增多之后，第二次资源危机的第二波又会来到。这时，类似当初部落合并为酋邦的一幕又会重演：在相邻的酋邦中，大多数酋邦要么被威胁，要么被征服，从而被迫联合起来，形成人口达到数万人以上的更大型的社会。这种社会的显著特点就是出现了复杂的统治层级，通常具备文字、举贤制度和明显的等级制——这就是国家（state）。世界上最早出现酋邦和城市的地区，同时也是最早出现国家的地区——美索不达米亚再次成为最早的国家——苏美尔王朝出现的地区，时间是公元前3100～前2900年。在中国，一般认为夏是最早的国家，但因为至今不能从考古上确证夏朝的存在，也有不少人认为商才是中国最早的国家。

国家的出现，标志着文明时代的全面来临。伴随着国家的全球化，新一轮的族群竞争又开始了，这将在第五章结合古代到中世纪的技术来介绍。尽管按照加拿大著名演化心理学家平克（Steven A. Pinker）的说法，由于文明技术对陌生人冲突的克制作用，比起原始社会来，文明社会的暴力实际上在不断减少，但是族群竞争却始终存在，在很多时候也仍然以肉体消灭这种最残酷的方式表现出来。与此同时，国家的出现也标志着人类从此开始生活在一个越来越不“顺心”（顺应演化心理）的时代。正如农业的出现催生了一批退步主义传说和史观一样，文明的出现催生了更多的退步主义文本。其中最脍炙人口的莫过于古希腊神话中的“五纪说”：

> 神祇创造的第一纪的人类乃是黄金的人类。……他们无忧无虑地生活着，没有劳苦和忧愁，差不多如同神祇一样。他们也不会衰老。他们的手脚仍然有着青年的力量。四肢润软，不生疾病，一生享受盛宴和快乐。神祇们也爱护他们，给他们丰盛的收获和壮丽的牧畜。当他们的死期来到，他们就入于无扰的长眠；但是在活着的时候，他们有着许多如意的事物。大地自动地为他们生长出十分丰富的果实。他们的需要都得到满足，大家在和平康乐中幸福地生活。……
>
> 其后神祇创造第二纪的人类，白银的人类；这在外貌和精神上都与第一个种族不同。他们的子孙，百年都保持着童年，不会成熟，受着母亲们的照料和溺爱。最后当这样的一个孩子成长到壮年，留给他的已只有短短的一段生命。因为他们不能节制他们的感情，放肆的行动使得这新的人类陷于灾祸。他们粗野而傲慢，互相违戾，不再向神祇的圣坛献祭适当的祭品来表示敬意。宙斯很恼怒他们对于神祇缺乏崇敬，所以他使这个种族从大地上消灭。但因为这白银的种族并不是全然没有道德，所以不能不有

某种光荣。在他们终止人类生活的时候，他们仍然可以作为魔鬼在地上漫游。

现在天父宙斯创造了一种第三纪的种族，青铜的人类。这又完全不同于白银时代的人类，残忍而粗暴，习于战争，总是互相杀害。他们损害田里的果实并饮食动物的血肉；他们的顽强的意志如同金刚石一样坚硬。从他们的宽厚的两肩生长出无可抵抗的巨臂。他们穿着青铜的甲，居住青铜的房子，并以青铜的工具操作，因为在那时还没有铁。但他们虽高大可怕，且不断互相战争，却不能抗拒死。当他们离开晴朗而光明的大地之后，他们就下降到地府的黑夜里去。

当这种族也完全死灭……宙斯创造了第四纪的种族，他们依靠大地上的出产来生活。这些新的人类比以前的人类都更高贵而公正。他们乃是古代所称的半神的英雄们。但最后他们也陷于仇杀和战争，有的在忒拜的城外为俄狄浦斯国王的国土战争，有的为了美丽的海伦乘船到特洛亚原野。当他们在战斗和灾祸中结束了地上的生存，宙斯把天边的，在暗黑的海洋里向着光明的极乐岛分派给他们。在这里他们过着死后宁静而幸福的生活，每年三次，富饶的大地给他们甜蜜果实的丰收。

古代诗人赫西俄德说到人类世纪的传说，他以这样的慨叹结尾："啊，假使我不生在现在的人类的第五纪，让我死得更早，或出生得更晚罢！因为现在正是黑铁的世纪。这时的人类全然是罪恶的。他们夜以继日地工作和忧虑，神祇使他们有愈来愈深的烦恼，但是最大的烦恼却是他们自己给自己带来的。父亲不爱儿子，儿子不爱父亲。宾客憎恨主人，朋友也憎恨朋友。甚至于弟兄们都不赤诚相与如古代一样，父母的白发也得不到尊敬。年老的人不得不听着可耻的言语并忍受打击。啊，无情的人类哟！难道你们忘记了神祇将给予的裁判，敢于辜负高年父母的抚育之恩么？处处都是强权者得势，人们毁灭他们邻近的城市。守约、良善、公正的人得不到好报应，而为恶和硬心肠的渎神者则备受光荣。善和文雅不再被人尊敬。恶人被许可伤害善良，说谎话，赌

> 假咒。这就是这些人所以这么不幸福的原因。不睦和恶意的嫉妒追袭着他们，并使他们双眉紧锁。直到此时还常来地上的至善和尊严的女神们，如今也悲哀地以白袍遮蒙着她们的美丽的肢体，回到永恒的神祇中去。留给人类的除了悲惨以外没有别的，而这种悲惨且是看不见边际的！”

结合希腊历史，我们可以大致认为，黄金纪相当于旧石器时代的狩猎－采集社会到新石器时代的农业社会；白银纪相当于公元前1600～前1200年已经进入国家阶段的米诺斯文明和迈锡尼文明（实际上这两个文明都已进入铜器时代）；青铜纪相当于前1200年前后发生的所谓“多利亚人入侵”对有文字纪录的迈锡尼文明的破坏（实际是迈锡尼文明的内部崩溃），英雄纪相当于之后失去文字纪录、重回“黑暗时代”的希腊人国家通过海路对小亚细亚文明的入侵（此时已经进入铁器时代），而黑铁纪无疑是大约公元前8世纪希腊人国家恢复文字纪录之后的时代。如此说来，这样一幅人类不断“堕落”的场面，反映的其实正是文明出现之后的族群竞争史。

思维聚焦

在游团、部落、酋邦、国家4个等级的社会形式中，狩猎-采集社会因为人口密度低，通常只有游团和部落两级，属于熟人社会，内部相对较为平等。随着人口的增长，农业社会可以在部落之上发展出酋邦，在酋邦之上发展出国家。酋邦和国家属于陌生人社会，这两种社会形态主要通过由领导人实施专制和法律技术来避免社会内部的陌生人冲突。

酋邦和国家的出现，标志着人类社会进入文明时代。城市化技术是文明的标志，其他文明技术还有想象共同体构建、专制、法律、税收、公共服务、宗教、组织化军队、统治层级、文字、等级制等，这些技术的出现彼此之间有很强的相关性（虽然并非因果性），都可以视为应付陌生人社会的社会技术。

演化心理学反对行为主义，否认人类心智是“白板”，认为其中有不少通过演化得来的先天心理。人类的演化心理是模块化的，每一种心理负责解决一类具体的生存或社交问题，这些演化心理合起来就构成人性。然而，从新石器时代开始，剧变的环境和人类强大的学习能力导致人类的体质演化几乎停滞，由技术演化取而代之。因此现代人心智适应仍然的是旧石器时代的环境，这就造成了新石器时代社会以后人类心智对环境的不适应。其中，人类对陌生人社会的不适应，是国家出现之后许多社会危机的根源。

第四章　科学的起源

从俗常世界观生发的原始科学

前三章谈的都是一般技术与文化，现在，我们终于可以谈谈科学了。

科学（science）同样是个歧义纷杂的概念。今天我们一说到科学，想到的首先是自然科学，而且是以数学和物理方法为基础的自然科学，这是科学最狭义的定义。这个狭义的定义可以有两个推广方向：一个是把自然科学向非数理传统推进，强调自然科学中还有另一种传统，就是对自然物的描述和分类，这就是博物学（natural history，或直译为“自然史”）；另一个是把数理方法和其他自然科学研究方法（比如实验、还原主义等）向人类社会推进，社会科学由此形成。

本书对科学取最广义，即认为科学知识是通过一定的方式组织在一起、以供人际和代际传播的有关客观世界的知识系统，属于文化范畴；科学活动则是获取科学知识的行为，属于技术范畴；而科学包括科学知识和科学活动两个方面内容，是特殊的技术和文化。

虽然这个定义是“最广义”，它里面仍然有一个关键的限制，就是科学知识应该是一个多少有序组织起来的系统，而不是没有系统的散漫知识点。之所以要强调这一点，是因为科学在发展过程中遇到的一大问题，就是如何用一个统一、有序的逻辑框架把越来越多（在今天简直就是爆炸性增长）的科学知识整合起来，方便人们提取（retrieving）、掌握、人际及代际传播。这就正如生物分类学的一大目的是把各个分类群（属、种、亚种之类）整合成秩序井然的等级体系，方便相关信息的提取一样。这种把原来不在一个系统里的知识整合成同一个系统的做法，就是第三章最后提到的“还原”（reduction,

有时也译为“简化”)。严格分析的话，还原至少有两种类型：理论还原（theoretical reduction）仅仅是把不同的理论、不同的知识系统整合在一起；方法论还原（methodological reduction）则进一步把科学研究的客观事物分成“层次”，高层次事物的各种现象，需要用构成它们的低层次事物的定律来解释。比如，原子层次的现象就可以用亚原子层次的定律解释；生物层次的现象可以用物理－化学层次的定律解释；人类社会层次的现象可以用演化心理学定律来解释，等等。很显然，方法论还原一定会导致理论还原——也就是说，把高层次的现象用低层次的定律来解释，一定意味着把高层次的理论系统和低层次的理论系统整合起来。所以，这种知识的系统整合，才是还原的最本质特征，也是科学的本质特征之一。

这样来看的话，科学和一般的技术、文化不同，不是和人类一起出现的，而是出现得相当晚。可以设想，至少要到 7 万年前人类获得用语言表达抽象概念的能力的时候，最早的原始科学才开始出现。

正如一般技术的发展与人类的演化心理密切相关一样，原始科学的起源也受到了演化心理的深重影响。

演化心理学认为，我们组织科学知识的方式也是有先天的心理基础的。比如说，婴儿在很小的时候就可以表现出朴素物理观（naïve physics）——18 个月大的婴儿可以掌握 7 个物理概念：①距离无作用，指两个互不接触的物体的运动不受彼此影响；②实体性，指两个物体不能同时占据空间中的同一位置；③连续路线运动，指物体可以沿着连续、并非间断的路线不断运动；④客体永存，指物体即使运动到一个看不见的地方，它也仍然是存在的；⑤一致性，指物体的运动是连贯的、前后一致的；⑥惯性，指物体在运动过程中，如果外力停止作用，物体还能继续运动一段时间；⑦重力，指物体会受到地球引力的作用。如果没有后天的矫正，个体可以继续葆有这些朴素物理观直到成年，而成为人类学上所谓的俗常物理观（folk physics）。这些俗常物理观在人的发育早期就如此明显地体现出来了，说明它们很可能是预先在人脑中布好的先天心理，而且很可能在人类演化中具有重要意义。

同样，人类学上还有所谓俗常生物观（folk biology），也是来源于个体幼年时期的朴素生物观（naïve biology）。人类倾向于把所有的生物分成会运动的“动物”和不会运动的“植物”两大类，因此虽然现代生物学研究表明蘑菇之类真菌与动物的亲缘关系更近，但我们都觉得它们更像真正的植物。人类还倾向于根据生物的外部特征对生物进行简单的分类，比如把伞形科的植物归在一起，把禾草归在一起，等等——因此，以前的中国植物学史习惯于把李时珍等本草学家在《本草纲目》之类的本草著作中把外形相似的近缘生物归并为一类的做法视为重要的科学进展，现在看来，其意义并没有传统认为的那么大。不过，朴素生物观和俗常生物观中最重要的三个方面是本质论（essentialism）、目的论（teleology）和生机论（vitalism）。本质论是说，每一种生物都有其本质特征，而和其他生物截然有别；目的论是说，各种生物的形态和行为都像人一样有目的；生机论是说，活着的生物和死的生物的区别在于其中含有一种“生命力”（vital power）。

实际上，由于人类的目的论思路是如此根深蒂固，移情能力又是如此之强，以致我们会觉得万物莫不有目的，甚至万物莫不有生机。这种“万物皆有生机（灵魂）”的信仰，就是所谓“泛灵论”（animism，或译为“万物有灵论”），这是宗教意识的雏形。从万物莫不有目的出发，又可以发展出另一种信仰——“天人感应论”，即认为人类个体、人类社会的运动与万物的运动是相呼应的，因此万物的运动会影响到人类个体和社会的成败兴亡，对万物运动的把握也就可以保持身体健康、预测人事浮沉。

上面这些俗常物理观和俗常生物观，在很大程度上决定了人类早期科学的面貌。狩猎－采集社会必然会有大量有关生物的博物学知识；到了农业社会，虽然人们已经不像以前那样依赖于野生动植物资源，但农民一般仍然能掌握不少博物学知识，只是那些居住在城市的人才变得“四体不勤，五谷不分”。而在大自然中，最有规律的现象无疑是日月升落、斗转星移这些天文现象。对天文现象的观察和记录首先可以指导农业生产，因此天文学是所有农业社会最早发展起来的自然科学，它促成了历法的发明。此外，天文学还可以启发人类开始思考世界秩序问题，逼迫人们形成特定的宇宙观。然而，受俗常的目的论、生机论思维的严重影响，无论是博物学还是天文学知识，都很容易和泛灵论结合起来，成为原始宗教意识的知识基础，因此，科学和宗教在根本上同出一源。同样，因为其实用性，医学也在最早出现的科学之列，而原始医学总是带有天人感应论色彩，甚至医巫不分。

下面就让我们来看一下新石器时代和几个文明古国的科学成就，感受一下这些原始科学的特色。

文明古国的原始科学略览

有些新石器时代族群留下了天文观测的遗址，这是已知最早的人类从事科学活动的证据。英国南部的巨石阵（Stonehenge，经年代测定为公元前 3100 ～前 1500 年断续建造）就具备这样的天文观测功能。1740 年，英国的考古研究者斯塔克利（W. Stuckeley）在他的著作中第一次认真讨论了巨石阵的天文学意义。他发现在每年夏至那一天，当太阳升起的时候，从巨石阵的中心望去，太阳正好可以出现在专门竖立的“标石”的顶端。后来的学者又发现，巨石阵不仅可以标记夏至日太阳升起的位置，而且可以标记冬至日乃至春分日和秋分日太阳升起的位置，以及这“二分二至”日太阳落下的位置。除了太阳运动，巨石阵还可以用来跟踪月亮的运动。因此，今天的学界对巨石阵的天文意义基本没有异议。然而，学界的另一个共识是，建造巨石阵的最终目的是为了在像“二分二至”这样的特殊日子里从事祭祀太阳和月亮这样的原始宗教活动，它本身就是一个宗教集会场所。因此，巨石阵不是单纯的天文观测“仪器”，而是兼有天文学和宗教意义。在这里，天文学表现出了很强的功利性——它在根本上是为了泛灵论色彩的原始宗教服务的。

当然，科学的、更为系统的发展，还是在国家出现之后。我们先来看“四大文明古国”——古埃及、古巴比伦、中国和古印度的科学。

诚如古希腊历史学家希罗多德所说：“埃及是尼罗河的赠礼。”末次冰期结束之后，北非亚热带地区逐渐干旱化，形成广袤的不适宜人类生存的撒哈拉荒漠。然而，发源于东非热带草原气候区的尼罗河在集聚了丰沛的水量之后，却向北穿过撒哈拉荒漠，在埃及一带形成了狭窄的绿洲。这条狭窄的绿洲再加上尼罗河三角洲，就成为北非荒漠中不可多得的宜居地域。古埃及的历史，从第一王朝的建立（大约公元前 3500 年）算起，到公元前 332 年亚历山大大帝征服埃及结束，前后绵延 3000 多年。

热带草原气候的特点是有明显的旱季和雨季。雨季的时候，尼罗河水量会猛增，流到埃及之后，便发生泛滥。河水在淹没河漫滩后，沉积了大量肥沃的淤泥，对农业生产很有好处。因此，古埃及农业活动的一大任务，就是预测尼罗河的泛滥，以此指导农业生产。由于尼罗河的泛滥是一年一度，因此古埃及的历法很自然地以太阳在星空中的运动周期（大体上就是地球的公转周期）——回归年为主，一年的日数比较固定（365 日），每年的月数和每月的日数则人为规定，是典型的阳历。通过对星空进行长期观测，埃及人能够推定天空中最亮的恒星——天狼星与太阳同时升起（天文学术语叫“偕日升”）的日子（这一天，天狼星的光芒被太阳光所掩盖，因此是无法看见的），便以这一天作为每年的第一天（相当于今天的阳历 7 月初），而这差不多也就是尼罗河开始泛滥的时候。

尼罗河一年一度的泛滥还带来一个问题，就是每次泛滥的时候都会冲毁旧有的分隔田块的界标，因此在洪水退去的时候，必须重新丈量土地。由于这个原因，古埃及的大地测量术也十分发达。无论是天文学技术还是大地测量术，此外还有建筑和商业，都要求人们发展一套处理数字和图形的知识体系，这就是数学。其中，进行数字（常量）运算的分支是算术，处理抽象的变量运算的分支是代数学，而处理图形的分支是几何学。

古埃及的数学不算特别发达。他们采用的是十进制记数法，但不是十位制，这意味着不同位上的 0 ～ 9 会各用一套符号表示，彼此并不统一。在四则运算中，他们的加减法比较熟练，乘除化为加减来做；最古怪的是分数算法，所有分数必须拆分为若干个分子为 1 的“单位分数”的和之后，才能进行相应的运算（比如把 7/29 拆成 1/6+1/24+1/58+1/87+1/232）。为了方便拆分，古埃及人专门造了一个数表供查阅，但这样算起来还是不免繁琐。数学史家普遍认为，这种分数算法很可能阻碍了埃及算术的发展。

古埃及的医学比较发达，比如在大约公元前1700年的史密斯纸草和大约公元前1600年的埃伯斯纸草中可以找到丰富的关于疾病和治疗方法的记载，这显示其内外科都达到了一定水平。当然，古埃及医学的最大成就还是在于木乃伊的制作。简单地说，木乃伊就是掏空内脏之后用药剂浸制而成的用麻布包裹的风干尸体。这种干尸虽然因为内脏的缺失已不完整，外观也肯定会有变形，但总归避免了肉体的完全腐烂，多少能够保留一个大概的人形。至于制作木乃伊的目的，毫无疑问和宗教相关——古埃及人相信人的尸体是灵魂的安息处，只有把尸体保存完好，死后才能继续在阴间生活。事实上，即使是古埃及的内外科，很多治疗方法也都是巫术，显示了这种原始医学强烈的泛灵论色彩。

古埃及人有很强的宗教观念，他们的宗教是由泛灵论发展而来的多神论宗教，这明显地表现在其宇宙观中。有一幅刻在法老陵墓石壁上的图像生动地描绘了古埃及人眼中的宇宙结构：一只全身布满星斗的天牛，腹部被一位男神托起，四肢又各有两神扶持；天牛之外又有一条大河，河上有两只船，一只为“日舟”，另一只为“夜舟”，被太阳神先后驾驶着在天空航行。它们一起构成了天空。至于承载着这些神祇的东西，自然就是大地了。显然，这是一种天上地下式的宇宙模型，反映的正是人类对天地的俗常认识。

在离古埃及不太远的西亚两河流域（音译为“美索不达米亚”），从大约公元前4300年开始，先后由苏美尔人、巴比伦人、亚述人、迦勒底人（新巴比伦人）定居，他们分别建立了国家，均以巴比伦城为首都或重要城市，所以其文明统称为“巴比伦文明”。公元前539年波斯人征服新巴比伦，公元前330年亚历山大大帝又征灭波斯，宣告了古巴比伦文明的结束。两河流域属于热带沙漠气候，这里没有明显的四季变化，而冲积形成两河平原的幼发拉底河和底格里斯河又没有尼罗河那样一年一度的涨落规律，所以两河流域的历法不像古埃及那么容易制定，既要靠观测月亮的盈亏周期确定月份，又要靠对星空更深入的观察确定年份，这就使两河流域的历法是一种阴阳合历，同时具有由月球运动确定的月和由太阳运动确定的年。按照这种历法，一般的年份共 12 个月 354 天，这比真正一年的日数少了 11 天。为了解决这个问题，苏美尔人发明了置闰的方法，通过在某些年份中添加第 13 个月的方式来调和年与月的矛盾。

两河流域周边没有多少像地中海和撒哈拉荒漠那样的天然地理屏障，频繁遭到外族入侵，因此这里的居民总是生活在不安定之中，普遍信仰天人感应的占卜术。由于他们的天文学较为发达，主要的占卜术就是占星术，这进一步促使两河流域居民去观测星象，天文学也就更加发达。两河流域居民发明了黄道十二宫，率先在计时中采用了 60 进制，还编制了日月运行表，并知道如何推算日月食。这些天文学上的贡献，很多都被古希腊人继承下来，并一直流传到今天（今天在民间颇为流行的“十二星座”，实际上就是黄道十二宫；而今天的国际通用计时法仍是 60 进制——60 秒为 1 分钟，60 分钟为 1 小时）。

尽管有着丰富的天文学知识，巴比伦人的宇宙观并不比古埃及人高明多少。巴比伦人认为大地是浮在水上的扁盘，天空则是扣在水上的半球，天地都被水包围，水外则是众神——包括星星和太阳——的居所。这和古埃及宇宙观一样，也是一种天上地下式的多神论宇宙观。

巴比伦人的数学也很发达，他们的四则运算能力比古埃及人娴熟得多，但除法仍然没有专门的便捷算法，需要把除数转为倒数之后把除法转为乘法来进行，为此自然需要有专门的倒数表。不过，巴比伦人已经知道如何解一元二次方程，并知道很多勾股数组，显示出他们发达的代数水平。

与天文学和数学形成鲜明对照的是古巴比伦的医学。现存文献中没有比公元前 10 世纪更早的医学文献。公元前 18 世纪的《汉谟拉比法典》上记载，如果外科手术失败，则砍掉医生的手，这虽然说明更早之前古巴比伦就有专门的医生，却也说明了医生地位之卑下。

古代中国的文化与其他文明古国有很大不同，宗教意识十分淡薄，很多神仙实际上是各族群的先祖，因此中国古代的神与人是同一的。尽管如此，天人感应论的色彩在古代中国的科学中仍然非常浓重。以天文学为例，商代甲骨卜辞中就有很多关于天象的记载，但这些记载全都是出于用天象预兆人事吉凶的目的。比如有一条卜辞是“七日己巳夕□有新大星并火祟其有来艱（艰）不吉”，意思是说“七日己巳”这一天晚上，在“大火”星（天蝎座 α 星，在中国后世的三垣二十八宿系统中叫“心宿二”）附近出现了一颗明亮的新星（可能是现代天文学所谓的新星或超新星），这个异常的天象是如此骇人，以致占卜官连着哀叹了三声：“祟”（鬼神要降下灾祸）！“其有来艱”（要有麻烦事）！“不吉”！事实上，中国是世界上古天象记录最丰富的国家，而促使历朝历代都对天象观测如此认真勤奋的根本原因，仍在于用天事预兆人事的目的。

商代的医学和巫术也不截然区分，这在汉字上也有反映——“醫”（医的繁体）字又可从“巫”作“毉”。周代以后，巫术逐渐从医学中剥离，取而代之的则是一套高度系统化的天人感应式医学，这就是以阴阳五行理论为基础的中医。战国晚期出现的《黄帝内经》标志着阴阳五行理论的成熟，在这套体系中，世间和人体的各个范畴的事物都可以在剪裁之后与五行（金、水、木、火、土）一一对应，而无论是养生还是治病，关键都是要维持体内阴阳五行的平衡。

古代中国的数学则体现了很强的应用性。中国是文明古国里使用十进制最彻底的国家，从商代就完全采用十进制记数，甚至连一些在别的文明里习惯不用数字表达的事物（比如月份的名称），在中国也都用十进制的数字序号表示。彻底的十进制使古中国人很快就掌握了便捷的乘除计算方法，比如乘法口诀（九九乘法表）在春秋战国时代就诞生了，至今还作为中国初等数学教育的特色在算术教学中发挥着重要作用。但是，中国古人进行四则运算的最早工具是算筹，在算筹演算中，中间过程不断被破坏，最后只能呈现出运算结果，有人认为这可能导致了中国人重视运算结果不重视运算过程的做法，从而干扰到从运算过程中总结数学逻辑的习惯的养成，使中国传统数学缺乏理论高度。后来发明的算盘也有类似的特点。

中国古代的宇宙观丰富多样，较有影响力者有三，即天圆地方说、盖天说和浑天说。天圆地方说是中国最古老的宇宙观之一，其认为大地为平整的方形，而天空如圆盖一般罩在大地之上，后来主要在民间流行；盖天说较天圆地方说略进一步，其认为大地和天穹一样也是一个倒扣的圆盖；这两种宇宙观仍然都是天上地下式宇宙观，较之古埃及和巴比伦的宇宙观，只是剥离了神灵的内容罢了。浑天说更进一步，其认为天是球形，下半为水所淹没；大地也是球形，居于天球正中，一半浮在水面之上。乍一看这像是地心说，但因为其中包括了淹没下半天地的水，本质还是天上地下说。由于浑天说能够较好地解释天文观测结果，又可以以此为理论指导制作浑天仪之类实用性的天文仪器，因此它在官方天文学体系里长期是占优势地位的宇宙观。此外，在晋代以前还有一种“宣夜说”，属于无中心宇宙观，但因为思想过于超前，哲学思辨的色彩又太深厚，接受的人很少，后来就消亡了。

在“四大文明古国”里，我们对古印度科学的关注最少，这里也只做简要介绍。古印度的宿命论式的宗教观念很强，推崇来世，不重视今生，所以古印度人不重视科学研究。古印度的历法比较混乱（但基本都是阴阳历），天文学在很长一段时间内也都乏善可陈，唯一值得一提的是印度古天文学里也有 27/28 宿的概念，与中国的二十八宿明显同出一源，至于何处是起源地，学界至今还有争论。古印度人认为宇宙像一只大锅盖在大地上，大地中央是支撑着天空的须弥山，日月均绕须弥山转动；大地本身又由四只大象驮着，四只大象又站立在一只浮在水上的龟背上。这个充满了印度文化色彩的模型仍旧是再明显不过的天上地下式宇宙观。

古印度的数学水平不算太高，一直到公元前 3 世纪时记数法都不太完善。但是到公元 5 世纪初，印度数学家创造了零的概念及其数字符号，这是其他古文明一直没有做到的。印度人之所以能率先明确提出零的概念，仍然是和他们大谈特谈“虚无”“空”的宗教意识相关。我们今天使用的“阿拉伯数字”，最早也是由印度人发明的，只是经阿拉伯人传入西方世界，再在今天成为全球通用的数码而已。古印度的医学，无论内外科则都比较发达，可能和印度思想中的大慈大悲、普度众生的仁爱思想有关。这也是一套天人感应式的医学体系，要维持健康，需要保持体内三体液的平衡。乍一看这和将要叙述的古希腊四体液说有些类似，但二者应该没有同源关系。

在旧世界的“四大文明古国”之外，新世界的中美洲玛雅、阿兹特克文明和南美洲的印加文明也发展出了自己的科学体系。限于篇幅，这里只能略做介绍。玛雅人的天文学很发达，历法非常复杂（所谓“2012 年世界末日”的说法，据说就是用玛雅古历推算的结果），但他们的宇宙观仍然是天上地下式，认为宇宙间有十三重天和九重地，地又由巨鳄所驮。中美洲和南美洲文明的医学也都很发达，对草药的应用尤为出色，这可能和当地丰富的植物多样性有关。

总之，文明社会早期的科学，其基本面貌是较为一致的，体现出两大特点，第一，重视应用性，无论是天文学、数学还是医学，都是因现实的需求而生，最终也主要服务于现实需求。这个时候的科学可以说和一般技术结合较为紧密，虽然因为其过于简陋，绝大多数一般技术的发展都还只靠人们的摸索，而不是靠科学的指点。第二，受到人类的俗常物理观和俗常生物观的很大影响。比如天文学除了服务于宗教外，它和天人感应论相结合，便催生了占星术。早期医学也都充满泛灵论或天人感应色彩。绝大多数的早期宇宙观也都是俗常的天上地下式宇宙观。另外，正如我们在第五章将看到的，最早的化学也是以结合了天人感应论的炼金（丹）术为主要表现形式。

独树一帜的古希腊

上面所讲的文明古国的“科学”，彼此之间的共性很大，却和我们今天熟悉的源于古希腊科学的现代数理科学相去甚远。长期以来，人们习惯问这样的问题：为什么某某文明没有发展出现代科学？比如著名的“李约瑟问题”（Needham Question）就是由专门从事中国古代科技史研究的英国学者李约瑟（Joseph T. M. Needham）提出的，其中的一个问题：“为什么古代中国没有发展出（现代）科学？”实际上，历史研究和心理学研究都表明，从原始科学中发展不出现代科学才是常态，发展出现代科学反而是一件不寻常的事情。因此真正有意义的问题应该是，为什么只有古希腊人发展出了那么奇特的思维方式，成为现代数理科学的基础？

古希腊人独特的思维方式，可能归根结底还是和地理环境有一定关系。“四大文明古国”都位于大河冲积平原地区，需要族群领袖组织人力进行水利建设以发展农业，因而形成了等级制强烈的中央集权的国家。相比之下，希腊半岛、爱琴海诸岛和小亚细亚半岛西侧以山地为主，基本没有多少土地宜于农耕，而海岸线又十分曲折破碎，因此古希腊的绝大多数城邦都以海路贸易为主要生计。换句话说，古希腊人是航海民族、商业民族。商业活动的特点是公平交易，交易双方的地位一般是对等的，而选择和谁交易又是自由的；航海活动的特点是迁徙无常（古希腊人曾经沿海路在地中海和黑海地区建立了很多殖民点），陌生人危机十分突出，而在没有权威主持的情况下，古希腊人找到的解决陌生人问题的技术是自由订立契约。因此，古希腊精神中特别突出的方面就是重视平等、重视契约、重视个人自由。

古希腊科学和哲学就是在这样的精神本底之中生发的。总的来说，古希腊科学具有4个特点：首先是排除神的因素，试图用理性（逻辑）来理解世间万物；其次是追求严密的逻辑，追求用完美的演绎推理体系组织知识；再次是追求理论的和谐、简单和一统；最后是追求理论的无用。对古希腊哲人来说，认为他研究的东西有用，往往是对他的最大羞辱。当然，这些哲人之所以能够摆脱生活的压力，悠然从事无用之学，还是要归功于古希腊城邦的奴隶制经济，归功于大量奴隶以自己的健康和生命为代价贡献出的能够养活这些身份为自由民和贵族的哲人的充裕物质。然而也正因为如此，古希腊哲人们轻视体力劳动，轻视自然技术，这使他们的科学成为科学的最极端形式，最终无法转换为族群竞争力，而使古希腊城邦先后被马其顿人和罗马人所征服，并最终湮没在基督教和蛮族共同营造的无声黑暗之中。

据说古希腊第一个科学家和哲学家是泰勒斯（Thales），他生活在公元前600年前后。泰勒斯出身名门望族，年轻时曾经游历远方，在古巴比伦学习先进的天文学，在古埃及学习先进的大地测量术，并把这些知识带回到古希腊世界中。此外，泰勒斯还在测地术的基础之上发展出了初步的演绎几何学，为后来的欧几里得几何学奠定了最初的基础。当然，泰勒斯最重要的工作，还在于他提出了一句简单的哲学箴言："万物源于水。"不管对这句话做何解释，这都是对世界本原的探讨，代表了古希腊自然哲学的起步。

在泰勒斯之后，又陆续有很多哲人思考过世界本原的问题，提出了五花八门的观点。如果从两个维度——本原的数目是一个还是多个，本原是变化还是不变化——考虑的话，这些观点可以分成四大类。第一类观点是以泰勒斯为首的"米利都派"（古希腊学派大多以哲人们的籍贯或创始人名字命名，米利都就是泰勒斯等人的籍贯）。其属于认为本原为一、变化不息的一类，除泰勒斯外，这一派还包括认为万物源于"无定"的阿那克西曼德（Anaximander，公元前610—前546）和认为万物源于"气"的阿那克西米尼（Anaximenes，公元前585—前528）。稍晚的赫拉克利特（Heraclitus，公元前535—前475）虽不属于米利都派，但他认为万物源于火，也可归入这一类。

第二类观点认为本原为多且不变，这是毕达哥拉斯（Pythagoras）派。更准确地说，毕达哥拉斯派认为世界的本原是数，他们相信万物之间的关系都可以归结为整数与整数之比这样和谐简单的关系。不幸的是，正是在他们试图论证这一点的过程中，发现了 2 的开方无法表达成整数之比（即 2 的开方是个无理数），这令学派中的人颇感沮丧，也由此形成了数学史上的“第一次数学危机”——无理数危机。同样是基于万物之理和谐简单的信念，毕达哥拉斯派竟然置一般人的俗常认识于不顾，提出地球是个正球形，因为他们认为在所有平面图形中圆最和谐简单，所有立体图形中球最和谐简单，既然如此，那么大地和天空又怎么可能不是球形的呢！在地球是球形的基础之上，毕达哥拉斯派进一步构建了同心球宇宙模型，在这个模型中，居于正中的是“中央火”，中央火周围有 10 个天球绕其匀速旋转（因为匀速运动是完美的，而 10 也是个完美的数字），每个天球上都有一个或一类天体。当时知道的天体只有日、月、地球、五大行星和恒星 9 种，不够 10 种，毕达哥拉斯派为了凑够 10 种之数，硬是臆想了一个“对地”（Counter-Earth）出来，指的是与地球居于中央火两侧、永不相见的一个天体。这样的宇宙观几乎完全不考虑现实观测，纯粹是古希腊哲人基于自己的信仰建构的产物，生动地体现了古希腊科学的极端性。当然，它第一次“歪打正着”地提出地球是球形，天空也是球形，这对后来的古希腊天文学产生了很大影响（图 4-1）。

第三类观点认为本原为一且不变，这是爱利亚派。爱利亚派的代表人物是巴门尼德（Parmenides，于公元前 6 世纪末或公元前 5 世纪初）和芝诺（Zeno of Elea，公元前 490—前 430），他们的共同观点是主张世界的本原为一，且静止不动，运动只是假象。为了证明这一点，芝诺提出了四个有关运动的悖论，其中之一就是著名的阿喀琉斯追不上乌龟的悖论——只要在赛跑开始时乌龟在善跑的史诗英雄阿喀琉斯之前，每当阿喀琉斯追到乌龟先前的位置，乌龟总是又向前爬了一段位置，如此不断重复，所以阿喀琉斯永远追不上乌龟。今天我们把它视为极限思想的最早体现。

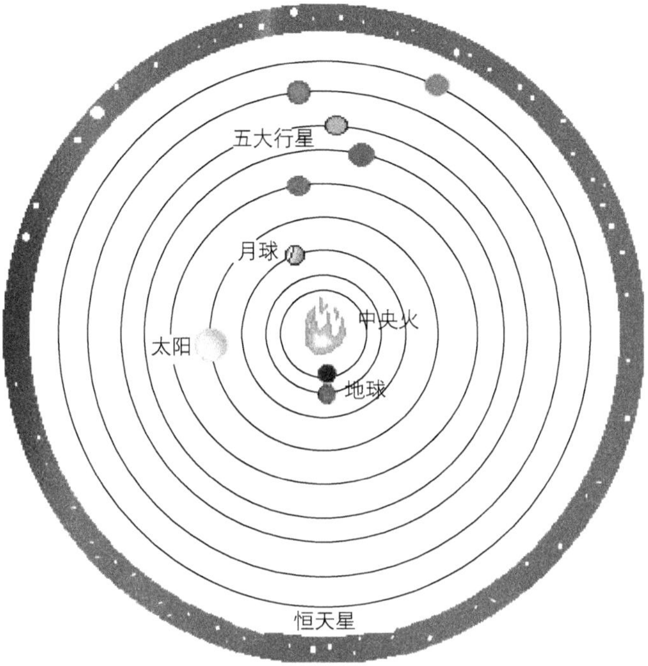

图 4-1 毕达哥拉斯学派的宇宙观

最后一类观点认为本原为多且变化不已，这包括阿那克萨哥拉（Anaxagoras，公元前 510—前 428）的万物各有其“种子”论，留基伯（Leucippus，活动于前 5 世纪）和德谟克利特（Democritus，公元前 460—前 370）的“原子论”（万物由不同性质的原子积聚而成，原子是不可分割的物质最小单位），以及恩培多克勒（Empedocles，公元前 490—前 430）的“四根说”（后来叫做“四元素说”）。“四根说”认为自然界具有两对基本属性，一对是冷和热，一对是干和湿。两对基本属性相互结合，就形成四种基本元素：冷和干结合成土，冷和湿结合成水，热和干结合成火，热和湿结合成气。世界的万物都是由这 4 种基本元素组合而成的。

这样，到公元前 450 年前后的希（腊）波（斯）战争时期，古希腊自然哲学家在论述世界本原问题时已经在一与多、变与不变这两个维度上穷尽了一切的可能性。希波战争结束之后，很多城邦衰落，雅典却一枝独大，古希腊科学和哲学便结束了先前的古典时期，进入雅典时期。雅典时期古希腊哲学的最大特点是从关注自然转向关注人。在雅典的“希腊三贤”中，第一位苏格拉底（Socrates，公元前468—前399）就很少关注自然，他更关注人间的哲学。但即使如此，他对几何学仍然颇有研究。

苏格拉底的学生柏拉图（Plato，公元前427—前347）恢复了对自然界的思考。他从古典时期的哲人思想中广泛撷取精华，形成了他自己的哲学体系——比如，他接受了毕达哥拉斯派认为宇宙一定和谐简单的观点，他同意巴门尼德认为宇宙依赖于不变之物存在的观点，他还认可恩培多克勒的四根说。在此基础上，他提出具体的万物都是有缺陷的，只有“理念”是完美而静止不变的，万物只是理念的不完善的摹本罢了。因此，求知的目的就是要用心智去把握理念。按照传统的马克思主义哲学观点，柏拉图显然是个唯心主义者。

柏拉图奠定了古希腊科学的新基础，而且不像完全不考虑理论模型对现实的解释问题的毕达哥拉斯派那么极端，认为理论模型还是需要“拯救现象”（save the phenomenon）。但他自己没有对数学和天文学多做思考，而是把这些问题交给他创立的阿卡德米学园（今天英语中的“科学院”—— academy 一词就来自这个学园之名）的学生来完成。这个学园在招生上特别重视对数学的把握，以致柏拉图竟叫人在学园门口立了一个牌子，上面写着：“不懂数学者不得入内！”最后，一个名为欧多克斯（Eudoxus，公元前408—前355）的学生建立了地球在宇宙中心、其他天体在一系列相互之间以枢轴连接的同心球壳上随之匀速旋转的宇宙模型，通过适当选择球壳的旋转轴、旋转速度和半径等参数，可以初步对现实中观测到的日月星辰的运动现象做出解释，这样就贯彻了“拯救现象”的科学研究纲领。

当然，柏拉图的学生中最杰出的还是“希腊三贤”中的最后一位——亚里士多德（Aristotle，公元前383—前322）。亚里士多德是一位百科全书式的学者，在古希腊几乎所有的学术领域都留下了自己的总结和开创性见解。亚里士多德的哲学体系和柏拉图很不一样，以至他说出了“吾爱吾师，吾更爱真理”的名言，并另外设立了吕克昂学园（今天法语中“高中”—— lycée 一词就来自这个学园之名）。

在亚里士多德看来，世界的本原并不是柏拉图所谓的“理念”，万物本身其实是“质料”和“形式”的结合，二者缺一不可。更重要的是，亚里士多德有一个柏拉图不太关心的研究旨趣，就是追寻万物运动的原因。他总结了前人的说法，提出万物运动有4种原因：①质料因；②形式因；③动力因；④目的因。以一本书被我扔到地上为例，书是由纸构成的，没有这些纸作为质料，书就不可能存在，书落地这个运动就不可能存在，所以纸是书落地的质料因。同样，如果没有“书”这个形式，光有纸也不可能组成书，所以“书”的原型是书落地的形式因。我扔书落地是动力因。最后，因为书是重物，重物天然有向下落的“目的”（正如植物天然有向上长的目的一样），这是书落地的目的因。亚里士多德进一步从不同的目的中分出了贵贱：上升为贵，下落为贱；推动为贵，被推为贱，等等。

对于万物运动原因的探究，使亚里士多德系统地开创了物理学这个领域。但是这样一位千古哲人终究没有摆脱人类俗常生物观中的目的论思路，他的目的论解释对后世的贻害是很深的。更不用说，亚里士多德从朴素的观察出发，在承认火、热气之类物体能够做“天然运动”、有向上运动的本性之外，又认定很多运动只是“受迫运动”，没有外力推动的话运动就会逐渐停止，因此力是维持这种受迫运动的原因。这种朴素观点同样贻害后世达千年之久——当然，公允地说的话，这其实不是亚氏本人的错，而是后来那些墨守亚氏学说的人的错。亚里士多德还研究了动物学，他的学生泰奥弗拉斯托斯（Theophrastus，公元前371—前287）主要研究植物学，他们师徒二人的工作又奠定了西方生命科学的基础。

在亚里士多德的晚年，古希腊被马其顿国王亚历山大大帝征服，亚历山大进一步挥军南下，建立了跨欧、亚、非三洲的勃兴的大帝国。公元前146年，新兴的罗马帝国又征服希腊。古希腊由此进入其文明的最后两个阶段，即希腊化时期和罗马时期。这一时期的古希腊哲学开始衰落，但古希腊科学却因为几位集大成的人物的出现而呈现了最后的辉煌。公元前300年左右在世的欧几里得（Euclid）汇集了之前古希腊几何学的成就，著成了光辉千古的《几何原本》。其中提出的公理—定理—命题结构的公理化演绎逻辑体系，堪称古代数学和逻辑学思想的顶峰。阿基米德（Archimedes，前 287—前 212）是一位科学巨匠，他是古希腊少见的重视实验和自然技术的科学家，不仅在数学、物理学上做出巨大贡献，而且发明了不少机械。“给我一根杠杆，我能撬起地球！”就是他脍炙人口的名言。埃拉托斯特尼（Eratosthenes，约前 276—前 194）通过测地术巧妙地测出了地球的大小，这是地理学发展的里程碑。

公元 2 世纪的天文学家托勒密（Ptolemy，公元 90—168）则汇总了古希腊的天文学，著成《天文学大成》，在其中提出了著名的“托勒密地心说”。托勒密地心说受之前另一位古希腊天文学家喜帕恰斯（Hipparchus，或译为希巴谷，公元前 190—前 125）的启发，其宇宙观上承欧多克斯的宇宙观，在保留了地球静止不动的前提的同时，又指出日月和五大行星并不是直接在以地球为球心的大球壳上绕地球匀速运转，而是在以匀速旋转的大球壳壳面某点为球心的小球壳上匀速运转；地球也不在这些大球壳的中心，而是略有偏离（因此严格说来，托勒密的宇宙观不是“地心说”，而是“地静说”）。通过精心选定大球（均轮）和小球（本轮）的参数，这种大球套小球的模型在精度上很好地符合了当时的实际观测情况，在物理学上又与亚里士多德体系相契合，无怪地心说能流传千年。相比之下，阿里斯塔克（Aristarchus，公元前 310—前 230）提出的“日心说”（太阳位于宇宙中心静止不动，其他天体包括地球都绕太阳运转）既没有构建出符合观测精度的模型，未能很好地“拯救现象”，又过于违反常识（当时就有人驳难，如果地球是运动的，为何恒星看起来是不动的呢），而且与亚里士多德物理学相悖，所以未能得到后人的支持。但是我们要注意，阿里斯塔克在提出日心说时也仍然是信念优先，他比柏拉图更推崇毕达哥拉斯派的观点，他的日心说宇宙模型实际上就是把太阳放到了毕达哥拉斯派宇宙模型中“中央火”的位置上而已。

就这样，古希腊哲人们通过他们独特的信仰，勇敢地突破其他早期文明的原始科学的实用性和泛灵论色彩，追求一种纯粹的理性，同时又勇敢地打破诸如天上地下之类的朴素世界观，构想出了违背常识的宇宙模型。在联合国教育、科学及文化组织确定的七大基础自然科学（数学、逻辑学、物理学、化学、天文学和天体物理学、地球科学和空间科学、生命科学）中，古希腊人极大地发展了数学和天文学，把生命科学从描述生物形态的博物学扩展到解释生物运动原因的生理学，开创了逻辑学和物理学，又通过四元素说和原子论的提出及卓越的大地测量术分别为后世的化学和地球科学奠定了基础。没有古希腊科学，也就没有现代数理科学。

医学的情况则有所不同。早在柏拉图之前，有“医学之父”之称的古希腊医学家希波克拉底（Hippocrates，公元前 460—前 370）及其门徒就第一次在实践的基础之上提出了系统的医学理论，认为人体内有 4 种体液，即黏液、血液、黄胆汁和黑胆汁，分别对应着冷、热、湿和干 4 种属性。健康就是体内 4 种体液的平衡，一旦这种平衡被打破，人就会生病。不同体液的失衡会导致不同的疾病，比如感冒、肺炎之类都是黏液失衡引起的。治疗的办法是采用“对抗疗法”，比如黏液的特性是冷，所以治疗黏液失衡引发的疾病，可以用洗热水澡、喝温热的粥等方法来治疗。

在希波克拉底学派之后，柏拉图对“四体液说”有所修正，改而把四体液和 4 种元素对应起来——黏液对应水，血液对应气，黄胆汁对应火，黑胆汁对应土。古希腊医学的集大成者则是盖伦（Galen，公元 130—200），他在柏拉图理论的基础上进一步提出，四体液并不是体内实际存在的物质，而是不可见的实体。他还明确指出，不同的人由不同的体液主导，具有不同的性格。比如黏液占主导的“黏液质”性格的特点是冷静沉着；血液占主导的“多血质”性格的特点则是热情冲动。在盖伦的笔下，古希腊发展了几百年的四体液说基本定型，成为一套综合的医学体系。

不难看出，由于医学天生的实践性质，古希腊医学并没有像古希腊的基础科学那样闯出理论上的新路。它和中国古代医学、古印度医学非常相近，都是天人感应式的医学体系，只不过人体内构成平衡的基本属性的个数不同罢了（古印度医学为 3，古希腊医学为 4，中国古代医学为 5）。因此，今天我们作为事后的聪明人，在赞叹古希腊哲人大胆克服演化心理的同时，也不得不同时看到，他们在很多时候终归还是屈服在目的论之类俗常世界观的威力之下，这再次体现了人类智慧与演化心理对抗之不易！

遗憾的是，正如前面提到的，由于古希腊科学重理性而轻实证，如此辉煌的文明最终失落在欧洲中世纪的“黑暗时代”中。幸好，古希腊发达的文字记录把很多彪炳千古的思想和知识保留了下来。当这些思想和知识在欧洲文艺复兴时期重新大放光彩的时候，人类文明的新阶段就到来了。

思维聚焦

科学知识是通过一定的方式组织在一起、以供人际间和代际传播的有关客观世界的知识系统，属于文化范畴；科学活动则是获取科学知识的行为，属于技术范畴；而科学包括科学知识和科学活动两个方面内容，是特殊的技术和文化。

新石器时代和最早的文明的原始科学有两大特点，一是重视应用性，二是受到人类的俗常物理观和俗常生物观的很大影响。其中，当俗常生物观（特别是本质论、目的论和生机论）被移用到非生命物体之上时，就形成泛灵论；而目的论又很容易导致天人感应论。科学和宗教在根本上同出一源。

古希腊文明在古文明中独树一帜，古希腊哲人形成了追求纯粹的理性和理论之无用性的极端的科学精神，因此能够勇于突破其他早期文明的原始科学的实用性和泛灵论色彩，又能勇于打破人类源于演化心理的俗常世界观，构想出违背常识的宇宙模型。古希腊科学因此成为现代数理科学的基础。但是，古希腊哲人仍然未能完全摆脱演化心理的干扰，亚里士多德的物理学和生理学均带有目的论色彩，而古希腊医学也仍然是天人感应式的医学。

第五章　影响古代的兵与冰

冶金、灰泥和炼金术

第四章讲了科学的起源。这一章回过头来继续看国家出现之后、中世纪温暖期（大约 10 ～ 13 世纪）之前大为发展或新发明的一些自然技术。

“中世纪”（Middle Ages）本来是一个欧洲史的概念。近代的欧洲学者秉持文艺复兴的观念，把 476 年西罗马帝国的灭亡看成是欧洲“黑暗时代”的开始，并以此作为“古代”和中世纪的界限。西罗马帝国是罗马帝国的两个后继帝国之一。罗马帝国于 395 年分裂为东、西罗马帝国，其中东罗马帝国又叫拜占庭（Byzantine）帝国，在西罗马帝国灭亡之后继续存在，直至 1453 年因其首都君士坦丁堡（今土耳其伊斯坦布尔）被奥斯曼帝国攻陷而灭亡。一方面，东罗马帝国的灭亡象征着欧洲的古代政治遗存完全消失，欧洲进入了一个新时代；另一方面，这两个帝国的灭亡时间差不多又正好相差 1000 年，所以欧洲学者就把东罗马帝国的灭亡作为中世纪和近代的界限。

由于西方中心主义史观的影响，历史学界对其他地区的历史时期划分往往也喜欢简单套用欧洲史的分期。比如中国古代历史有“上古”和“中古”的划分，有些学者就简单地以 476 年作为上古和中古的界限。当然，更合适的做法还是摆脱西方中心主义史观，单纯从中国自己的历史进展出发进行分期。按白寿彝《中国通史》的界定，上古相当于先秦时期，中古相当于公元前 221 年秦统一中国到 1840 年鸦片战争爆发（恰好是 2000 年多一点），这个划分就比较符合中国历史发展的实际过程，因而得到了比较广泛的应用。

然而，如果从整个世界的历史来看，我们还是要承认，欧洲史“中世纪”的开始和结束绝不仅仅是帝国灭亡这么简单，而是体现为一系列更复杂深刻的历史事件的集中呈现。西罗马帝国是灭亡于北方“蛮族”，这些蛮族又是被来自更东边欧亚草原的匈人从东欧驱逐到西欧的。差不多与此同时，中国的西晋帝国也被北方民族攻灭，此后的五胡十六国和南北朝期间，北方民族也是一波波南下。在中世纪开始前后的几百年中，亚欧大陆一直经历着族群大迁徙过程，除了西罗马帝国和西晋，还有几个农耕文明建立的国家先后被游牧族群攻灭。仅从亚欧大陆族群变迁的历史及对中华文明和西方文明这两大文明的影响来说，这的确足以作为两个时代的界限了。

在 15 世纪东罗马帝国灭亡前后，世界更是出现了明显的全球性变化。首先是欧洲人开始进行“地理大发现”，实际上就是开启了第四次全球化的过程。其次，也正是从这个时期开始，中国的自然科技的水平开始落后于欧洲，再一次完成了中华文明和西方文明竞争力高下的转换。因此，如果我们把中世纪的上下限放宽一些，定为较模糊的 5 ～ 15 世纪，那么至少对世界科技文化史来说，它仍不失为一个合理划定的历史时期。

在对中世纪这个概念做了解释之后，我先不继续解释什么是“中世纪温暖期”，而是把它留到本章最后再说。而在中世纪温暖期以前的种种自然技术创新中，我们也无法做到面面俱到，只能介绍其中最重要的一些。首先必须要介绍的就是冶金技术。

冶金毫无疑问是一种化学相关技术。人类最早掌握的化学相关技术自然是用火，其次是农业起源时制作陶器和发酵食品的技术，再次就是冶金。简单概括的话，冶金就是利用含有金属元素的矿石制备金属单质或合金的技术。到 2016 年年底，人类已经发现并正式命名的元素有 118 种，但是其中至多只有 12 种元素的单质是在中世纪温暖期之前就已经为人类所认识的。这些元素是金、银、铜、铁、锡、铅、汞、碳、硫、锌、锑和砷。其中，后 3 种元素的单质并没有得到各文明世界的普遍认识，锑和砷在中世纪温暖期之前的发现甚至还有争议；碳和硫是非金属元素，对它们的单质的制取不算是冶金；金在自然界中基本都以单质形式存在，开采沙金或脉金的过程一般只涉及物理过程，也不算冶金。这样，古代的冶金主要就是冶炼银、铜、铁、锡、铅和汞这6种金属元素及它们的合金——包括青铜（铜与锡、铅或砷等元素的合金）、黄铜（铜锌合金）、白铜（铜镍合金）、钢（铁碳合金）等，而冶铜和冶铁无疑是最重要的冶金术。

除湿法冶铜（用铁和铜盐溶液反应置换出铜单质）之外，铜和铁（及其合金）的冶炼都需要在高温下进行，比如一般冶铜需要1000℃左右的温度，块炼铁冶炼也需要1000℃左右的温度，而生铁冶炼需要1500℃。因此冶金发展的第一个前提技术条件是要获得这样的高温。好在陶器的烧制温度一般在800～1000℃，因此，能熟练制造陶器的族群，只要把烧陶的炉子加以改造，就可以得到满足冶铜和块炼铁冶炼所需的高温。

早在新石器时代末期，很多文明就开始利用紫红色的纯铜（红铜）了，一开始是利用天然铜，后来又学会了冶炼纯铜的技术。然而，虽然纯铜可以锻造，回收也很方便，为石器所不及，但它质地柔软，硬度不如石头。因此，即使用上了纯铜制造的器具，人们还是离不了石器。在亚洲西部的古文明中，这样一个铜器和石器同时存在的时代现在一般从新石器时代中独立出来，称为“铜石并用时代”（Chalcolithic Age）。

如果在铜中添加锡、铅或砷，由此形成的合金的性能要比纯铜更好，这就是青铜。新铸造的青铜是金灿灿的，但用久了就会产生青绿色的铜锈，出土的青铜器更是绿锈斑斑，这是它今天得名“青铜”的原因。已知最早的青铜器出现在大约公元前3800年，为西亚高加索地区迈科普文化的遗物。不过，迈科普文化的青铜是砷青铜，性能还是不够理想。直到大约公元前3300年，在今土耳其安纳托利亚高原才出现了性能更好的锡青铜（常含有一定比例的铅）。锡青铜的硬度超过了石头，因此一旦锡青铜冶炼技术发展成熟，青铜器就迅速取代了石器，人类便由铜石并用时代进入铜器时代（Bronze Age，或叫青铜时代）。

已知中国最早的青铜器是在甘肃东乡族自治县出土的公元前2000年左右的青铜小刀，属于马家窑文化。中原地区出现青铜器的时间则更晚。考古发现似乎表明，青铜冶炼术和牛、绵羊、山羊、小麦、大麦这些作物一样都是从西亚逐渐向东传入中国的。当然，即使青铜冶炼术果真是西来之术，而非中国的独立发明，也不可否认古代中国人在青铜冶炼上做出了重大的改进，在青铜器铸造上取得了辉煌的成就。这不仅体现在诸如司母戊鼎（一说“后母戊鼎”）和四羊方尊这样的商代著名青铜器上，而且体现在古人对青铜冶炼经验的总结之上。大约战国初年成文的《周礼·考工记》中就记载：“金有六齐：六分其金而锡居一，谓之钟鼎之齐；五分其金而锡居一，谓之斧斤之齐；四分其金而锡居一，谓之戈戟之齐；三分其金而锡居一，谓之大刃之齐；五分其金而锡居二，谓之削杀矢之齐；金锡半，谓之鉴燧之齐。”这是说，如青铜中锡含量为1/6，则适宜制作钟（乐器）和鼎（炊具）；锡含量为1/5 ～ 1/3时青铜硬度最大，适宜制作斧头、戈戟和刀这样的砍削工具和武器；锡含量为2/5时适宜制作箭头；铜锡各半时适宜制作镜子和打火石。根据今天对古代出土青铜器所做的成分检测，有不少青铜器的铜锡比例是合于上述记载的。

青铜虽然坚硬，但质脆易裂。而且其冶炼同时需要铜矿石和锡矿石，很容易受原料短缺的影响。因此，到公元前1400年的时候，生活在小亚细亚（亦属今土耳其）的赫梯人（Hittites）又发明了冶炼块炼铁的技术。块炼铁虽然因为杂质较多而质地疏松，但可以通过反复锤锻改善性能，又可以通过在炭火上加热渗入碳质的方法增加表面强度，成为渗碳钢。因此，在铁矿石品位较好（也即含铁量高）、锡矿石却不易得的西亚和欧洲，铁器很快取代了青铜器，这些地区便又成为世界上最早进入铁器时代（Iron Age）的地区。

中国最早的冶铁术也是块炼铁冶炼术，可以确定是独立发明的。目前已知最早的铁器是河南三门峡出土的虢国铜柄铁剑，年代为西周晚期。由于中国的铁矿石品位低，冶炼出来的铁质量不好，而中国在青铜冶炼上的成就又非常出色，因此直到战国时代，铁器的使用才得到普及，但主要是农具和其他日用器具，武器还是主要用青铜制作。秦始皇统一六国的大军就是用青铜武器装备的。这段时间可以称为中国的“铜铁并用时代”。正是因为铁器的普及如此之晚，在中国古代长期视为夏代遗文的《尚书·禹贡》（这是中国最早的地理学文献，其中对九州有详细的介绍）中的“铁”字，成了现代学者断定它实际成文于战国时代的“铁证”。

不过，可能正是因为铁矿石品位低，这迫使中国人想方设法去改进冶铁工艺，反而使中国的冶铁术后来居上。西汉发明了生铁冶炼法，可以用较高的温度（1500℃）炼出硬度较高、质地较脆、宜于铸造的生铁。与此同时，又发明了炒钢法，通过把生铁再加热至熔融、以空气氧化其中的碳的办法降低其碳含量，由此就得到了既硬又韧、性能优良的钢材。这两种冶金术，再加上淬火（把高温的铁器浸入低温的液体使其骤然冷却，可以提高铁器的表面强度）等工艺，大大拓展了铁的用途，使铁制武器性能超过了铜制武器。到汉武帝（公元前 140 ～前 87 年在位）时，中国军队就已经都用铁制武器来装备了。相比之下，西方仍然在使用块炼铁技术，由于这样的铁质软易折，所以罗马帝国的士兵只能装备短剑。纯粹从武器性能上来说，假如当时分居亚欧大陆东、西端的汉帝国和罗马帝国发生战争，汉帝国占据优势。不过，战争的胜负取决于战术、后勤、社会支持等多种因素，综合考虑的话，这种“关公战秦琼”的问题是难于给出明确答案的。

必须指出的是，美洲的各文明直到 15 世纪“地理大发现”前夕才开始学着铸造青铜器，尽管他们对于金银的打造已经达到了相当娴熟的进步。他们铸造青铜器的技术也是从制陶技术发展而来的，所以我们可以想象，在不受外界干扰的情况下，在一定的概率下，他们会逐渐进入铜器时代，并在几千年后再从冶铜术发展出冶铁术，从而进入铁器时代。只不过，“地理大发现”永远中断了他们独立进行这样的技术发展的机会。

除了冶金以外，另一种值得介绍的化学相关的技术是石灰胶凝材料的发明。石灰胶凝材料俗称“灰泥”，是重要的建筑材料。把石灰石（主要成分是碳酸钙 $CaCO_3$）加热煅烧之后可以形成生石灰（氧化钙 CaO），加水再生成熟石灰［氢氧化钙 $Ca(OH)_2$］。熟石灰与砂浆及其他材料混合，即可用作砖石等砌块的黏合剂，氢氧化钙与空气中的二氧化碳反应重新生成碳酸钙之后，便把砌块牢牢地粘在一起。石灰胶凝材料大大方便了砖石建筑物的建造，在罗马帝国得到了极为广泛的应用，有些砖石建筑（如高架水渠、竞技场等）历经两千多年依照屹立不倒。中国也很早就独立发明了石灰胶凝材料，不过因为中国人习惯用木材盖房子，目前并没有比东汉更早的地上房屋建筑保留下来。

无论是制陶、发酵、冶金还是灰泥制造，都只是应用了化学反应的一般技术，而不是化学本身。从事这些生产工作的工匠恐怕并没有从中总结出化学变化的定律，古希腊的哲人也不屑于关注这些低贱的工作。因此，作为一门基础自然科学的化学的真正起源，只能归结到炼金术和炼丹术。

仔细划分的话，炼金术和炼丹术是不同的。前者意在用铁之类的"贱金属"炼制金银之类的"贵金属"；后者意在用矿物炼制集聚自然之精华的金丹，使人长生不老，是天人感应论的体现。但是这两种实践往往是同时进行的，所以也可以统称为炼金术（或炼丹术）。在炼金术中，汞（水银）起着关键性的作用，这是因为汞是常温下唯一呈液态的天然金属，其外观、性状奇特，又易挥发，很容易让人产生"精气"的联想；汞可由色泽鲜亮的红色朱砂（硫化汞）加热制得，与同样色泽鲜亮的黄色硫黄反应又能重新生成硫化汞，这三种产物显著的视觉特点和彼此的转变也容易给人留下深刻印象；汞还可以溶解其他金属，或黏附到其表面形成汞齐（汞合金），可以改变金、铜的颜色，也颇引人注意。当然，因为汞和其他一些化学品的毒性，炼丹术不但不能让人延年益寿、长生不老，反而会让人折寿早亡。

在西方，结合并发展了"四元素说"的炼金术从 1 世纪开始流行；在中国，炼丹术则依托道教而兴，从两晋一直盛行到唐代。7 世纪，阿拉伯人建立帝国之后，同时吸收了东西方的炼金（丹）术文化，发展出了更为精致复杂的实践、仪器和学说，也因此增进了人类对化学变化的认识。阿拉伯炼金术后来又传回西方，一直兴盛到 19 世纪初，直到化学革命后方才消亡。无怪英文里的炼金术（alchemy）、酒精（alcohol）、碱（alkali）、蒸馏器（alembic）等词都来自阿拉伯语，词中还保留着阿拉伯语冠词 al。

第一次军事革命

在中世纪温暖期以前，堪与冶金相媲美的技术还有在农耕上应用畜力。人类最早饲养牲畜主要是为了食肉或奶，此外也用作代步工具。但是在农耕出现之后的很长一段时间，畜力并没有用于农耕，完成耕地（把表层土壤翻松，以利于播种后种子的萌发）这样一件繁重工作的是人力，或者是自由农，或者是奴隶。把牛、马之类的牲畜用于农耕，让它们来拉犁，看上去只是对畜力应用的推广，实际上却是一场深刻的革命，它意味着当时能量投入最多的生产活动——农耕所使用的能源已经不再是人力了。

在中国，春秋时代牛耕就已经相当普遍了。孔子弟子司马牛，字子耕，又有冉耕，字伯牛，因为古人的名和字在意义上有相关性，这两个名字一直被用来说明那个时代牛与耕的紧密联系。中国最早的犁是直辕犁，唐代又出现了曲辕犁，对畜力的利用率更高，这一农具便一直沿用到现代，直到农业现代化之后为现代耕地机械所取代。在欧洲，虽然犁的出现也很早，但是因为古罗马大量使用奴隶耕地，畜耕技术并不普遍。欧洲开始普及犁耕，是中世纪温暖期以后的事情了。

与此同时，人类骑马的本领也有了提高，这也可以算是对畜力的进一步挖掘。从两河流域的亚述帝国开始，骑兵在西方成为军队中的重要的兵种。在中国，战国时代屡受匈奴骚扰的赵国君主赵武灵王决定“胡服骑射”，从而把骑兵兵种引入了中原国家的军队之中。不过，因为这个时候还没有发明马镫，要做到既能控制自己在马背上的平衡又能腾出双手执握武器，这需要非常精湛的骑术。即使如此，骑兵在马背上做战术动作时仍然受到很大局限。直到 3 世纪中国北方的游牧族群发明马镫之后，骑兵得以利用马镫控制身体的平衡，双手完全解放，骑兵的力量才得到充分的发挥。

除了骑马术在战争中的应用之外，冶金和灰泥等技术也都用到了战争之中。性能优良的金属制冷兵器大大加强了杀伤的威力，金属制盾牌和铠甲则可以为人和马提取保护，金属制品由此成为旧世界战争的标配。事实上，古代冶炼和铸造技术的发展，在相当程度上是被战争所推动的。灰泥则可以用来建造城墙等防御措施。

不仅如此，战争还推动了大量其他技术的发明和发展。以中国的三国时代为例，蜀汉的诸葛亮就是一位著名的工程师，发明了连弩（可以连续发箭）、木牛流马（在山区运送粮草的机械）等战争器械，而连弩传到魏国之后，另一位著名工程师马钧还对它做了改进。遗憾的是，由于古代人不重视对这些技术文化的保存，很多精妙的发明后来都失传了。比如马钧还曾经独立制造了指南车（第六章会详细介绍这种机械），但此后其技术多次丢失；虽然又多次为后世的能工巧匠重新发明出来，但到宋代以后还是彻底消失了。张衡的地动仪则是古代发明失传的更为人熟知的例子。这台世界上最早的地震记录仪，在张衡去世之后很快在历史记载中销声匿迹，以致今人不得不为其具体构造而聚讼不休。同样，有的学者认为唐代工程师梁令瓒已经发明了机械擒纵机构，这是一切机械钟的核心部件；宋代著名科技专家苏颂据此建造了“水运仪象台”这样的大型仪器，是当时世界上水平最高的计时设备。假如这个推测成立的话，那么随着北宋的灭亡，中国几百年来积累的机械钟制造技艺便极为可惜地全部佚失了。

金属制品的广泛应用和骑兵的出现。是人类历史上的第一次军事革命，它促进了战争的组织化，促进了战略战术的研究，促进了像《孙子兵法》这样的军事思想著作的诞生，但同时也使战争显得更加残酷。中国的战国时代就是一个兵荒马乱的年代，在这样的年代出现新的退步主义文本，是不足为怪的。以老庄为代表、希望回到“绝圣弃智”的“小国寡民”状态的道家自不必说，儒家的退步主义史观也是在这个时代定型的，其代表文本就是《礼记·礼运》中论“大同”和“小康”的两段名言：

> 大道之行也，天下为公，选贤与能，讲信修睦。故人不独亲其亲，不独子其子，使老有所终，壮有所用，幼有所长，矜寡孤独废疾者皆有所养，男有分，女有归。货恶其弃于地也，不必藏于己；力恶其不出于身也，不必为己。是故谋闭而不兴，盗窃乱贼而不作，故外户而不闭。是谓大同。
>
> 今大道既隐，天下为家，各亲其亲，各子其子，货力为己，大人世及以为礼，域郭沟池以为固，礼义以为纪，以正君臣，以笃父子，以睦兄弟，以和夫妇，以设制度，以立田里，以贤勇知，以功为己。故谋用是作，而兵由此起。……是谓小康。

我们勉强可以认为，“大同”之世是对中国古代社会最早的农耕部落生活的追忆，然而那时虽然“讲信修睦”“人不独亲其亲，不独子其子”，其原因无非在于整个部落的人彼此都是有血缘关系的熟人而已，这根本就不能算是“天下为公”。随着人口增长，陌生人危机出现，为了解决这一危机，人类发明了各种文明技术，社会形态升级为酋邦和国家，这时候也就不可避免会出现“天下为家，各亲其亲，各子其子”的现象。但是，恰恰与此同时，国家又在这样的陌生人社会中行使举贤制，与裙带主义做艰难的对抗；即使这样的制度力量再弱小，它也仍然是真正的“天下为公”。这种总体上是退步主义、除去“三代”（夏、商、西周）之后是循环主义（治乱不断循环、朝代不断更替）的史观，便是中国古代最流行的史观。

在中世纪温暖期之前出现的重要自然技术还有造纸、指南针、火药和造船术等，因为它们和第六章要介绍的“地理大发现”有密切关系，所以我把它们留到第六章再介绍。

逼出来的游牧技术

从公元前 1000 年左右开始，由于严重的资源危机，另有一系列重要的技术诞生了，它们开创了一种新的生产形式——游牧。

大约在公元前 2000 年的时候，全球气候发生了显著变化，在北半球的很多地方，气温由暖湿转为冷干。冷干期的到来，使得适宜农耕生产的地域明显缩小，在原先农耕区的边缘，出现了大片不再适宜农耕的地区，其天然植被大多是草原和荒漠。在这种情况之下，在这些地区从事农耕的族群就面临了“不转型即灭亡”的严峻考验。

根据最近几十年在中国游牧地区所做的考古研究，冷干期的到来造成了这些农耕边缘地区的很多农耕文化（如西北的齐家文化、东北的夏家店文化）的凋敝消亡。从大约公元前 1300 年开始，在今陕北、内蒙古中部一带出现了李家崖文化，显示当时的族群已经采取了半农半牧、低度定居的生存方式。公元前 9 世纪开始，由于中原族群对北方半农半牧族群的抵制，这些族群彼此之间开展了激烈的生存竞争，这从这一时期墓葬中大量出土青铜兵器及反映了男性的尚武风气就可以看出来，而频繁的战争很可能造成人口急剧减少的残酷事实。到公元前 3 世纪，中原周边的游牧文化已经基本成熟，并形成了东北地区的森林草原型、蒙古高原的草原型和青藏高原的高山深谷型三种类型。大体来说，森林草原型游牧族群包括东胡、鲜卑、契丹等部族，草原型游牧族群包括匈奴、柔然、突厥、回纥、蒙古等部族，高山深谷型游牧族群则主要是羌人。这些游牧民族与中原王朝时战时和的关系，成为战国以来贯穿中国历史的一条主线。

游牧社会在经济、文化和政治上都有许多适应环境的特色，有些是不容易被农耕文化熏陶出来的人所理解的。比如，我们往往会觉得游牧社会的主要食物是畜肉，实际上游牧社会主要以畜奶为食。如果牧民以肉为食的话，豢养的牲畜很快会被宰杀殆尽，此后他们也就无以为生了。这就相当于当你有一大笔钱的时候，存在银行里令其孳生利息、靠利息为生才是“可持续发展”的做法；如果肆意挥霍本金，本金耗光之后你的生活也就无以为继了。

游牧社会所饲养的牲畜，在旧世界主要是马、牛（最常见的是黄牛）、绵羊、山羊和骆驼（包括单峰驼和双峰驼），合称“五畜”，此外还有狗。五畜都是比较严格的食草动物，其食性、习性又有所不同，因此在不同的地区，畜群结构也不尽相同。相比之下，杂食性的猪不适宜在游牧地区饲养，因此是否食用猪肉成为区分游牧文明和农耕文明的重要特征，这正是很多游牧文化都把不食猪肉上升到信仰层面，甚至用来建立我群优越感的原因。新世界的游牧社会则饲养大羊驼和羊驼。

游牧经济还有一个特色是难以自给自足，像谷物、茶这样的农产品，布匹、丝绸这样的以植物纤维制备的织物，以及很多手工业产品，往往都需要从农耕社会获取。在和平的情况下，游牧社会可以用多余的畜产品与农耕社会展开贸易，比如中国西部的蕃汉互市，即以茶和马为交易大宗，因而被称为“茶马互市”。但游牧族群也经常对其他游牧族群和农耕社会进行掠夺以获取这些资源。

游牧地区能够承载的人口密度远远低于农耕地区，而牲畜通过移动等行为本身具有对环境变化的一定适应性，可以在环境变化不大的情况下保证“随时食息”的稳定性，因此游牧社会大多以家庭这样的小单位从事生产，并以小规模的游团和部落为主要社会形态，内部具有很强的平等主义倾向。由于迁徙频繁，这些游团和部落时聚时散，经常发生重组。重组之后，为了重新建立彼此的认同感、增进族群的凝聚力，往往会彼此联宗，重建族谱。人类学家曾经观察到父子两代人记忆的族谱就出现了明显区别，这在宗族关系相对较为明确的农耕文化中是不可思议的。同样，出于自身的利益，游团和部落之间的敌友关系也变化不定，今天为友（敌）、明天为敌（友）的情况是经常发生的。不仅如此，游牧民通常还有高度的个人主义价值取向，比如当他们在战场上遇到不利局面时，宁可逃走保存实力，也不愿意舍生取义，因而被农耕社会的人斥为“不羞溃走”。

当游牧族群所需要的不能自给的资源主要来自农耕社会时，为了与农耕社会进行频繁的贸易和竞争，游牧族群会联合起来，在部落之上形成更大的酋邦以至国家。因此，强大的游牧帝国往往出现在农耕帝国的边缘。然而，国家这种中央集权的统治体制，与游牧经济天然的分散经营方式格格不入，因此游牧帝国通常不能持久，一旦出现天灾、战败甚至领袖去世之类的非常事件，就很容易突然崩溃，各族群复归于各自为政的游团、部落生活。因此，在游牧地区的历史上，前一个国家的灭亡与下一个国家的兴起常常是不连续的。比如当突厥于唐初灭亡之后，蒙古草原上并非不再有人生存，只是因为不再形成国家，而和中原王朝相互疏远，导致中原王朝的史书也不再有详细记载罢了。直到 13 世纪初，以成吉思汗为首的蒙古部才又重新把这些分散的草原部族整合成一个国家，并且使他们都接受了蒙古的族属意识。

游牧本身是一种相当艰苦的生存方式。游牧族群出于个人主义的价值取向，如果有机会进入农耕世界，往往愿意放弃游牧生活，改而从事农耕，这时候他们自然也就被农耕文化所同化。在中国历史上就一再发生这样的事件，最典型的例子就是南北朝时期北魏君主拓跋宏（即魏孝文帝，后改名元宏）主动采取汉化措施，使入侵中原的鲜卑人最终同化于汉人之中。然而，他们只是丢失了自己的文化，却延续了自己的基因。根据体质人类学分析，先秦以华夏人为主的中原族群在相貌特征上比较接近今天的华南人（蒙古人种马来类型），但随着北方游牧族群（大多属于蒙古人种蒙古类型）一波波地南下入侵，原中原族群一波波地向南迁徙，今天的蒙古类型和马来类型族群的分界线已经南移到了江南丘陵地区。从这个意义上说，文化上的同化并不代表游牧族群的失败，恰恰表明他们采取另一种方式保证了自己在族群繁衍上的成功。不过，犹太教及作为其衍生宗教的基督宗教和伊斯兰教（统称亚伯拉罕宗教）这样的一神论宗教却从古犹太人和阿拉伯人这样的游牧族群传到了世界各地，堪称游牧文化留给世人的最大遗产。

游牧文化留给世人的另一大遗产，就是其军事技术。前面已经提到，游牧族群因为盛产良马，其军队向以骑兵著称。在冷兵器时代，通过马镫的发明及精湛的骑术、锋利的武器和全民皆兵的社会组织形式，游牧族群常常能够成功地入侵邻近的农耕文明，在气候寒冷的时候更是如此。比如 4 ～ 5 世纪，欧亚大草原上的匈人（Hun）开始西征，入侵到东欧地区，逼迫原先在这里生活的哥特人（Goths）、汪达尔人（Vandals）等族群西迁。这些“蛮族”虽然相对于匈人处于劣势，但相对于当时已经衰落的罗马帝国却处于强势地位。他们不断蚕食罗马帝国的领地，渗入罗马帝国的军队和行政体系，就这样在 395 年把罗马帝国分裂为东、西二帝国，又在 476 年灭亡了西罗马帝国。与此同时，中原帝国却不再拥有像汉帝国那样打击北方游牧族群的能力，（南）匈奴、鲜卑、羯、羌、氐（合称“五胡”）等游牧族群反倒纷纷侵入中原地区，使北部中国陷入“五胡十六国”的战乱时期。正如本章一开头就说过的，这一系列族群大迁徙事件标志了中世纪的开端。

当然，农耕文明偶然也能打败游牧族群，比如在西汉中期和东汉初年，汉帝国通过北伐都成功地打击了匈奴。前一次出击导致匈奴分裂为北匈奴和南匈奴，南匈奴通过内附而逐渐同化于汉族和其他族群之中；后一次出击则导致北匈奴在 1 世纪西迁，永远离开了蒙古草原。过去在史学界有一种观点，认为北匈奴虽然败于汉帝国之手，但是面对西征路上的各族群时却仍然具有压倒性的优势，所以到 3 世纪时，他们已经到达黑海和里海间的草原地带，并且通过游牧文化的方式同化了大量当地族群，在体质上不断掺入了高加索人种的特征，最终成为西方史书里的匈人。不过，现在看来另一种可能性更大，即匈奴和匈人应该没有关系。

直到热兵器发明以后，亚欧大陆游牧社会的军事优势才终于消失，游牧族群的命运也就急转直下，从历史舞台上的骄子，转变为封闭落后的贫苦人群。

气候变化对历史的影响

游牧文化的出现，反映了在文明出现之后，虽然人类利用自然技术创造人工自然的能力已经有了大幅提高，但仍然不足以抵御自然界的大规模变动，因此，由气候变化引发的生态环境变化仍然在相当程度上影响着人类社会的变化和历史的进程。

近几十年来，随着多种高科技手段付诸应用，环境史成为一门方兴未艾的学科。环境史的研究要点，是利用科技方法较为客观地重建古气候、古环境的变迁情况，结合史料记载细化这一变迁的图景，再以此为背景对历史事件和走向做出新颖的解释。而重建古气候、古环境的要点，又在于能够找到天然形成的、能数千万年如一日地对气候和环境做出忠实记录的分析样品。

有好几种天然产物能够满足这一条件，包括树轮、湖泥、冰芯和石笋等。树轮俗称“年轮”，是在季节有明显变化的地区生长的树木茎中形成的轮状结构，一般一年形成一轮（但也有例外）。湖泥是湖泊底部的沉积物，往往也因为季节变化形成有规律的层状结构。冰芯是在南极洲、格陵兰等两极或高山地区的冰川中凿采的冰柱，它们也是年复一年冻结积累形成的。石笋是在喀斯特地区的溶洞里形成的从洞底向上伸的柱状岩石，它同样是由从地下水中沉淀出来的碳酸盐年复一年积累而成。

对于这些记录了古气候和古环境状况的天然产物，首先可以从其形态上做出初步分析。比如在气候适宜的年份，树木生长较快，树轮也就比较宽，在气候恶劣年份，树木生长迟缓，树轮也就比较窄，因此从树轮的宽窄变化即可初步推测古气候的情况。不过，更精确的分析仍然需要运用同位素手段，其中氧同位素分析具有相当重要的作用。氧有 3 种稳定的同位素，即 ^{16}O、^{17}O 和 ^{18}O，其中 ^{17}O 含量极少，而 ^{18}O 较 ^{17}O 略多，占到 0.2% 左右。由于 ^{18}O 原子的质量比 ^{16}O 原子略重，在海水蒸发为水蒸气时，会产生天然的分馏作用，较重的 ^{18}O 更容易残留在海水中。由于陆地水绝大多数都源自海水蒸发至大气中的水蒸气，在气候寒冷的时候，很多陆地水被禁锢在冰川不能回到海洋中，不能用相对较多的 ^{16}O “冲淡”海水中富集的 ^{18}O，这就使海水的 $^{16}O/^{18}O$ 比值降低，蒸发的水蒸气和由此形成的新陆地水的 $^{16}O/^{18}O$ 比值也降低，最后导致冰芯、石笋等天然产物中在这一时期形成的沉积物的 $^{16}O/^{18}O$ 比值也降低。这样，通过精确测定 $^{16}O/^{18}O$ 比值，利用经验公式，就可以算出历史上的平均气温。最后，根据冰芯和其他沉积物中沉积的特殊物质（如火山灰、重金属等），还可以识别出火山喷发、小行星撞击等严重影响气候和环境的非常事件，确定其发生时间。

通过上述多种途径，如今科学家们已经能够绘制过去几千年间较为详细的各地区气温变化图，并综合为全球气温变化图。这些变化图明确揭示历史时期曾经存在过全球性的气温变化。这种全球性的气温变化可以大略分为两种情况。一种是全球性的升温或降温事件，比如从 14 世纪开始、19 世纪结束的“小冰期”（Little Ice Age）就是一次全球性的降温事件，小冰期最盛时，全球气温比两千年来的全球平均气温低了 0.6℃。另一种是部分地区升温，部分地区降温，但彼此之间有相关性的事件，比如从 10 世纪开始至 13 世纪结束的“中世纪温暖期”（Medieval Warm Period）就主要反映了北大西洋地区（包括欧洲和北美洲）的气候变化情况，而在同时代的东亚地区却处于冷干期。

如今，环境史学者已经把很多历史事件发生的根本原因归结为气候变化。在第一章我们提到 7 万年前的时候因为气温变冷，末次冰期达到全盛，导致东亚的丹尼索瓦人大部分灭绝。其实，连尚在非洲的智人也深受这次气温变冷的影响，人口数量一度下降到只剩几千人，在种群繁衍中出现了严重的“瓶颈”。但可能也正是在这种严酷环境的逼迫下，这些仅存的智人发展出了更强的语言能力，从而幸运地迎来了“创新大爆炸”。上面我们又讲到公元前 2000 年左右开始的冷干期造成了游牧经济和游牧技术的出现。事实上，这个冷干期对东亚文明造成了更为深远的影响。考古研究发现黄河中游的陶寺文化和长江流域的很多文化（如中游江汉地区的屈家岭文化和下游吴越地区的良渚文化）都在这一时期衰落，标志着中国的新石器时代完全结束。之后，中原掌握了青铜冶炼技术的夏人、商人、周人等华夏族群又在环境变差和北方半农半牧族群不断南下骚扰的条件下团结起来，不仅形成了华夏民族的身份认同，而且发展出了阶级明显分化的商、周（可能还有夏）等国家。

而根据著名气象学家竺可桢对中国历史时期气候变化的分析，五千多年来中国出现了 4 个暖期和 4 个冷期，其中第一个冷期可以和上述导致游牧经济出现的冷干期相对应。此后，在东汉至南北朝（公元初～600 年）、两宋（1000 ～ 1200 年）、明清（1400 ～ 1900 年）又先后出现 3 个冷期，而这 3 个冷期刚好是游牧社会频繁骚扰中原农耕社会的时期（“五胡乱华”发生在第二冷期，蒙古人的强大发生在第三冷期，满洲人的兴起则发生在第四冷期）。相比之下，冷期间的暖期则是游牧社会与农耕社会总体来说相安无事的时期，显示了气候变冷导致的生态危机很可能是逼迫游牧族群彼此联合入侵中原的最终原因之一。

不过，气候变化本身也只是一种表面现象，人们不禁会问：引发这种变化的原因又是什么？目前科学界已经有了好几种解释。首先，由于地球轨道和地轴倾角等天文学因素的变化，地球气候呈现出了一种极长期的变化周期——米兰科维奇周期（Milankovitch cycles）。米兰科维奇周期可以解释地质时期的几次大冰期的出现，但这个周期时间太长，以 10 万年为单位，因此只能作为历史时期气候变化的大背景。其次，太阳活动的变化可能引发辐射量变化，从而影响到气温，比如 14 ～ 19 世纪的“小冰期”期间的 1645 ～ 1715 年同时也是太阳黑子、耀斑（它们指示着太阳活动的强度）数目较少的时期，在天文学上叫“蒙德极小期”（Maunder Minimum），因而过去长期被视为造成全球性“小冰期”的主要因素。再次，有学者认为历史时期的人类活动也会影响全球气候变化，比如欧洲人发现美洲之后，美洲原住民的大量死亡导致很多居民点荒无人烟，重新生长起来的森林吸收固定了大气中相当一部分二氧化碳，导致温室效应减弱，可能对“小冰期”的形成起到了促进作用。

然而，目前越来越多的学者相信，火山喷发可能是造成很多冷期的主要原因。火山喷发可以向大气中输送大量的火山灰，它们能够减弱到达地面的太阳辐射，从而使全球气候变冷。比如7万年前之所以气候变冷、末次冰期达到全盛，很可能是由今印度尼西亚苏门答腊岛上的“超级火山”多巴火山的喷发导致的。多学科的分析又表明，在1327年发生了另一次超级火山喷发，这次火山喷发加上其前后另外几次较小规模的火山喷发，可能是“小冰期”形成的主要原因，相比之下，太阳活动减弱可能只有很小的贡献或没有贡献。2013年，这座超级火山终于确定是印度尼西亚龙目岛的林贯尼（Rinjani）火山。美国黄石（Yellowstone）公园的黄石火山则是一座更大规模的超级火山，最后一次喷发是在大约64万年前。由于黄石火山的喷发具有60万～80万的周期，地质学家推测它现在又处于随时可能喷发的状态。可以想象，一旦它再次猛烈喷发，必然会给全世界的气候和环境造成灾难性的影响。

除了气候变化之外，环境史研究还关注人类活动造成的生态环境变化情况，揭示了一些因为过度破坏环境导致生态环境恶化，从而导致文明崩溃的事件。其中，最典型的代表就是复活节岛（Easter Island）。复活节岛是东南太平洋中的一个相当孤立的小岛，大约在700年前后（也有其他说法）为波利尼西亚人发现并定居。起初，岛上具有茂密的植被，生长着高大的棕榈树和其他乔木，形成了良好的生态环境，一度支撑了8000～20 000人的庞大人口，但是岛民却没有珍惜这些森林，而是不断破坏。从11世纪开始，他们大量制造宏伟的雕像，用来象征本部落的英雄人物，并借以向对立部落示威。为了建筑这些雕像，需要用棕榈木制作运输和起重机械，于是岛民大量砍伐森林，最终竟把森林砍伐殆尽。失去了森林的庇护，岛上的生态环境一落千丈，文明也因此崩溃，人口大为减少。到1722年欧洲人再次发现这个岛屿时，残余的居民已经只有2000人了。

类似地，两河流域的古巴比伦文明后来之所以衰亡，也和不当灌溉造成土地盐碱化有关。而春秋战国以来中国人在黄土高原的农耕活动也造成了严重的水土流失，加大了黄河的含沙量，使黄河下游在两汉时期频频决口改道，形成严重的河患。“五胡乱华”之后，北方凋敝，植被重新恢复，遏制了水土流失，黄河因而得以安流数百年。唐代重新在黄土高原上进行垦殖，黄河河患又重新出现，并在明清两代达到极为严重的程度。同样，今日内蒙古东部和南部的呼伦贝尔、科尔沁、浑善达克和毛乌素四大沙地的形成，除了气候变化的因素外，也和人类的不当垦殖有密切关系。

讲到这里，我们就可以总结一下工业时代之前人类社会演化的基本规律了（图 5-1）。首先，因为社会危机和正反馈的存在，人类社会的演化大致存在着一种“进步”的线性关系：狩猎－采集社会因为野生生物资源危机发展为原始农耕社会；原始农耕社会因为陌生人危机发展为文明社会。然而，如果考虑到在不适宜农业生产的地区仍然生活着狩猎－采集族群，而从农耕社会又演化出了游牧社会，且游牧社会即使形成国家，也很容易“倒退”回各部落各自为政的状态，我们理应承认，人类社会的演化绝不必然呈现为线性进步的面

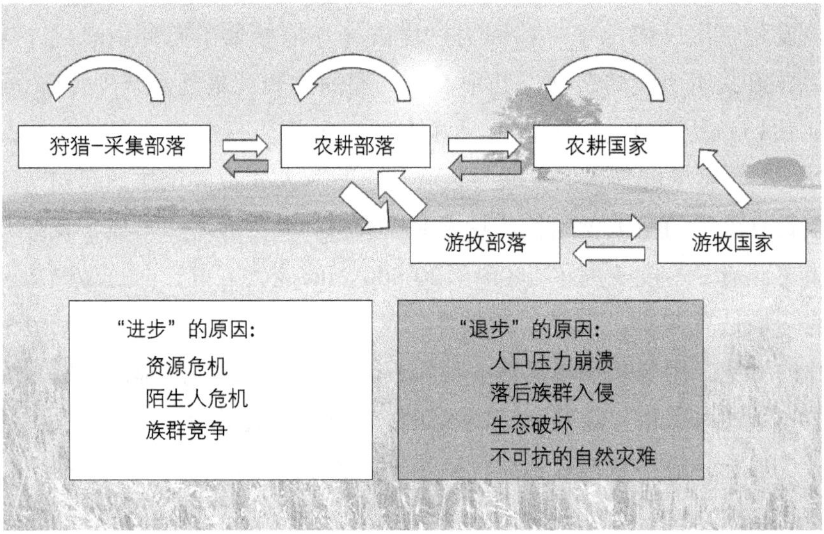

图 5-1　古代社会发展模式

貌，而是呈现为一种遵循着自然选择规律的分枝演化的图景。在这里，自然选择的力量有二：一是族群竞争，它可以导致更有竞争力的族群取代或同化竞争力较弱的族群；二是自然条件的限制，它决定了人类族群如果要实现可持续发展，只能因地制宜地采取适应环境的生产方式。

环境史的研究又启发我们，如果再考虑到气候变化或人类对环境的破坏造成的生态灾难，那么即使是不易“退步”的社会形态，也可能出现明显的“退步”，比如从原始农耕社会退回到狩猎－采集社会，或是从文明社会退回到原始农耕社会（在文献和考古上就表现为文明的衰亡，“黑暗时期”的开始），甚至造成整个族群的完全灭亡（第六章要介绍的格陵兰维京移民的命运就是这样悲惨）。这同样可以归结到上面所说的自然选择的第二种力量中去。这些基本规律，对于工业时代以后的人类社会来说，也仍然适用。

当然，从这里就生发了一个问题：如果演化本身无所谓“进步”“退步”，那么“进步”这个词岂不是没有意义？按照这种中性的观念，即使技术文化发生了“退步”，只要人类存在，那也仍然是某种演化，岂不是顺其自然就行？我们还有必要关心人类社会今天的命运吗？

我们当然不是价值虚无主义者。我们强调人类和人类社会仍然遵循一种分枝演化的图景，并不是否认在某个具体的历史阶段就不能树立一种蕴含了价值观的进步观念。至少，生命本身的存在是生命能够演化的前提，所以我们总归要想一些办法，避免当代人类社会再一次演化到陷入巨大混乱、大量个体非正常死亡的可怕局面。在本书的后面章节，我在尽量保持论述客观性的同时，有时也会发表一些有价值倾向的评论，希望读者能够注意识别。

思维聚焦

在文明出现之后、中世纪温暖期（大约10～13世纪）之前，人类的自然技术又有了长足的进步，其中大为发展或新发明的技术包括冶金（主要是冶铜和冶铁）、石灰胶凝材料制造等化学相关技术，以及犁耕、骑马等对畜力的充分利用等。化学相关技术的发展催生了炼金（丹）术的发展，后者成为化学的前身；对畜力的利用则是人类历史上的第一次能源革命。金属武器和马在战争中的广泛应用，则促成了第一次军事革命。

由于气候变化，从公元前1000年左右开始，在宜于农耕的地区周边，发展出了游牧这种新兴的生产形式。因为生产形式不同，游牧社会与农耕社会具有很多本质性的差异，如倾向于以小规模的游团和部落为主要社会形态，国家的出现主要取决于与农耕社会的互动，很容易在崩溃之后重新回到游团和部落形态，等等。在冷兵器时代，游牧社会通常具有比农耕社会更高的军事技术。游牧社会与农耕社会的关系，因而成为游牧社会出现以来的古代史的一条主线。其中，1～5世纪发生在亚欧大陆的族群大迁徙成为用来分隔上古（古代）和中古（中世纪）时期的重要事件。

通过多种高科技手段的使用，环境史研究重建了历史时期的古气候和古环境，指出气候变化（常常由火山喷发引起）和人类活动造成的生态变迁也是决定人类社会演化的重要因素。总之，人类社会的演化绝不必然呈现为线性进步的面貌，而是呈现为一种遵循着自然选择规律的分枝演化的图景。其中自然选择的力量有二：一是族群竞争，它可以导致更有竞争力的族群取代或同化竞争力较弱的族群；二是自然条件的限制，它决定了人类族群如果要实现可持续发展，只能因地制宜地采取适应环境的生产方式。

第六章　开辟未来

“地理大发现”的经过

第五章讲到了中世纪温暖期之前大为发展或新发明的一些技术。这一章接着讲中世纪温暖期之后大为发展或新发明的技术。不过，为了帮助大家更好地理解这些技术的意义，我想先从“地理大发现”开始讲起，因为“地理大发现”是人类历史上不多的几次最重要的事件之一，而它之所以发生，和之前的那些技术有莫大的关系，是这些技术力量的集中展现。

我给“地理大发现”这个术语加了引号，因为这本身是西方中心主义的提法。以美洲为例，早在1.5万年前，美洲原住民就已经发现并移民美洲了，他们的迁徙成为人类第一次全球化过程的重要组成部分；即使是第二批抵达美洲的人，也绝不是哥伦布船队的船员，而是在中世纪温暖期移民格陵兰的北欧维京人（Vikings）；哥伦布等人充其量只能算是第三批到达美洲的人。论发现的优先权的话，无论是“最早发现美洲的人”，还是“最早发现美洲的欧洲人”，这两个称号都轮不到哥伦布。

但是，也有学者对于人们对“地理大发现”的质疑提出了反质疑。他们争辩说，的确，从“发现”这个词的本义来看，“地理大发现”在很大程度上并不是“发现”；但是，从地理发现的后果来看，之前的“发现”是远远比不上“地理大发现”的。“地理大发现”作为影响了全球历史的重大事件，直到今天还产生着深刻的影响，考虑到这一层意味，称之为“地理大发现”并不为过。

这两种说法都有一定道理，所以我想最稳妥的做法，是保留“地理大发现”这个说法，但一律加上引号，以弱化其原本的绝对含义。也有人将“地理大发现”时代称作“大航海时代”，这抓住了“地理大发现”的一大特征，就是进行“大发现”的人主要是通过航海旅行到世界各地的。但是，“地理大发现”还有别的很多特征，是“大航海”三字所不能概括的。

正如中世纪的上下限很难明确界定一样，“地理大发现”时代的起讫时间也很难明确界定。我们只能大致把其起始时间定在15世纪——这基本是中世纪的结束时间，而把其结束时间定在17世纪——这时资本主义制度已经在欧洲站稳了脚跟。在此之后，“地理大发现”还在继续进行，有些是真正的大发现——比如19世纪南极洲的发现，但这时它已经不再具备之前那么深远的后果，而越来越接近于单纯的科学探索了。

现在学界公认“地理大发现”始于葡萄牙人的航海探险。葡萄牙位于西南欧的伊比利亚半岛的西侧，西边直接濒临北大西洋，具有开展航海探险的地理优势。1415年，葡萄牙人攻占了直布罗陀海峡（连接地中海和北大西洋的狭窄海峡）南侧的休达（Ceuta），这可以视为欧洲殖民时代的开始，也可以视为“地理大发现”的先声。

当时葡萄牙有一位恩里克亲王，是远洋航海的大力推动者。尽管他本人从未参加过远洋航海，但因为他的贡献，人们都把他称为“航海家恩里克”（Henry the Navigator，1390—1460）。在他的支持之下，葡萄牙探险家的船队向北大西洋深处和非洲西海岸驶去，由此拉开了“地理大发现”的序幕。1418年，他们“发现”了西非海岸外的加那利群岛（Canary Islands）——严格地说这也是再发现，因为在此之前，热那亚航海家已经在海图上标记出了这个群岛。大约1427年，他们发现了北大西洋深处的亚速尔群岛（Azores Islands），这就可以算是真正的发现了。1445年，葡萄牙人又“发现”了中大西洋的佛得角群岛（Cape Verde Islands）。与此同时，葡萄牙人一边沿着西非海岸线不断向南挺进，一边建立殖民地。1441年，葡萄牙人还首次捕捉了10名黑人，作为奴隶运回本国，欧洲人罪恶的黑奴贸易由此开端。

起初，“地理大发现”只有葡萄牙人在进行，其他欧洲国家对此并不积极。但是在1453年，奥斯曼帝国攻陷了君士坦丁堡，改名伊斯坦布尔，拜占庭帝国灭亡。此后，奥斯曼帝国逐渐控制了经过西亚和东半地中海的商路，因此垄断了从东南亚经东地中海到欧洲的商业贸易，给欧洲人（当然，主要是上层阶级）的日常生活造成了很大不便（比如当时欧洲人食肉很多，由于没有冷藏设备，肉很容易出现异味，只有用胡椒、肉豆蔻、丁子香之类热带香料的浓重味道掩盖肉的异味之后才能吃得下去，所以欧洲人极为重视香料贸易）。此外，由于当时欧洲进行贸易的货币量不足，对于金银也有疯狂的追求。为了开辟新的贸易路线，打破奥斯曼帝国的垄断，各个欧洲国家先后开始了航海探索。于是西班牙、荷兰、英国等国继葡萄牙之后先后开展远洋航海，“地理大发现”全面展开。

1487 年，葡萄牙航海世家迪亚士家族的第三代巴托罗缪·迪亚士（Bartolomeu Diaz，约 1451—1500）从葡萄牙出发，于次年成功到达了非洲南端的一个岬角。这个岬角位于南半球中纬度的“咆哮西风带”，周边海域终年风急浪恶，航行极为危险，因此迪亚士给它取名“风暴角”，但葡萄牙国王若奥二世认为绕过这个海角就有希望抵达传说中物产丰饶的印度，下令称之为“好望角”（Cape of Good Hope）。

随后，“发现”印度的竞赛在葡萄牙和邻国西班牙之间展开。1492 年，热那亚人哥伦布（Christopher Columbus，约 1451—1506）在成功说服西班牙国王之后，率由三艘船组成的船队向西驶去。哥伦布知道地球是球形，因此虽然印度在欧洲东方，但向西行驶一定也能到达。但是哥伦布受当时错误的地球半径数据误导，低估了到达印度的困难程度（如果他知道正确的地球半径数据的话，恐怕是不敢向西航行的）。经过数个月的艰苦海上生活，哥伦布船队终于到达了今加勒比海群岛，却以为自己到达了印度——这就是后来西方人管加勒比海群岛叫“西印度群岛”（West Indies），管美洲原住民叫“印第安人”（Indians）的原因。哥伦布一生中 4 次横跨大西洋到达美洲，但他至死都以为自己到达的是亚洲。

1498 年，葡萄牙航海家达·伽马（Vasco Da Gama，约 1460—1526）终于在绕过好望角之后成功到达了印度，并用武力抢夺了其他商船所载的香料满载而归。16 世纪初，意大利佛罗伦萨的航海家亚美利哥（Amerigo Vespucci，1454—1512）指出美洲并不是亚洲东部，而是一块新的大陆，后来这个大陆就用他的名字命名为“亚美利加州”（简称美洲）。1519 ～ 1522 年，葡萄牙航海家麦哲伦（Ferdinand Magellan，约 1480—1521）在西班牙的支持下率船队出发，开始环球航行。船队一路上遇到了种种非人的困难，船员因为坏血病等原因不断损耗，连麦哲伦本人也在 1521 年到达菲律宾群岛时因为与当地人发生冲突而被杀害，但最终仅剩的一艘船终于返回了葡萄牙，完成了人类历史上首次的环球航行，确凿无疑地证明了地球的确是个巨大的球体。麦哲伦船队的环球航行代表了“地理大发现”的最高成就，此后虽然还有新西兰、澳大利亚、夏威夷等重要“发现”，但似乎都是水到渠成的事情，不必再详细讲述了。

“地理大发现”——特别是美洲的发现加快了欧洲人的殖民行动。1494 年，在教皇的仲裁下，葡萄牙和西班牙这两个最早开展“地理大发现”的国家签订了《托尔德西里亚斯条约》（*Treaty of Tordesillas*），划定了两国殖民地在西半球的界线，规定线西为西班牙殖民地，线东为葡萄牙殖民地。这条线从北大西洋向南经过南美洲东部一角，因此美洲大部分都为西班牙人所殖民（但包括线东一角的巴西则为葡萄牙人所殖民），而非洲则为葡萄牙人所殖民。麦哲伦船队完成环球航行之后，1529 年两国又签订了萨拉戈萨条约（Treaty of Saragossa），划定了两国殖民地在东半球的界线。这样，葡萄牙和西班牙就瓜分了欧洲以外的土地。当然，由于葡萄牙实力的弱小，它最早的海上霸主地位很快丢失，让给了西班牙。1580 年，葡萄牙甚至一度并入了西班牙，直到 1640 年才恢复独立。葡萄牙的殖民地（包括最早占据的休达）后来也多半被当时其他西方列强所侵占。

欧洲人在移民海外的同时，不断灭绝、奴役或控制殖民地的原住民。1521 年，西班牙殖民者科尔特斯（Hernán Cortés）攻灭了中美洲的阿兹特克帝国；1533 年，另一位西班牙殖民者皮萨罗（Francisco Pizarro）攻灭了南美洲的印加帝国。这两个帝国虽然在新大陆兴盛一时，特别是印加帝国在灭亡之前的几十年还在不断扩张，几乎统一了整个安第斯山西麓地区，但是没有马匹、没有金属兵器、不识复杂人心的美洲原住民在面对强大得多的西班牙殖民者时，注定只有惨败的结局。

更可怕的是，美洲人对殖民者带来的天花之类烈性传染病完全没有抵抗力。殖民者到来之后，这些烈性传染病的传播导致了绝大多数原住民的死亡，以致美洲大地上人口锐减，很多本来有人居住的地方成为荒无人烟之地。后来美国人西进的时候，因为不断遇到空旷荒凉的土地，而产生了“荒野”（wilderness）的著名文化意象；美国有一款著名的电脑游戏叫“模拟城市”（SimCity），其中的新城市也是在全无人迹的荒野上建造而成的。荒野被美国人视为上帝的礼物，而我们现在知道，这份“礼物”根本就是以原住民的已近灭绝这样惨绝人寰的代价换来的。

独一无二的欧洲

上面简要介绍了“地理大发现”时代的一些里程碑式的事件。在第二章我们就已经知道，农业起源的不均衡性最终决定了是欧洲人征服美洲，而不是美洲人征服欧洲。但是，在引发“地理大发现”的因果链条中，这只是一个远因罢了，我们不禁要问，直接导致“地理大发现”的近因又有哪些呢？更令人困惑的是，就在葡萄牙人开始探索大西洋前不久，中国明代的郑和率领的船队刚刚七下西洋，郑和去世之后又由王景弘领导了第八次下西洋的航行。这八下西洋不仅航程可观，船队的规模也是早期的欧洲航海家所不能比拟的。为什么“地理大发现”不是由中国人首先进行的呢？

本书主要讲述自然科技的历史，因此在“地理大发现”的诸多近因中，我们首先主要关注使欧洲人的远洋航行和殖民成为可能的那些自然技术。首先，10 ～ 13 世纪的中世纪温暖期对于欧洲来说可谓是一个千载难逢的机遇。在这个和煦潮湿的时期，欧洲（特别是阿尔卑斯山以北地区）的农业有了很大发展。这一地区的农民开始广泛采用重犁来耕地，这是一种大型的铁犁，需要至少 4 头牛才能拉动，但是它能有效地翻动西北欧洲那些坚硬潮湿的土地，大大扩展了农田的面积。后来，农民们又用马代替牛耕地，效率进一步提升。与重犁和马耕技术鼎足而三的新技术则是三田轮作制，它再次大大提升了土地的利用效率。这样，欧洲就发生了一场农业革命，农业的中心逐渐北移到西北欧洲地区。

克服了土壤对西北欧洲农业发展的不利影响之后，有利于这一地区农业发展的自然条件便凸显出来。由于西北欧洲属于温带海洋性气候，终年有较为恒定的风雨，河流水量充沛，因此中世纪温暖期的欧洲人又发展了利用水力的水轮车和利用风力的风车，作为像磨制面粉之类的手工业生产的辅助动力，这可以视作一场能源的小革命，也可以视为农业革命的一部分。更重要的是，水轮车和风车这种从自然界中获取动力的机械让欧洲人看到从自然界中似乎可以“榨取”出无穷无尽的动力来，这种人定胜天的技术乐观主义思想主宰了后来的科技发展，但也因此埋下了严重的隐患。

毫不意外的是，农业革命还引发了欧洲人口的急剧增长，使欧洲在 11 世纪出现了第一次人口危机。按照当时欧洲的传统，封建主的土地只有长子能继承，这样一来，没有土地的骑士就越来越多。为了安顿这些人，在教皇的组织之下，欧洲人先后对东方的拜占庭帝国和伊斯兰帝国进行了 8 次“十字军东征”。但因为战争双方的实力相当，最终欧洲人无功而返。不过，这种向外扩张的民族性却在基督宗教的传教热情和各种有关海外胜地和宝藏的神秘传说的推动之下，成为后世欧洲人向海外殖民的精神根源。

在中世纪温暖期前后，欧洲人又陆续掌握了中国人发明的马镫、造纸、指南针、火药等技术和一些先进的造船技术。马镫传入欧洲之后，与欧洲人自己发明的马蹄铁结合，使人类对马的利用达到了极致，由此造就了欧洲著名的骑士阶层。

造纸、指南针、火药和活字印刷术合称中国的“四大发明”。“四大发明”这个提法来自英国哲学家弗兰西斯·培根（第六章中会详细介绍这个人）的“三大发明”——培根认为指南针、火药和印刷术这三样发明改变了世界的面貌。后来，19 世纪的英国汉学家艾约瑟（Joseph Edkins）给“三大发明”又加上造纸，便成了“四大发明”。不过，把这四大发明明确归于中国的，则是在第四章中已经提到的英国汉学家李约瑟，正是因为他在中国媒体和公众中的知名度，“四大发明”才成了我们从小就熟知的科技史术语。

不过，这“四大发明”对中国社会的重要性多少还是有些不同。纸的发明时间最早，过去认为东汉蔡伦发明了纸，根据现代学者的细致考证，这个传统观点是成立的。在蔡伦之前，文献记载中的“纸”都是用蚕丝纤维制成，而用植物纤维制成的并不是真正的纸。至于考古出土的西汉“古纸”，工艺和质地都非常粗糙，充其量只能视为纸的雏形，有的纸年代鉴定甚至都存在问题。而且，如果非要把这些似纸非纸的东西纳入“纸”的定义，那么比它们古老得多的古埃及纸草显然也应该视为纸。综上所述，合理定义纸的发明人仍然是蔡伦，可以把他向皇帝献纸的元兴元年（105 年）作为纸的诞生年份。

纸对于中国社会的重要性是不言而喻的，它也是“四大发明”里应用最广泛的。751 年，唐帝国与新兴的阿拉伯帝国阿拔斯王朝在中亚地区打了一仗，唐帝国战败，这就是著名的怛罗斯之战。在阿拉伯帝国俘虏的唐帝国士兵中有一些造纸工匠，造纸术因此西传到阿拉伯世界，再经由阿拉伯人传到欧洲。

指南针的发明时间，过去认为也是战国时代，并把“司南”（在铜盘上放置的一把用磁石磨制的勺子）作为其最早的形式。然而后世学者经过仿制之后，发现磁性很弱的磁石磨制的勺子不可能有指南的效果，而古籍里的“司南”基本都可以做其他解释，因此战国时代发明指南针的旧说是很可怀疑的。西汉或三国时又出现了指南车，但它并不是真正的指南针，只是一种精巧的机械，利用齿轮传动装置保证车辆在向各个方向行驶时车上人的手都能始终指向同一个预先设定好的方向——南方。因此，它主要被用作一种皇家仪仗，而没什么真正的实用价值。指南针比较可靠的发明时间可能是在 8 世纪前后的唐代；到了宋代，中国人又在原始指南针的基础上发明了罗盘，即指南针与方位盘的结合。罗盘的发明使指南针发挥出了它在中世纪最大的效用——用来给航船定向。13 世纪的时候，罗盘经阿拉伯人传到欧洲。

火药的发明时间更晚，直到晚唐（9 世纪末）才制造出来。火药的制造和炼丹术密切相关，是炼丹术的副产物。虽然道士们不喜欢这种无意获得、稍加热就剧烈爆炸的硫黄、硝石（硝酸钾）和木炭的混合物，但宋代军事家却发现了它的军事用途——可以用来制作火箭和火铳（最早的管形火器），而中国民间也给它找到了一个今天看来不算光彩的用途——用来制造爆竹，它也因此得到了一种另类的广泛应用。火药和火器传入伊斯兰世界之后，到 14 世纪再传入欧洲，由此得到了进一步改进。欧洲人在15世纪已经能够制造出威力相当大的火炮，这进一步发挥了火药的功能。16世纪欧洲人又发明了火枪，这样就引发了第二次军事革命——热兵器革命。

相比这三大发明，活字印刷术对中国社会的价值最小——尽管唐开元年间（8世纪初）出现的雕版印刷是足以与纸媲美的伟大发明。虽然北宋学者沈括的《梦溪笔谈》清楚地记述了毕昇发明泥活字的情况，但是由于汉字数量太多，除非是印量极大，否则用活字印刷术印刷中文在经济上是不如雕版印刷划算的。因此，北宋以来用活字法印刷的书籍数目十分有限。活字印刷术在西方虽然产生了极为深远的影响，但西方的活字印刷术是德意志人古腾堡在1450年左右独立发明的，与中国的活字印刷术仅在基本原理上相同，除此之外就基本没有关系。关于活字印刷术的意义，第七章我们还会谈到。

中国自古以来还有一些先进的造船技术，在中世纪温暖期也经由伊斯兰世界传入欧洲。其中比较有代表性的技术是舵的使用。舵是船尾专门用来定向的工具。没有舵的船只能用桨定向，操作起来十分不便，而用舵定向就较为方便。中国很早就发明了船舵，以致舵在古诗文中常常作为船的代称［唐代著名诗人杜甫就有“吴樯楚柂（舵）牵百丈”等诗句］；虽然古埃及也有舵的发明，但这一技术却在西方长期失传，未能发挥其作用。

毫无疑问，这些技术都对“地理大发现”起到了直接的推动作用。航海本身就需要采用一些中国造船术的性能优良的船只和能够指引航向的罗盘；马匹和以火药为动力的火炮、火枪可以随船运到殖民地，或在殖民地就地繁殖和制造，用于与当地的原住民作战。纸张及活字印刷术可以用来印制海图、航海日志和探险报告，方便探险者之间的信息交流，使“地理大发现”能够更有效率和计划地进行。

虽然欧洲的自然技术在中世纪温暖期有这样大的提升，但环境的威力依然不可小觑。比如北欧的维京人从8世纪末开始也因为人口危机而向外迁徙。这些“北欧海盗”先是入侵了今英格兰、苏格兰和法国西北部海岸［至今法国还有诺曼底（Normandy）的地名，就是来自维京人的别称——诺曼人（Normans），本义是“北方人”］，在9

世纪又移民冰岛。10世纪开始，冰岛的维京人继续向西迁徙，跨越北大西洋到达北美大陆和格陵兰。因为原住民的攻击，他们在北美大陆没有生存下来，但在格陵兰却建立了稳定的殖民地，以放牧和与狩猎族群因纽特人（Inuits）贸易为生。由于当时正值中世纪温暖期，维京人在格陵兰一直生存了300多年。但在中世纪温暖期结束、全球转入小冰期之后，已经无法在格陵兰继续放牧生活的维京人却未能转型成为像因纽特人那样的狩猎族群，因而几乎全部灭绝，欧洲人对美洲的第一次殖民以失败告终。

气候变化不仅葬送了维京人在格陵兰的殖民地，而且还通过其他的间接方式减少了欧洲人口，以这种悲惨的方式暂时解决了欧洲的人口危机。第六章已经说过，在北大西洋地区是中世纪温暖期的时候，在东亚地区却是冷干期。严酷的环境迫使原本在蒙古高原东部游牧的蒙古族群联合起来，并在成吉思汗的领导之下不断兼并蒙古高原上的其他蒙古语族或突厥语族的游牧部落和酋邦，于1206年建立了蒙古帝国。此后，蒙古帝国就开始了惊人的扩张和侵略，向南灭西夏、金、大理和南宋，向西则一路所向披靡，攻灭花剌子模和阿拉伯帝国阿拔斯王朝，最远到达今波兰、匈牙利一带。蒙古帝国的扩张对周边的农耕文明具有毁灭性的影响，蒙古军队多次进行的大屠杀更是直接造成了农耕地区人口的锐减。在欧洲，虽然西欧没有直接受到蒙古人的冲击，但东欧的斯拉夫族群却深受其害，俄罗斯先民正是在蒙古人的铁蹄面前才联合起来，形成统一的俄罗斯民族的，其情形一如3000多年前的中原族群在北方半农半牧族群的骚扰之下联合起来，形成华夏民族一样。

14世纪欧洲进入小冰期之后，先是农业歉收造成了1315～1317年的大饥荒，之后，一场更大的灾难突如其来。1346年，蒙古人久围黑海北岸的城市卡法（Kaffa）不克，当时围城的蒙古人中流行鼠疫，蒙古人便想到了把鼠疫病人的死尸用投石机抛入城内的办法——这可以视为人类历史上对“生物武器”的第一次使用。果然，城中很快爆发了鼠疫，这一俗称“黑死病”的可怕瘟疫又随着从城中向西逃亡的人迅速向欧洲扩散，在短短几年时间内就席卷了整个欧洲，造成可能多达 40% 的人死亡，大量村落被荒废。据人口学家估计，直到 17 世纪初，欧洲的人口才恢复到瘟疫之前的水平，此后人口压力又成为驱使欧洲人向外殖民的重要因素。我们可以设想，如果不是这一系列的灾难造成欧洲人口减少，在人口压力的推动下，也许欧洲人进行“地理大发现”的时间会更早一些。

不过，讲到这里，我们看到的仍然只是一个奋力追赶亚洲先进文明的落后欧洲。我们还是没有直接回答那个关键问题——为什么“地理大发现”不是由中国人首先进行的呢？要回答这个问题，主要就只能从社会技术方面寻找原因了。

自从蛮族灭亡西罗马帝国之后，欧洲就进入了典型的封建时代。“封建”（feodal）这个词的西文来自拉丁语 *feodum*，本义是“封邑”。封建制度的特点是土地被分封给大大小小的世袭封建主，在其上没有更高一层的集权的统治者，因此封建主几乎可以在自己的封邑中为所欲为。更有趣的是，在封建主之间虽然也有领属关系，但效忠一位封建主的骑士却不会为其主人的主人效力（换句话说，“我的封臣的封臣不是我的封臣”）。这种典型的封建社会关系在世界其他地区是基本见不到的。虽然中国古代社会也长期被称为“封建社会”，但至少从秦统一中国开始，中国古代社会就是一个典型的中央集权社会，尽管偶尔也会有分封和藩镇割据，但多数时候各级地方官员都要向中央政府负责，其任命也都由中央政府进行，而不能世袭。今天的历史学家一般认为，这种中央集权社会和真正的封建社会具有本质性的差异，绝对不能混为一谈，因此再简单套用欧洲的社会分期模式，把中国古代社会和其他传统中央集权社会称为“封建社会”是极不妥当的。

的确，诸侯林立的封建社会和传统中央集权社会在管理方式上的区别，在相当程度上决定了二者在经济活动方式上的差别。传统中央集权社会大多采取重农的经济方针；中华帝国更为特殊，在重视农业生产的同时还贬抑商业活动，形成了独特的“重农抑商”策略。重农政策之所以如此受传统中央集权社会重视，首先是因为很多帝国种植业发达，在自给自足的小农经济下，农业是生产财富的主要方式，而商业贸易的对象主要是一些奢侈品，对下层民众来说常常是可有可无的。其次，因为依赖于土地的种植业生产可以受中央政府监控，而流动性的商业活动在古代社会的技术条件下难以监控（在今天其实也仍然存在这个问题），因而容易威胁到中央政府的统治。封建社会则不然，因为没有中央政府的管制，各封建主之间可以自由进行贸易，这样就促进了一种类似于古希腊城邦的平等、自由的精神及对以奢侈品为代表的财富的渴望，它们最终冲破了封建制度的束缚，催生了文艺复兴时代的到来。更重要的是，封建社会的商业贸易又为后世的资本主义精神打下了基础，使得“地理大发现”之后的欧洲在独特的封建制度基础上又发展出了更为独特的资本主义制度。总之，综观欧洲自古希腊时代以来的发展，我们不难看出这是一个过于特立独行的地区——当上古的其他文明普遍信仰泛灵论的时候，古希腊人却在进行纯粹理性思考；当中世纪的其他农耕文明普遍建立中央集权的帝国的时候，欧洲却处于封建状态；当近代的其他农耕文明国家大多重农的时候，欧洲却发展了重商的资本主义。

因此，在郑和、王景弘八下西洋之后，虽然中国明代完全具有继续进行“地理大发现”的实力，甚至比欧洲人的条件更为优越（比如，由于中国人的饮食重视植物性食物，又喜欢饮茶，这大大减少了古代中国水手在远洋航行时患坏血病的概率），但由于八下西洋的主要目的原本就不在商业活动，当明政府认为远洋航行费民伤财、得不偿失之后，相关的计划就无疾而终了。到了清帝国时代，海禁不再像明代那样严厉，但统治者的目光已经完全投向陆地，在陆地疆域的拓展取得很大成就的同时，却在海洋方向几乎无所作为，从而完全浪费了本已具备的优越条件。总之，如果没有欧洲，21 世纪的世界面貌可能仍和“地理大发现”之前的世界面貌相仿；但正是因为有了欧洲，今天的世界面貌才发生了如此巨大的变化。这再次体现了人类历史绝非是线性进步的简单图景，而是呈现为复杂的分枝竞争局面——西方文明虽然是一枝独一无二的奇葩，却因为其超乎寻常的竞争力，而能够从世界文明之林中脱颖而出，最终全面压倒了其他文明。

当然，我们还可以进一步询问：为什么欧洲会在中世纪走上封建社会的道路？之前的马其顿帝国和古罗马帝国不也是中央集权的国家，体现了文明发展的一般进路吗？对于这个更终极的问题，学者们的回答莫衷一是，比如有观点认为是欧洲破碎崎岖的地形阻碍了族群的整合；还有观点认为欧洲人使用的拼音文字突显了不同方言之间的差异，在语言上制造了族群整合的障碍，等等。各种观点都有自己的事实依据，这里还可以介绍一种有趣的观点，就是生存方式理论（subsistence style theory）。

按照生存方式理论的观点，一个族群的心理特质以至政治组织形式之类的“上层建筑”，在很大程度上是由其生产方式所决定的。第五章在讲游牧社会的种种特征时，也都指出了它们和游牧这种生产方式之间的关系。用这个理论来打量欧洲的封建社会，我们会发现它实际上本来是蛮族的体制。而蛮族本来是在东欧从事农牧混合经济的族群，他们在被匈人逼迫西迁之后，仍然保持了这种混合经济形式。这种以牧业为重的混合经济社会具有和游牧社会类似的特点：家庭和个人具有比较强的经济独立性，整个社会以部落为主要形态，而不太有动力形成中央集权的国家，生活必需品不是自给自足的，等等。

而且，即使蛮族社会后来在中世纪转为以农业生产为主，由于西北欧洲优越的气候条件，他们不需要集中力量兴建水利设施，也能保证小麦、大麦等农作物得到充足雨水的滋润，因此家庭和个人仍然具有比较强的经济独立性，整个社会仍然不太有动力形成中央集权的国家。事实上，2014 年美国《科学》杂志刊登的一篇论文就显示，在中国，南方稻作农业区和北方麦作农业区的居民因为生产方式的不同，表现出不同的心理素质。水稻种植因为需要兴建水利设施，需要各家各户之间协商水资源的利用，因此南方稻作农业区的居民呈现出相互依赖（interdependent）、整体主义（holistic）的心理特质；相比之下，小麦种植不需要那么多的水分，在一定程度上可以“靠天吃饭”，因此北方麦作农业区的居民独立性较强，呈现出个人主义（individualistic）、分析型（analytical）的思维方式，而和欧洲人的日常思维方式接近。

中世纪温暖期欧洲的农业革命之后，因为农耕生产开始需要多人协作进行，每个封邑内部出现了集权的倾向，但在封邑之间仍然缺乏整合的意愿。虽然也有一些蛮族领袖（如查理曼大帝）受古罗马文化的影响，希望能够重建一个全欧一统的帝国，但最终都半途而废（与此形成鲜明对照的是中国。战国时期《禹贡》等文献描述的九州观念实际上表达了强烈的天下一统的思想。因此，每当分裂割据时代到来，总有一些大国的君主竭尽全力想要重新一统天下，因为他们已经把统一当成了帝王的最高功勋）。直到第二次军事革命之后，出于族群竞争的需要，欧洲才再度出现中央集权的动力，但最终也只是合并成了大大小小的多个国家，而仍然未能统一。

“地理大发现”的后果

15 ～ 17 世纪的“地理大发现”产生了许多深远的后果，较之农业起源的不均衡性，对今天的世界格局有更为直接的决定性影响。

“地理大发现”首先在 17 世纪之后解决了欧洲在中世纪之后出现的第二次人口危机，引发了大量的殖民活动。殖民活动的第一项内容是移民。以美洲和澳大利亚为例，在“地理大发现”之前，它们是 Y 染色体单倍群主要为 Q 群和 C 群的族群的天下，但在“地理大发现”之后，高加索人种各单倍群就大量挤占这些人群的地盘。今天，在狭义的北美洲（仅包括美国和加拿大及其周边岛屿），美洲原住民人数已经比较稀少；在澳大利亚，原住民一度也被挤压到边远的荒漠和热带雨林地区（东南塔斯马尼亚岛的土著则被完全杀绝）；拉丁美洲的原住民命运略好一些，有不少人和入侵的西班牙人、葡萄牙人婚配，形成了混血的拉丁美洲民族。但正如我们在前面已经多次见到的现象那样，西方文化对原住民文化的取代程度，要比基因的取代大得多。

殖民活动的第二项内容是奴隶贸易，沦为奴隶的主要是非洲黑人。虽然非洲是人类的摇篮，但是非洲原住民之所以未能在技术上达到亚欧大陆文明那样的水平，除了非洲北部的农作物和牲畜不易跨越热带地区向南传播外，还有一个重要的原因是疾病。非洲热带地区大量的传染病——特别是疟疾——对非洲原住民的体质和心理都造成了巨大的影响。一方面，由于疟疾导致大量儿童夭折，这种强大的演化压力导致黑人普遍性成熟较早，生育率较高，幼儿独立的时间也较早（用生态学的术语来说，就是偏向于 r 选择）；另一方面，疟疾对身心的摧残容易使人的精神消沉，缺乏进取心，较为重视短期利益。

由于美洲的原住民大量死亡，欧洲人在新世界的农场劳动力不足，黑人便被大批运送到加勒比地区和美国成为农业奴隶。他们由此成为新大陆除原住民、白人殖民者之外的第三个规模巨大的族群。悲惨的奴隶生活更加加重了他们在非洲大陆时就已经养成的心理特质和文化。这种文化代代相传，使得今日已经获得全面解放的美洲黑人仍不太能适应现代社会的生活方式，因而造成了今日美国最大的种族问题。

殖民活动的第三项内容则是对其他族群的统治和压迫，而这在很大程度上是资本主义发展的必然结果。通过“地理大发现”，欧洲人攫取了大量的金银，充分解决了货币危机，因而能够在金本位的货币体制之下进一步发展资本主义（capitalism）。按照一般的观点，资本主义经济制度以生产资料私有制、资本家对利润（常常以货币表现的）的追求及统一的自由市场为其特征。为了开拓海外市场，西方殖民者必须破坏殖民地原先自成系统的经济体系，把它们强行纳入由宗主国主导的统一的市场中来；为了追逐利润，避免出现贸易逆差，西方殖民者甚至通过毒品贸易这种堪与奴隶贸易相比的罪恶行为来掠夺殖民地的财富。而为了保证这些开拓市场的行径的顺利进行，以武力干涉殖民地族群的生活就不可避免。随着全球市场化程度的不断加深，西方殖民者对殖民地的控制、对殖民地族群的统治和压迫也就越来越深，直到在第一次世界大战之前达到顶峰。

资本主义的发展，还进一步促进了欧洲民族国家体系的形成。顾名思义，民族国家（nation-state）的首要特征是国民大多隶属于同一民族，具有统一的语言、文化和心理特质。正如华夏民族与俄罗斯的民族和外族入侵有关一样，欧洲最早的民族国家——英国和法国之所以能形成，和它们在 1338 ～ 1453 年进行的长达 116 年的“百年战争”有密切关系。百年战争的起因之一，在于英国和法国的统治者都想称霸欧洲，重建罗马帝国那样的伟业。但是两国之间漫长的战争不仅使两国都元气大伤，也使两国的民众都在一定程度上团结起来，克服原来封建制度造成的陌生人之间的隔阂，形成了相对统一的我群——英格兰民族，还有更明显的法兰西民族。

由于欧洲长期的封建割据，到中世纪行将结束的时候，已经不再有哪个族群有能力统一全欧洲，因而各个族群相互战争的结果是促成了一系列的民族国家的产生。这些在地理上相互毗邻的民族国家像中世纪的封建主一样，对于领地的划分十分在意，这就使欧洲的民族国家出现了第二个重要特征——明确的领土和国界。在英文里，nation、state 和 country 是三个表示“国家”之义的近义词。如果说 nation 强调民族、state 强调政权的话，country 强调的就是领土。

此后，随着资本主义的发展，民族国家又出现了第三个重要的特征——具有统一的国内市场。从此，那种支持民族国家形成的思想——民族主义（nationalism）——就成为资本主义的坚强后盾。当资本主义进行扩张、殖民民族与其他的殖民民族及殖民地族群发生冲突的时候，民族主义可以为殖民民族提供巨大的士气和动力。

这种由集统一民族、明确领土和统一市场于一身的民族国家构成的国际体系，在欧洲通过 1648 年的“威斯特伐利亚和约”最终确定了下来，这就是威斯特伐利亚体系（Westphalian system）。民族国家国际体系实际上是欧洲封建制度的后续发展，而与世界其他地方的中央集权帝国国际体系有很大不同。然而，西方国家在全世界的殖民行为，却不可避免地把民族国家国际体系扩散到了全球，把别处的中央集权帝国国际体系也硬性改造成这种体系，因而在世界很多地方造成了至今难于消弭的族群矛盾。对于这个问题的分析属于国际关系专业的研究内容，本书只能是点到为止，不多深入。

然而，“地理大发现”最深重的后果在于，它在一个方面完全改变了欧洲人的思维习惯——从信任过去转向信任未来。在“地理大发现”之前，欧洲人和世界其他地方的人一样信任过去，比如几乎所有人都只相信过去挣下的、现在手头上确确实实有的财富才是财富；如果有人以自己很会挣钱、只要有足够的本金就可以发财的理由向别人借钱，并许诺小借大还，他将很难成功，因为几乎没有人敢把未来才有的、现在根本还没影的财富视为财富。同样，在基督教的退步主义史观影响下，欧洲人相信《新旧约全书》中包含了一切重要问题的答案。如果你对某件事有什么疑问，首先应该在经文里查找答案，或者向教士咨询；假如这样还是找不到答案，那么你问的问题就只是一个无足轻重的问题，根本不应在意（与此类似的是13世纪一位阿拉伯历史学者记载的传说：当641年阿拉伯军队攻克埃及亚历山大之后，他们奉哈里发之命焚毁了馆藏极丰的亚历山大图书馆，理由是：如果那些书里的内容和《古兰经》相同，则已有《古兰经》，无须再留；如果书里的内容和《古兰经》不同，则是异端，不能再留。当然这只是传说，恐怕不是史实）。甚至连欧洲人的世界地图在“地理大发现”之前都画得满满当当、毫无空白，仿佛他们早就环游过全世界似的。

但也正是“地理大发现”让欧洲人发现了更多的海域、更多的大陆、更多的族群，他们才意识到，原来被教廷奉为经典的托勒密的著作对地球的认知是错误的，地球上未知的空白之地还有很多。自从亚美利哥勇敢地承认美洲是一块新大陆之后，欧洲人绘制的世界地图上也就老老实实地出现了大块空白（难怪有人说，亚美利哥是全世界第一个“现代人”）。不仅如此，既然托勒密的地理学存在这么多错误，那勇敢的人自然会想，他的天文学会不会也是错的？经典里记载的其他知识会不会也是错的？这样一来，人们逐渐就失去了对过去、对经典、对先贤的信任，而开始承认自己无知，承认更好的知识可以在未来获取，于是完成了180度的思想转变。这种对未来的信任，正是近现代科学得以发展的重要心理或文化前提。

无独有偶，哥伦布在西班牙的支持之下意外发现了美洲大陆，让西班牙一下子获得了之前根本无法想象的巨大财富，这不免会让之前拒绝资助他的人大为悔恨。欧洲人由此改变了观念，认为有必要乐观一些，相信的确有人可能在未来获得巨大财富，因此现在资助他的行为是有利可图的。事实上，这种对未来的信任，也正是资本主义更核心、更本质的特色。整套资本主义制度都是在“未来一定能挣到钱”的乐观心态上建立起来的。也正因为近代科学和资本主义在“相信未来”这一点上具有同质性，它们在诞生之初彼此就有密切联系，科学因而得以从资本主义的发展中获益，得到了飞速发展，并逐渐和一般技术相结合，从而形成了我们今天熟悉的科－技关系。

总之，“地理大发现”标志着第四次全球化——资本主义全球化——的开端，而因为资本主义完全是西方文明的产物，随着资本主义的全球化，西方文化也便开始在全球占据优势地位。直到今天，虽然因为中国的崛起，全世界开始考虑中国文化占据优势的可能性，但是此时的中国文化也已经不再是单纯的中国文化，而融进了很多西方文化的成分。西方文化已经永远决定了地球文明在未来的面貌——连我现在写的这本书，其中的分析性、还原性的观点和视角，也都是西方文化的产物。

处于困境的中华帝国

在西方文明取得如此大的成功的同时，我们也不免会为长期在科技上处于世界领先地位的中华文明的相对沉沦感到惋惜。上面我们已经初步分析了明清两代虽然掌握了必备的一般技术却未能开展“地理大发现”的原因，在这一章的最后，我们对中国这样的传统中央集权帝国的历史进程再多做一些分析。

从“地理大发现”时代开始，到 1912 年中华民国推翻帝制之前的中国历史时期，西方学界习惯称为“中华帝国晚期”。晚期的中华帝国仍然顽强地延续着其中央集权帝国体系，从一个方面来说，它仍然保持了某种程度的活力和创新性，但从另一个方面来说，它又始终没有摆脱中国历史发展的一大困境。

第五章已经说过，传统的中国史观是退步主义史观和循环主义史观的结合。这种循环主义史观是对历史上不断发生的治乱循环、朝代更替的总结。这种治乱循环、朝代更替的根本原因是什么呢？是我们已经多次提到的人口危机。

在每一个治乱周期的开始，因为前一次战乱导致了人口大量减少，幸存的民众可以较为平均地分配到大片土地，因而能重新建立较为丰裕的自给自足的小农经济。由于全国人口不多，这时建立的官僚体制中的官僚数目也不多，整个国家的统治机构处在一种人员干练、办事效率较高的良好状态。这种良好的开局很快引发经济和社会的迅速发展，使国家达到繁荣昌盛的盛世状态。

然而，就像中国的老话“物极必反”。盛世预示了危机的发展。在中央政府无力干涉的情况下，土地总是要发生兼并，使越来越多的农民成为失地的游民，不得不成为为地主打工的佃户，或是涌入城市寻找生计，或者干脆完全从社会秩序中“脱序”，成为盗贼土匪或是黑社会、秘密宗教的成员。更重要的是，随着人口增长，农业生产出现了“内卷化”（involution）现象——为了安置多余的农业人口，就必须在有限面积的土地上挤进更多的劳动力；劳动力密度的增长一开始带来了产量的增长，促进了农业的精细化，但此后单位劳动力的边际生产率却递减，导致产量增长停滞，出现“没有发展的增长”的怪象。与此同时，官僚数目也在增长，官僚体系开始变得庞大臃肿，内部彼此倾轧，办事效率明显降低，帝国的统治逐渐失控。然而，即使官僚体系发生了这样的膨胀，未能进入其中的受过科举教育的知识分子却还是越来越多，其中相当一部分人成为对体制心怀不满的“游士”。

事实上，中国古代的许多著名民间文学作品，反映的正是游民的精神世界，而这些作品之所以能广为流传，和游士的润色又有分不开的关系。《水浒传》就是典型的游民文学，而《三国演义》也充满了浓重的游民精神——对于蜀汉来说，传统的士人阶层本来看重的是刘备与诸葛亮“一体君臣”的融洽关系，但在游民看来，刘、关、张“桃园三结义”是更值得歌颂的事情；为了使他们的结义带上游民色彩，原本受过良好经学教育的刘备、文武双全还善书法的张飞在《三国演义》中都失去了这种贵族气息，成了家贫卖屦出身的黑道大哥和性格粗野直爽的市井莽夫。

治世中脱序的游民和游士越来越多，预示着下一次大乱即将开始。这时候，如果因为大规模的自然灾害（如明朝末年连续十几年的冷旱天气，史称“崇祯大旱”）等原因造成某些地区农业生产的崩溃，游民和游士就会联合起来，形成叛乱势力。叛乱很快席卷全国大部分地区，造成社会秩序完全崩坏、人口大量减少，这样就完成了一个治乱周期。

具有讽刺意味的是，“地理大发现”在促进了欧洲社会大发展的同时，却并没有使中国靠自身的力量走出治乱循环的怪圈，反而加剧了中华帝国大乱时期的惨状。原来，从明代开始，由美洲（主要是墨西哥）开采的白银在国际贸易中大量流入中国，刺激了中国的经济发展，也就对明清两代中国人口的增长起了很大的推动作用——根据较为科学的估计，明末中国人口已达2亿，清中叶以后更是达到4亿（顺便说一句，美洲作物的传播造成清代人口增长是一个流传很广的说法，但同样是根据人口史学者考证，这个说法其实相当不准确）。由于人口增加，清中叶以后有大量人口涌入以前不适宜人类生存的山区，不仅造成了新一轮的族群竞争（很多在浅山区生活的少数民族在汉族的压力之下逃入深山），而且造成了严重的生态问题，加剧了自然灾害的发生。

虽然从明末开始，就不断有西方的传教士来到中国，在传教的同时也普及较为先进的西方科技。但是，由于中国社会强大的传统惯性，统治阶级并没有像农民接受新农作物一样接受这些新科技。比如，当来华传教士向清帝国的康熙皇帝进献西洋钟和其他精巧的机械时，康熙只是把它们作为宫廷玩物看待，并没有意识到这些“奇技淫巧”对提高族群竞争力的重要潜在价值。与此同时，沿海的民众在人口压力之下不断向东南亚移民，这种殖民活动也没有得到中央政府的支持。当中华帝国未能在“地理大发现”之后的300多年时间里打破技术停滞的僵局，错失了发展良机之后，它所等待的命运，就只有被西方列强用鸦片毒害、用坚船利炮轰开国门这一种了。从某种意义上说，1840年的鸦片战争虽然使中国开始沦为列强的侵略对象，但也通过这种方式打破了历史上几乎无解的“超稳态”的治乱循环，使中国人被迫学习能促成社会进一步发展的新技术，从而开创了中华文明的新时代。

晚期中华帝国在接纳新技术方面的迟疑，反映了技术传播会受到文化的复杂影响。日本拒绝使用火枪也是类似的案例。根据日本传说，1543年，两名葡萄牙商人乘坐中国海盗汪直的船到达日本的种子岛，为岛主演示了火枪的使用，这就是日本史上著名的“铁炮传来”事件。聪明的日本人很快学会了火枪的制作，认识到这是比传统的冷兵器威力更大的武器。但是，日本庞大而根深蒂固的武士阶级却认为如果用火枪取代了他们惯用的武士刀，将对武士文化造成毁灭性的影响，于是他们动用权力，最终成功地限制了火枪的制造，生生扼杀了这种可能提前使日本社会发生变革的技术。日本很快走向了比中国更甚的闭关锁国，直到 1853 年终于被美国的炮舰叩开了国门。

类似这样的技术传播问题，是传播学研究的重要内容。直到今天，我们还是有必要弄清楚为什么像基因修饰这样的新技术在世界很多国家会遭到强烈的抵抗，就像昔日火枪在日本面临的处境一样。它也再次向我们展示，纯粹从技术角度是不能充分理解复杂的人类历史的，只有尽力去探究技术和社会的复杂互动关系，才能对世界科技文化史有更全面、公允的理解。

思维聚焦

“地理大发现”是15～17世纪欧洲人通过航海、战争等技术探索全球并向外殖民的过程。“地理大发现”始于葡萄牙人的远洋航行，其标志性事件包括1488年迪亚士抵达好望角、1492年哥伦布到达美洲、1498年达·伽马到达印度和1519～1522年麦哲伦船队完成环球航行等探险成就，以及1494年葡萄牙、西班牙两国签署瓜分世界殖民地的条约、1521年西班牙人灭亡中美洲阿兹特克帝国、1533年西班牙人灭亡印加帝国等殖民“成就”。

之所以是欧洲人最早完成“地理大发现”，有多种原因。从自然技术角度来说，近因是造纸、指南针、火药和活字印刷术这“四大发明”及造船术、骑马术的发展；较远的原因是中世纪温暖期的农业革命引发了欧洲在11世纪的人口危机，催生了欧洲人向外殖民的精神，同时对风力和水力的利用又使欧洲人形成了技术乐观主义思想；更远的原因则是罗马帝国灭亡后欧洲人长期小规模经营牧业和农耕业的生存方式决定了独特的封建制度，由此造就了发达的商业贸易，成为资本主义得以发展的基础。

“地理大发现”是第四次全球化的开端，它使欧洲人从信任过去转向信任未来，这决定了欧洲资本主义的长足发展，决定了欧洲民族国家国际体系的形成，并随着西方人在全世界的殖民，使资本主义和民族国家国际体系在全球推广，使西方文明永远决定了地球文明在未来的面貌。在对西方文明取得这种后来居上的优势的原因做出分析的同时，也有必要从技术传播的角度对晚期中华帝国的困境进行分析，从而对世界科技文化史有更全面的理解。

第七章　科学革命

真实的哥白尼革命

在“地理大发现”轰轰烈烈开展的同时，欧洲的科学也掀起了一场变革。这场变革始于天文学和解剖学领域，终于物理学——具体来说是力学和光学——领域，今天我们称之为“第一次科学革命”。也有学者认为，科学革命就只有这唯一的一次。

第一次科学革命中有几位英雄人物是我们从小就熟悉的，他们就是哥白尼、伽利略、布鲁诺和牛顿。很多中小学在教室楼里都会悬挂这些科学伟人的画像，勉励学生们像他们一样不畏艰险追求真理。在俗常的教育中，第一次科学革命呈现为这样的面貌：首先是哥白尼在《天体运行论》中提出了完整的日心说，推翻了统治西方达一千多年之久的托勒密地心说。在这个时候，敢于接受新学说的人是代表进步的智者，而拒绝接受新学说的人则是历史的绊脚石。哥白尼本人就遭到了顽固势力的坚决反对；伽利略进一步遭到了当时的天主教会——这个中世纪西方最大反动势力的迫害；至于布鲁诺，那更是因为他勇敢的主张而被惊慌失措的教廷烧死在罗马的鲜花广场，成为为科学献身的烈士。然而，正是在这些可歌可泣的前辈的不懈坚持之下，科学的先进力量最终打败了落后势力。站在巨人肩膀上的牛顿最终用清晰简洁的公式给出了天地万物遵循的物理规律，宣告了科学最终的辉煌胜利。

然而，这种带着强烈的方向感、进步感的评价，实际上和认为农业必然取代狩猎－采集一样，都是线性历史观的产物；它用今天的科技成果去衡量历史上的科技成果，符合今天认知的就是好的科技，不符合今天认知的就是不好的科技，于是科技的发展就自然而然地呈现为一种好科技不断积累、科技因此不断进步的线性过程。在史学理论中，这种用当下的知识水平和价值观去建构的历史叙事，叫做“辉格史”（Whig history），这是英国史学家巴特菲尔德（Herbert Butterfield）在1931年提出的概念。辉格党是英国历史上的一个政党，主张君主立宪制，为新兴的资产阶级和新贵族代言，因而与另一个维持君主专制、为土地贵族和上层宗教人士代言的保守政党托利党（Tory）形成对立。19世纪初，属于辉格党的一些历史学家从本党的利益出发，将历史作为工具来论证本党的政见，他们所写的英国历史处处都想要体现这样一个预设的观点，就是“追求主权在民”乃是英国自古以来的光荣传统。反过来，属于托利党的历史学家则针锋相对，所写的历史处处都想要体现“主权在君”乃是英国自古以来的光荣传统的观点。

辉格史的根本问题在于，它忽视了历史本身的丰富性和复杂性，因此也不可能设身处地地对历史人物的行为作出公正的评价。诚然，历史哲学的研究表明，不可能有一种不带价值观判断、不带著史者主观筛选和叙述的历史，但无论如何，将历史上的复杂一面展示出来，努力让自己尽量置身全面的历史氛围去思考，总好过把历史当成纯粹的工具。美国著名科学哲学家、科学史家库恩（Thomas S. Kuh，1922—1996）就在1957年出版的《哥白尼革命》一书中，全面复原了第一次科学革命中的“哥白尼革命”（天文学革命），让我们能够更准确、更全面地了解“哥白尼革命”的实质。

哥白尼（Nicolaus Copernicus，1473—1543），波兰人，自从通过家庭关系进入教堂工作之后，一生都以教士为职业。哥白尼对天文学很有兴趣，但是他根本就不是什么有革命性新思维的学者，事实上，他是一个有些胆怯的宗教“体制内”人士，一个虔诚的复古主义者，一生都试图把天文学恢复到更接近古希腊科学传统的水平。

回想第四章讲过的古希腊天文学传统，其最大特点就是追求简单和谐，所以毕达哥拉斯学派才提出了圆球套圆球、天体在球面上随圆球匀速运转的宇宙模型，并为托勒密所继承。然而，为了能够“拯救现象”，解释事实上观测到的日月行星的运行现象，托勒密系统越搞越复杂，其中的圆球（均轮和本轮）数目越来越多，大大破坏了宇宙模型应有的简单和谐特色，可是对行星的留（行星长期停留在某一天区不动的现象）和逆行（行星违反自西向东在星空中运行的常态、短时间内自东向西运动的现象）还是无法给出令人满意的解释。

哥白尼认为，如果放弃地球在宇宙中心静止不动的观念，改而认为太阳在宇宙中心静止不动，地球和五大行星绕太阳旋转（月球仍绕地球旋转），就可以圆满地解释留和逆行现象。不仅如此，如果把水星和金星放在地球所在的天球之内，那又可以圆满地解释为什么这两颗行星总是在离太阳不远的地方（水星最远只离开太阳 28°，金星最远只离开 48°；一周天是 360°）来回往复的现象。这样一来，托勒密体系中为了解释这些现象额外引入的那些圆球就可以省去了，宇宙体系也就因此更简单，更和谐。

然而，库恩深刻地指出，日心说仅仅是在理论层面上具备这种简单和谐的美感。由于哥白尼和托勒密一样执意认为天体在圆球上做匀速运动，如果仍要“拯救现象”，让日心说体系与实际观测相吻合，那么他也不可避免要引入一大套圆球，而且还要假设太阳不在宇宙正中，而是偏于一侧（因此他的“日心说”严格说来其实是“日静说”）。当时，虽然托勒密体系中最好的模型需要设定 78 个圆球组成的体系，但哥白尼自己也不得不设定一套 34 个圆球的模型，在数量级上和托勒密模型一样复杂，精度却不如托勒密模型（图 7-1）。对于讲究实用的人来说，如果两个模型、两个体系在实际应用时同样复杂，那么放弃已经沿用甚久的一个，非要换成另一个，就显得不是很必要。

此外，一旦哥白尼假定了地球绕太阳运动，就会带来很多违反常识的现象。比如，为什么在地球上竖直抛起一个物体，它下落的时候还落在原地，而不是落在地球的后面？今天我们用物理学上的惯性可以很容易解释这个现象，但在那个时代，惯性这个概念还没有得到很好的理解，所以哥白尼自己也回答不好这个问题。再比如，如果地球在运动，而恒星不动，那么一年下来，恒星在天空中的位置就会有变动，然而谁也没有观察到这种位置的变动。对于这个古希腊“日心说”主张者阿里斯塔克已经遇到的难题，哥白尼虽然正确指出原因在于恒星离地球太远，以致其位置变动小得无法察觉出来，但这样又要引入“恒星太远”的新假设，于是同样使人无法轻易相信。

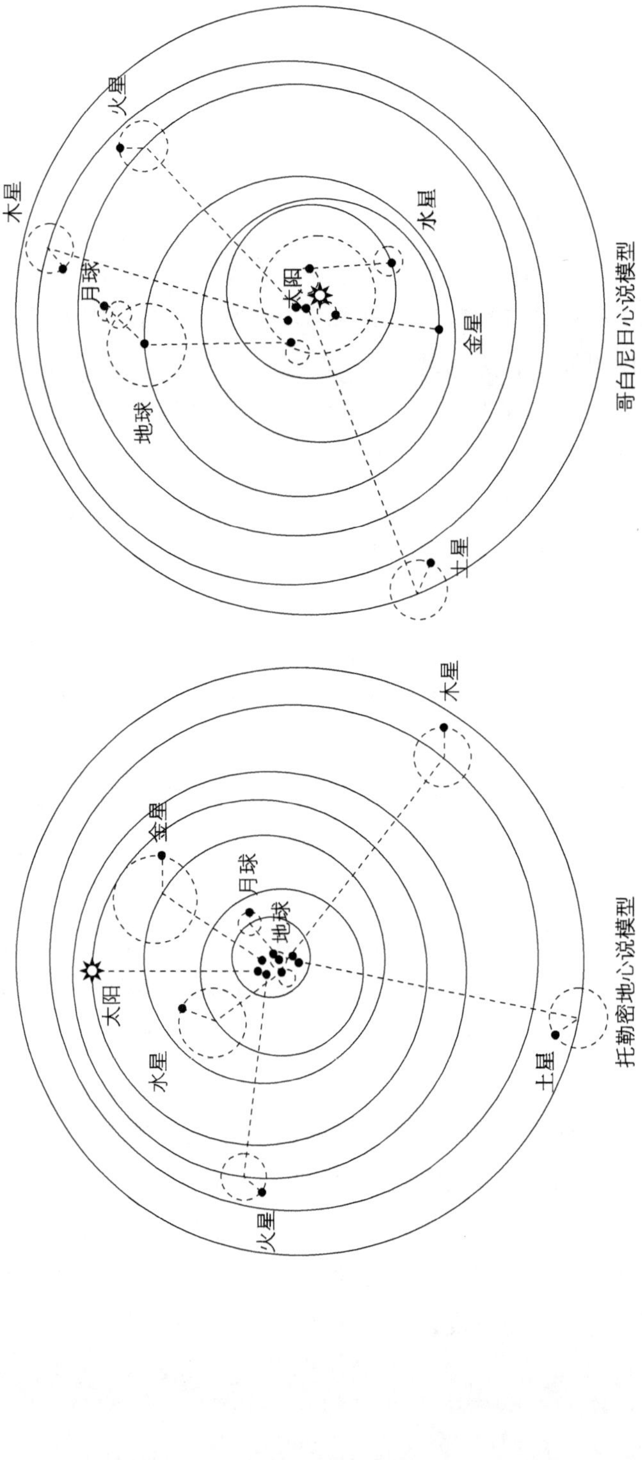

图 7-1 托勒密地心说和哥白尼日心说的对比

这个简化版的对比图表明，哥白尼日心说模型事实上和托勒密地心说模型一样复杂

相比之下，把地心说当成权威理论的天主教人士虽然对哥白尼的新天文体系感到不满，但总的来说还是比较宽容的。当时的教皇克雷芒七世在知道哥白尼学说之后并没有表示反对的意思，天主教的天文学家和教士也没有把哥白尼学说看成异端邪说（具有讽刺意味的是，反倒是一些著名的新教徒对哥白尼学说表示了明确反对，包括下面马上要提到的第谷）。当然，因为害怕自己的著作发表之后的潜在危险，哥白尼本来不打算在生前出版《天球运行论》（过去也译为《天体运行论》）这部全面总结了他的新理论的专著，直到他的理论在事实上已经流传开来之后，他才同意在活着的时候出版此书。1543 年这本书终于印刷出来，当时 70 岁的哥白尼因患中风，已是命在旦夕。有一个非常感人的传说：当新印好的《天球运行论》被送到哥白尼的病床前时，他只用枯瘦而颤抖的手摸了一下这本书，就撒手人寰了。但我们知道实际情况之后，就会发现这个传说并没有以前认为的那么悲壮。

哥白尼日心说公布之后，天文学家自然分成了两派，一派支持日心说，一派反对日心说。在反对日心说的人里有一员大将，就是丹麦天文学家第谷·布拉赫（Tycho Brahe，1546—1601）。第谷是一位新教徒，后来到布拉格（今捷克首都）担任神圣罗马帝国皇帝的皇家数学家。他反对日心说自然有宗教信仰的原因，但实际上他并不是一个完全保守僵化的人。第谷是一位杰出的天文观测者，他曾经在 1572 年观测到著名的“第谷新星”，以过硬的观测记录证明这颗突然出现又突然消失的星星处在土星轨道之外，的确是一颗新的星，而不是地球大气层内的现象，这说明天上并不像以往认为的那样恒定不动，同样也是变动不定。他在 1577 年又观测到一颗彗星，发现它不仅位于月球的轨道之外，而且其轨迹使之不得不穿越多个行星所在的天球，但它却丝毫没有受到影响，这说明那些个天球其实根本不存在。这就完全否定了一直到哥白尼时学界都还坚持的对天体运动原因的解释。

凭借同样过硬的观测记录，第谷也觉察到托勒密地心体系漏洞百出，但是他提出了一个非常巧妙的新体系——地球仍在宇宙中心保持不动，月球和太阳绕地球运转，五大行星则绕太阳运转。第谷体系在数学上和哥白尼体系是完全等价的，但是因为仍然假定地球不动，这样就规避了哥白尼体系认为地球运动之后带来的种种麻烦，结合了托勒密体系和哥白尼体系的优点；又因为第谷把自己精确的观测整合到这个体系中，使第谷模型在预测行星位置的精度上远远优于哥白尼模型，所以他的体系在一段时间内也得到了不少天文学家的大力支持。我们可以设想，在非常强调科学实用性的今天成长起来的科学家，如果回到那个年代，恐怕更容易成为第谷的拥护者，而不是哥白尼的拥护者。也许要到1728年英国天文学家布拉德雷（James Bradley，1693—1762）发现恒星周年光行差现象，最终证明地球的确在做相对恒星的运动之后，大家才会转而接受哥白尼体系。

然而，事实是在此之前，就有一大批天文学家和其他学者不顾哥白尼体系的种种问题和第谷体系的种种优点，成为日心说的坚定支持者。库恩指出，他们实际上是出于一种哲学信仰才表现得这么“勇敢”的。原来，教会主张的地心说是基于亚里士多德的世界观，而哥白尼却受到了复兴的新柏拉图主义（Neoplatonism）的很大影响。新柏拉图主义把太阳视为宇宙中一切活力和力量的来源，所以太阳理应取代地球，成为宇宙的中心。正是这种勇于反叛传统的哲学信仰，鞭策了哥白尼和之后的一些天文学家在证据和舆论对自己都十分不利的情况下仍然坚持日心说。

因此，在哥白尼革命之后建立的新天文学，还不是我们今天理解的现代科学（modern science），而是近代科学（early modern science）。因为这种新天文学复兴了那种古希腊式的纯粹的、理性的科学传统，因此可以称之为“古典科学”（classical science）。古典科学第一个突出的特征，就是重视思辨性，重视理论的提出。这些理论常常具有某种程度的先验性质（比如简洁性、统一性、普适性等），而且在理论面临一时无法解释的重重困难、甚至与观察相悖时，人们并不会轻易放弃理论，有时甚至像捍卫信仰一样捍卫它。这个特征可以追溯到古希腊最早的哲学学派——米利都学派。当米利都学派的第一个哲学家泰勒斯提出“万物源于水”时，这种通过思辨得出统一、普适性理论的传统就起源了。

古典科学还有另一个突出特征，这要等到讲牛顿的时候再介绍了。这里我们按着时间顺序，先让布鲁诺和伽利略出场。

性格决定命运?

意大利学者布鲁诺（Giordano Bruno，1548—1600）严格地说并不是科学家，而是一名哲学家。布鲁诺生性好斗，脾气固执，因为不满于天主教会对思想的控制，便广为阅读各种“异端”著作，结果成为一名信仰古埃及赫尔墨斯主义（Hermeticism）的多神论者、神秘主义者、巫术爱好者。他虽然赞同并热情宣传哥白尼学说，却又并没有接受哥白尼的全部理论，而是从神秘主义的信仰出发，认为宇宙无边无际，太阳并不位于宇宙的中心。乍一看这和牛顿以后的基于“绝对空间”的西方宇宙观十分相似，思想基础却迥然不同。布鲁诺对巫术的痴迷，以及试图用古埃及法术宗教取代天主教的行为激怒了教廷，教廷利用他逃亡外国十几年之后返回意大利之机逮捕了他。因为布鲁诺在神学观点方面坚决不肯妥协，宗教裁判所最后只能判处他火刑，于 1600 年 2 月 17 日执行。由于布鲁诺等人的激进行为，教会终于无法再容忍哥白尼日心说，在 1616 年宣布日心说为异端。这时距哥白尼辞世已经有 73 年之久了。

伽利略（Galileo Galilei，1564—1642）则的确是一位科学巨匠，在第一次科学革命中是承上启下的关键人物。然而，在他 45 岁之前，他的表现完全不像一位后世人心目中的大科学家。伽利略也是意大利人，不过科学革命时期的意大利还根本不是一个统一的国家，而是一堆各自为政的城邦。伽利略生于比萨，在佛罗伦萨长大，那时佛罗伦萨由美第奇（Medici）家族所控制，伽利略的父亲就是美第奇宫廷中的一位专职乐师。1589 年，25 岁的伽利略通过一些社会关系在比萨大学争取到一个教职。3 年之后，他又找关系转到了威尼斯的帕多瓦大学任教。在帕多瓦大学，身为数学教授的伽利略地位低下，工资仅为神学教授的 1/8。为了实现自己从事研究的抱负，伽利略开始“不务正业”，收费为外国学生提供住宿膳食，又招收学生私下教学，还雇佣一名工匠制造他发明的一种罗盘，靠出售这种罗盘再赚一份钱。伽利略还在帕多瓦长期包养一名情妇，并与她生了 3 个孩子。

直到 1609 年，身为二流大学一名普通教授的伽利略才一下子出了名。这一年，他听说荷兰人发明了望远镜，一下子来了兴趣。他没花费多大劲儿就弄清楚了望远镜的制作方法，于是自己动手做了一架。他把望远镜对准了天空，结果仿佛走进了一个新奇的世界——他观察到了银河是由千千万万恒星组成的，月亮表面崎岖不平，而木星周围居然有 4 颗卫星绕之旋转。1610 年，伽利略把自己的天文观测结果写成一本 40 页的小册子，讨好地献给了美第奇家族的时任掌门人科西莫二世，还把木星卫星称为“美第奇星”。伽利略的谄媚和他刚刚获得的国际声誉产生了效果，美第奇宫廷决定雇用他为首席数学家兼哲学家，报酬不菲。从此伽利略开始了他波澜壮阔的后半生。

伽利略喜好饮酒，性格急躁。离开保守的大学环境之后，他马上显露出好斗的习气，积极与从宗教角度反对日心说的人展开激烈争论，也因此招来了天主教会的忌恨。1611 年伽利略的名字被列入宗教裁判所的黑名单，1614 年开始有教士公开批判伽利略，1615 年更有一些狂热分子积极向宗教裁判所举报他。尽管如此，教廷并没有立刻对他采取行动。在 1616 年哥白尼学说被宣布为异端之前，宗教裁判所的领导还把这一决议提前通知给伽利略，使他暂时躲过了这一关。后来，伽利略又把一部新作献给新教皇乌尔班八世，换取了后者暂时的支持和庇护。伽利略在天文学方面最重要的著作《关于两大世界体系的对话》（*Dialogue on the Two Chief World Systems*）的书名也是乌尔班八世替他取的。

然而，到 1632 年这本积极捍卫日心说的著作出版之时，伽利略已经不再是宫廷科学家了，而乌尔班八世迫于教会内部的种种斗争和压力也无法再支持伽利略。最终伽利略不得不接受宗教裁判所的审判，在 1633 年以 69 岁高龄被判定为“有强烈异端嫌疑者”（vehemently suspect of heresy），强迫跪在大庭广众之前悔罪，并被判处终身软禁。

在监狱里待了5个月之后，伽利略“保外就医”，回到佛罗伦萨家中。此时的伽利略已经半盲，但是他没有意志消沉，而是继续辛勤写作，完成了物理学名著《关于两种新科学的对话》（*Discourses on Two New Sciences*），于1638年出版。这部名著的最大突破在于澄清了亚里士多德认为外力是维持受迫运动的原因的错误见解，指出任何物体都有惯性，在没有外力作用时会维持原有的运动状态不变，外力只是改变运动状态的原因。这不仅解决了哥白尼学说遇到的为什么地球上的人感受不到地球在运动的难题，而且为后来牛顿力学体系的提出奠定了理论基础。在这里顺便说一句：有一个很有名的故事是说伽利略曾当众举行“比萨斜塔实验”，从斜塔上扔下两个大小不同的铁球，让人们惊讶地发现它们同时落地，从而证明亚里士多德的“重的物体先落地”的观点是错误的。实际上，伽利略从来没有公开做过这个实验。不仅如此，伽利略对待实验的态度也和今天的科学家不同，他不是从实验中推出定律，而是先通过思辨预先推出定律，再利用实验证明自己提出的定律。这种强烈的思辨色彩正是我们前面讲到的古典科学的鲜明特色。

无疑，布鲁诺被宗教裁判所残忍烧死，伽利略也遭到其迫害，是西方历史上黑暗的一页。但是，我们也必须承认，他们遭受这样的打击，与其自身性格有很大关系。如果让我们暂时离开天文学和物理学革命，而是看一看同时期发生的解剖学革命的话，就更容易理解这一点了。

与基于托勒密学说的地心说、基于亚里士多德理论的物理学一样，盖伦的解剖学和医学体系也被天主教会奉为正统。然而在16世纪，因为文艺复兴的影响，加上教会解除了解剖人体的禁忌，医学家得以通过实践发现盖伦解剖学中的错误。在《天球运行论》出版的同一年，比利时医学家维萨里（Andreas Vesalius，1514—1564）也出版了《人体的构造》（*De Humani Corporis Fabrica*），在其中大胆纠正了盖伦解剖学的200多个错误。书中的插图是维萨里委托一位名叫范·卡尔卡（Jan S. van Calcar，约1499—1546）的意大利画家绘制的，他是著名画家提香（Titian）的弟子，画工精细优美，这使书中的解剖知识更为深入人心。这部巨著不仅引发了解剖学的革命，对整个文艺复兴运动也颇有推动作用。

维萨里深知他对盖伦学说的纠正事实上等同于攻击天主教教义。为了缓和宗教人士的情绪，他在书中故作曲笔，尽量不使自己的发现直接触怒宗教人士。比如，他在书中并没有正面批评盖伦学说，只是不动声色地直接提出自己的观点；只要接受了他的新观点，旧学说也就不攻自破了。维萨里还迎合当时学者的撰述风格，把文字写得典雅而繁复，又在书中大量引用前人文字，试图表明自己的学说并不是凭空而生，其实已经暗含在古人的发现中。尽管维萨里后来也不免遭到教会的迫害，但他终于靠着种种巧妙的应对，让自己的学说得到了广泛传播，润物无声地促进了西方解剖学的发展。

在维萨里之后，英国医学家哈维（William Harvey，1587—1657）再次对解剖学做出重要贡献。根据盖伦学说，血液在人体内是单方向流动的。它由肝脏制造出来之后，一部分在静脉内流动，另一部分经过心脏，再经过肺的转换变成动脉血；无论是静脉血还是动脉血，最终都消散在身体全处。但是哈维经过认真思考，发现这个学说存在大量疑点。最大的一个疑点是，通过计算，哈维发现心脏一个小时泵出去的血量是普通人体重的两倍多，如果血液是一去不复返的话，这么多的血液是从哪里来的呢？哈维由此形成了“血液循环”的观念——血液由心脏泵出，经动脉流遍全身，再经静脉返回心脏，如此循环不已。

谨慎的哈维没有立即发表自己的观点，而是做了很多相关实验，证明血液循环论的确是正确的。这样到了1628年，他才在名著《心血运动论》（*On the Motion of the Heart and Blood in Animals*）中正式公布了自己的发现，立即引起强烈的反响。哈维对血液循环的发现不仅是解剖学上的一件大事，也是现代人体生理学研究的开端。

哈维和维萨里一样，也很善于应对旧势力的压迫，在书中不直接驳斥旧说，而是通过树立新说的方式间接驳斥旧说，又大量引用前人文字，减轻新说的突兀色彩。哈维的一生颇为顺利，尽管他曾经长期担任英国国王查理一世的御医，在英国资产阶级革命推翻国王的统治之后，还陪同国王一起流亡，但是在查理一世于1649年被处死之后，他只是遭到了罚款和禁止进入伦敦城的处罚罢了。哈维去世之后，他生前工作过的皇家医学院全体员工都参加了他的葬礼，可谓倍极哀荣。

在解剖学革命中，另一位著名人物西班牙医生塞尔维特（Michael Servetus，1509或1511—1553）的命运则与维萨里和哈维有极大不同。他是维萨里的大学同学。非常赞赏并热衷传播维萨里在解剖学上的新发现，但是他的性格和维萨里相反，在宣传中咄咄逼人，不仅直接攻击盖伦学说，而且还正面向基督教发起挑战。1553年，塞尔维特被加尔文领导的新教势力逮捕，并被活活烧死，成为科学的殉道者。

布鲁诺、塞尔维特和维萨里、哈维代表了面对外部势力对学术共同体的压迫时的两种不同态度。对这两种态度的评价见仁见智，但有一点也许是大家容易达成共识的，那就是在西方科学不断发展并摆脱宗教控制的过程中，不管是布鲁诺、塞尔维特这样为信念献身的烈士，还是维萨里、哈维这样设法周旋的人，都起了很大的作用。只强调前者的悲壮，而忽略后者的隐忍，是有失偏颇的。

让牛顿出世!

在与伽利略同时代的学者里，天文学家开普勒（Johannes Kepler，1571—1630）也为后来牛顿物理学体系的建立奠定了重要基础。

开普勒是德国人，出身贫困，从年轻时就笃信占星术和数字神秘主义，而恰恰是他对这些今天看来非科学的东西的痴迷让他刚一接触哥白尼日心说就成为其忠实的信徒，而且终身保持了对天文学研究的强烈兴趣。1600 年，年轻的开普勒到布拉格投奔第谷，成为他的助手。第二年第谷去世之后，开普勒接任神圣罗马帝国皇家数学家之职，获得了第谷遗留的全部观测资料。这是一份浩瀚的宝库，第谷去世前留给开普勒的任务就是从这海量的资料中整理出行星运动特别是火星运动的真实规律，比前人更好地“拯救现象”。

没有了第谷的监督，开普勒索性放弃了导师自创的天文学体系，全盘按照哥白尼体系来推算火星的运动规律，为此做了大量的计算，付出了极大心血。然而，开普勒起初仍然困于行星按圆形轨道绕太阳运转的陈旧见解，无论怎样都无法算出能够达到第谷的观测数据精度的结果。直到 6 年之后，开普勒终于电光石火般地意识到行星轨道可能不是圆，而是椭圆。果然这样一来，就可以用比较简单的公式算出达到第谷的观测精度的行星位置数据了。1609 年，开普勒公布了两条有关行星运行的定律：第一，各行星的轨道都是椭圆形，太阳位于其中一个焦点上；第二，在相同的时间里，每颗行星的轨道半径所扫过的面积相同。这就是开普勒第一定律和第二定律。10 年之后，开普勒又发表了第三定律：行星公转一周的时间的平方与其轨道的平均半径的立方成正比。

开普勒因为发现了行星运行的规律，被后世尊为“天空立法者”。

但是因为他著作中深厚的神秘主义思想，同时代的学者包括伽利略在内都不赞成他的观点。因此，虽然开普勒三定律是根据实验观察数据总结出来的，第三定律更是一条神秘莫测的经验定律，但是开普勒的整个研究仍然是在强烈的神秘主义思辨主导之下完成的，仍然是典型的古典科学传统。

在伽利略、开普勒等人的工作基础之上，到 17 世纪，英国的大科学家牛顿（Isaac Newton，1642—1727）终于提出了系统的新物理定律和新宇宙观，统一了天上和地下的物理法则，顺利完成了这场历时一百多年的科学革命。

由于牛顿在西方文化中的神圣地位，长期以来他的形象得到了极大美化，甚至被树立为圣人般的偶像。同样，当科学史家从反辉格史的视角重新冷静审视牛顿的生平时，才终于为我们刻画了一个丰富、复杂得多的人物形象。实际上，牛顿不仅是一位天才，也是一个怪人，这似乎印证了那句俗话：“天才和疯子之间只有一步之遥。”

牛顿出生于英格兰林肯郡伍尔索普（Woolsthorpe）村的一户农民家庭。他的父亲在他出生前就去世了，母亲则在他 3 岁的时候改嫁，把小牛顿丢给他的祖父母抚养，一直到牛顿 10 岁的时候因为再次丧夫，才重新回到他身边。1661 年牛顿考入剑桥大学，第一年又遭受了高年级学生的欺负，被迫为他们做事。在城市里的生活令牛顿颇感自卑，使他一直不满于自己的农民出身。牛顿的幼年有点神经质，而且不合群，成年后又常常显得尖刻自私，甚至产生受迫害妄想症状，和他青少年时期的这些不幸经历可能有很大关系。甚至还有人怀疑牛顿可能是同性恋所以才终身未婚。

1665 年，一场瘟疫传到了剑桥。当时牛顿还没有毕业，因为大学停课，他不得不先回老家伍尔索普待了两年。按照传统说法，牛顿在老家闲住的 1666 年是“奇迹年”，他有关万有引力的思考、有关光学的发现和有关微积分的思想都是在那一年成形的。更神奇的传说则是牛顿在苹果树下思考时，因为看到苹果落地（还有人说是被苹果砸头）而悟出了万有引力定律。这些传说几乎都是对牛顿的美化。事实上，在这一年之前，牛顿在学校中就已经对物理学和数学做了辛勤的研究和探索，在他回到剑桥并成为剑桥的教师之后，又用了几十年时间才让自己的思想充分成熟。忽略 1666 年前后牛顿连续的工作，单单突出这一年的成绩，只是小说家语。

牛顿在 1672 年发表了第一篇论文，指出光由许多光线组成，每一条光线具有不同的颜色，白光只是所有这些色光的混合物。只要让白光通过棱镜片，利用不同颜色的光的折射率不同，就可以把它们分开。掌握这个原理之后，牛顿制作了一架不会因为折射产生色差的反射望远镜献给伦敦皇家学会，而皇家学会也在同年选他为会员。后来牛顿在 1704 年又出版《光学》(*Opticks*)一书，总结了他之前在光学研究上取得的成果。

1687 年，牛顿用拉丁文出版了旷世巨著《自然哲学的数学原理》(*Philosophiae Naturalis Principia Mathematica*)。这部书题目中有“数学”一词，内容也的确体现了鲜明的古希腊数学特色。在一开篇，牛顿先为他使用的质量、力之类术语下了定义，然后提出了绝对时间和绝对空间的概念——绝对时间就像一条不受任何干扰的河流一样从创世以来就一直在均匀地流淌，而绝对空间也像一个不受任何干扰的箱子一样可以容纳各种物质。做了这些概念铺垫之后，牛顿表述了后世称为“牛顿三定律”的运动定律：①任何物体在不受外力作用时要么保持静止，要么做匀速直线运动；②力的大小由运动的变化来量度；③任何一个力都具备与它大小相同、方向相反的反作用力。接下来，牛顿就用这三定律及他提出的“流数”法（即微积分）分析了各种力学问题，提出了万有引力定律，并用这个定律圆满地解释了开普勒三定律。

尽管牛顿终身信奉一种被主流视为异端的神秘主义基督教流派，但不管怎样，他是虔诚敬仰上帝的，在这部巨著的第二版结尾，他热情地歌颂了“智慧超群而且无所不能”的上帝，认为只有上帝才能造出这样一个“极其美丽的太阳、行星和彗星的系统”。正因为他这种热烈的讴歌，牛顿得到了英国国教的热烈欢迎，被树立成用科学显证上帝之荣耀的大贤。前面讲过的牛顿苹果树的传说实际上带有浓厚的宗教文化色彩，因为苹果在新教文化中是被当成伊甸园中智慧之果的象征的。

在从事科研的同时，牛顿也在疯狂地研究炼金术，以为其中藏着世界的什么奥秘。事实上，他的手稿和公开发表的文章中有关炼金术的内容是最多的。可能是因为发现自己研究多年的炼金术很可能是骗局，也可能是炼金过程中使用的重金属毒害了他的身体，或是其他什么原因，牛顿在 1693 年患上了严重的精神疾病，他的科研生涯也就不幸到此为止。在精神恢复正常之后，牛顿度过了一个备受尊崇的晚年。他被任命为英国铸币厂总监，在这个职位上一直干到逝世，赚了很多钱。1703 年，牛顿又成为皇家学会会长，并一直当到逝世。1705 年，他又被女王册封为从男爵。

牛顿的后半生不断与其他科学家发生争执，有时甚至弄到你死我活的地步。牛顿和荷兰物理学家惠更斯（Christiaan Huygens，1629—1695）曾经就光的性质先后展开两场争论，牛顿认为光是由微粒构成的，惠更斯则认为光是一种波动。由于惠更斯去世得早，在牛顿的巨大声望之下，光的微粒说成了 18 世纪的主流。

牛顿和英国博物学家胡克（Robert Hooke，1635—1703）则是终身仇敌。胡克是个多才多艺的人，在多个学科都做出了重要贡献（最为人熟知的大概是胡克定律：弹簧的长度和它所受的力成正比），实验能力尤为突出。然而，胡克和牛顿却因性格不合而交恶。后来胡克两次批评牛顿剽窃了他的思想，特别是胡克对牛顿剽窃他有关万有引力定律的思想的指控令牛顿恼羞成怒，竟然在《自然哲学的数学原理》中把胡克的名字全部删去。胡克去世之后，牛顿竟然动用权力，把他留下的研究记录、实验仪器等材料全部销毁，以至胡克这样一位大科学家居然没有一张画像留存至今。

牛顿还和德国数学家、哲学家莱布尼茨（Gottfried Wilhelm Leibniz，1646—1716）就微积分的发明权发生了争执。事实上，牛顿和莱布尼茨是分别独立发明微积分的，他们的思路非常不同，叫的名字也不同（牛顿称之为“流数”）。即使非要决出一个发明人，按照今天的标准，那也应该是莱布尼茨，因为他公开发表相关成果的时间早于牛顿。但是这场争执在 18 世纪不但没有得出定论，还发展成为英国数学界和欧洲大陆数学界的对立。我们在第九章会看到，英国数学界因此损失惨重。

当然，无论如何，牛顿身上的各种缺陷无损于他是一位伟大科学家的事实。有人甚至把他尊为古往今来的科学家之首，从某种意义上讲也非过誉。科技史家竭力要展现历史上的科技伟人的许多侧面，虽然会击垮俗常叙事中的那种“高大全”形象，但一般来说目的并不是为了彻底打倒“偶像”，最终仍然会承认他们的光辉一面。牛顿所建立的统一了天上地下的新物理学体系不仅充分体现了古典科学重视思辨、重视理论、重视还原整合的特色，还充分体现了古典科学的第二个突出特征——重视数学的运用，重视对量的分析。当然，这个特色也是来自古希腊哲学，更准确地说是来自毕达哥拉斯学派。这个学派的特点就是认为数是万物的本原，万物之间的关系都体现为数的关系。虽然哥白尼、伽利略都很重视理论的数学化，开普勒更是一位出色的数学演算者，但直到牛顿，才将数学的运用提高到了一个新的高度。他不仅把《自然哲学的数学原理》写成了类似欧几里得《几何学》的结构，而且还自创了新数学方法解释物理、天文现象，从而把数学和物理学、天文学紧紧结合起来，使这两门自然科学成为最先数学化的学科。近代科学中的古典科学传统，到牛顿这里就充分建立起来了。

“科学革命”的本质是什么？

到这里，我利用最近几十年科学史界的研究，把从哥白尼到牛顿的第一次科学革命的历程重新叙述了一遍。从中我们可以看到，科学革命表面上看只是新的科学体系取代旧体系的过程，但是这个过程实际上非常复杂。学者们绝对不是单纯因为旧体系“不好用”就推翻它，也绝对不是单纯因为新体系“好用”就支持它。新体系的提出，有很多科学本身以外的历史、社会原因；而新体系的传播，也牵涉到很多复杂的政治文化因素，而且和个人的气质有密切关系。

就拿哥白尼革命来说吧。我在这里至少要介绍 5 个引发这场革命的社会原因。首先当然是上面已经讲过的新柏拉图主义之类神秘主义思想在文艺复兴（the Renaissance）时代的复苏。导致文艺复兴运动发生和积极进行的原因又有很多，上一章已经提到其中一个原因：西欧的封建制度促进了一种类似于古希腊城邦的平等、自由的精神，使人们最终勇于突破天主教会的束缚，追求更符合他们地位和趣味的思想和文化。另一个值得一提的原因就是活字印刷术的发明，使新思想可以更容易经由批量印制的书籍传播。事实上，在哥白尼之前也有两位学者提出过日心说，但他们的思想因为没有通过活字印刷的书籍传播开来，而没有在社会上引发什么反响。哥白尼则不同，在他生前日心说就已经通过一些小册子的印刷和流传而颇为人知，更不用说《天球运行论》对他的思想的巨大普及作用了。因此，就哥白尼革命和活字印刷术的关系来说，在第一次科学革命时代，恰恰是一般技术推动了科学，而不是科学推动一般技术。

引发哥白尼革命的第三个原因也和一般技术有关。从古罗马时代以来，天主教会使用的历法就是儒略历。由于儒略历的一年平均长度

（365.25 天）比回归年的长度（365.2422 天）要长，一年要多出 11 分 14 秒，这样积 400 年就多出 3 天，到文艺复兴时代已经多出了 10 天，导致春分之类节气的日期不断提前。为了解决这种日期飘移的问题，教廷在 16 世纪决定修改历法，并把这一命令向各级教会机构层层传达。身在“体制内”的哥白尼之所以有那么强烈的动机要新创一套天文学体系，和教廷对新历法的征求也有很大关系。事实上，哥白尼的新体系的确对新历法的制定起到了一定作用，1582 年，教廷终于颁布了新的历法，修改了置闰规则（简单说就是 4 年一闰，100 年不闰，400 年又闰），这就是今天国际上通行的格里高利历，也即公历。从这个意义上说，天主教对哥白尼革命的发生甚至还有推动作用呢。

哥白尼革命发生的第四个原因和大学的兴起有关。欧洲大学起源于 11 ～ 12 世纪，意大利的博洛尼亚大学通常被认为是欧洲的第一所大学，它的成立时间通常被认为是 1088 年；英国的牛津大学成立于 1167 年，剑桥大学成立于 1209 年；法国的索邦大学成立于 1257 年，它是巴黎大学的前身。早期的欧洲大学主要是职业学校，以培养市镇所需的牧师、医生、律师、行政官员和教师为主要职能。在大学里的，思想的自由度介于东方帝国的“太学”和古希腊的学园之间——它既有一定的自治性，但又不可能完全不受教会和市镇的管理。在文艺复兴运动早期，也就是 12 ～ 13 世纪，大学在翻译挖掘古希腊著作、调和宗教教义和古希腊哲学方面做出了很大贡献，这又是推动文艺复兴积极进行的一大原因。

不过，到了伽利略生活的 17 世纪，大学对于科学的发展反而起到了一定的负面作用。那时候的大学是思想非常保守的地方，几乎没有什么新思想由大学诞生。反倒是受到统治者赞助的宫廷科学家成为科学革命的中坚力量——伽利略、第谷、开普勒、哈维都是如此。此外，15 世纪还出现了科学研究会，起初是民间自行组织，到 17 世纪开始出现国家支持的科学学会，比如英国的皇家学会就是 1662 年正式成立的，而法国的巴黎科学院则是 1666 年成立的。这种国家支持的学会成立之后，就成为推动科学发展的主要机构。一直要到 19 世纪，大学才重新成为科研活动的重要中心。

最后，正如上一章所讲，哥白尼革命的发生在于“地理大发现”改变了欧洲人的思维习惯：勇于承认自己的无知，从而在知识的获取上从信仰过去转向信仰未来。虽然哥白尼推翻托勒密体系主要靠思想上的复古，但他之后的科学家在推翻前人的学说时，就不再需要这个步骤了。

以上说的是哥白尼革命的社会背景。至于牛顿发起的物理学革命，自然也有相应的时代背景。这里我要提两个人——笛卡儿和弗兰西斯·培根。笛卡儿（René Descartes，1596—1650）是法国学者，是科学革命时期的全才之一，在数学、光学、气象学、哲学、神学等方面都做过深入研究。当然，他最重要的贡献是提出了一套新的哲学体系。关于这个体系，这里只说两点：第一，笛卡儿创立了心物二元论哲学，也就是说，他认为物质世界和心灵世界是两个独立的世界，心灵只能通过感官去领会物质世界，但感官感受到的图景永远不可能是物质世界本身。这种分离（或曰割裂）心与物的哲学是现代哲学的主要特征，直到今天在科学界还很有市场。第二，笛卡儿把宇宙当成一台巨大的机械，万物都是这台机械里的零件，其运转要受各种物理学定律的支配，生命体自然也不例外。这种机械宇宙观很快也成为西方科学界的“标配”，在第十章讲到物理哲学的时候还会再做讨论。

英国哲学史上有两个培根，有趣的是，他们的思想颇有相近之处。文艺复兴早期的罗杰·培根（Roger Bacon，1214—1292）提倡通过观察和实验获取知识。第一次科学革命时代的弗兰西斯·培根（Francis Bacon，1561—1626）则更是经验主义的积极鼓吹者，极力主张认真观察自然，利用实验研究自然，通过对各种现象的总结归纳（而不是逻辑演绎）提出定律。更重要的是，他认为应该打通科学和一般技术的关系，从一般技术中发掘科学，用科学指导一般技术，指导人类对自然的支配。我们都知道“知识就是力量”（knowledge is power）是培根的名言，实际上培根从来没有写过这句英文，只是在一部名为《圣思录》（*Meditationes Sacrae*）的拉丁文著作中写过“*ipsa scientia potestas est*”这个拉丁文表述，结合上下文，应该翻译为“（上帝的）知识本身就是权柄”。但是，在培根的著作中的确充分地表述了知识（科学）对改造自然的潜在巨大作用，因此，把“知识就是力量”当作培根这一思想的高度概括仍然是很合适的。

笛卡儿和弗兰西斯·培根的思想，对牛顿都很有启发。牛顿虽然不承认笛卡儿宇宙观中的一些细节，但是他的物理学体系在精神上却完全继承了笛卡儿的机械宇宙观。牛顿又非常赞赏培根对实验的推崇（当然，总的来说牛顿理论还是以演绎性而不是归纳性见长），还在自己的著作中试图为科学理论找到一般技术上的用处。自然，无论是笛卡儿还是培根，他们的新哲学思想的提出，又都有欧洲资本主义和中央集权国家兴起的社会因素，而归根结底仍在于“地理大发现”造成的欧洲人从信任过去到信任未来的思想巨变。

最后，我们绝不能低估地处亚、欧、非三洲要冲地带的伊斯兰世界对古代和近代科学、东方和西方科学的沟通所起的重要作用。比如，没有阿拉伯人对古希腊文化的保存，文艺复兴时期的欧洲人也就不可能接触到这些失传的学术宝藏。再比如，在第五章中已经提到阿拉伯帝国的炼金术十分发达，是后世西方发展近代化学的基础。事实上，阿拉伯有位叫贾比尔（Jā bir ibn Hayy ā n，约 721—约 815）的化学家大概是人类历史上第一个提出知识应该从研究和实验中来的学者，比英国的罗杰·培根还要早 400 多年。遗憾的是，伊斯兰世界后来趋于保守，宗教教条抑制了思想自由和创新精神，至今仍然未能完成现代化过程。

由此可见，科学革命的发生，是各方面的多种原因共同促进的结果。如果只是从科学思想的内在发展规律去探讨新科学体系的出现，那是远远不够的。不仅如此，库恩在在 1962 年出版了一本篇幅虽小、影响力却更为巨大的名著——《科学革命的结构》。在书中，库恩指出，科学革命是新科学“范式”（paradigm）取代旧范式的过程，但是范式并不只包括理论，还包括与之相应的一整套哲学观，甚至用来从事相关研究的仪器等。由于哲学观的不同，旧范式和新范式存在“不可通约性”（incommensurability）——也就是说，旧范式里的理论根本就无法真正被包容到新范式里面；表面上看，新范式通过接纳旧范式里的理论而实现了对旧范式的扩充，但因为理论的背后总是体现着哲学观，在新范式里被新哲学观改造过的理论，早就不是旧范式里的那个理论了。

上面这段话听起来很抽象，举个例子就好理解了。表面上看，地球和太阳在地心说和日心说体系里是一模一样的，所以也许你会奇怪哥白尼用日心说取代地心说为什么会引发宗教人士后来那么大的不满。但是，如果你明白在这两个体系里，地球不单是地球，太阳也不单是太阳，那就容易理解了。在天主教主张的地心说里，地球首先是上帝给人安排的住所，人既然是万物之灵长，是最尊贵的造物，他的居所就必须位于宇宙中心，否则不足以体现上帝对人的恩惠。至于太阳，那不过是上帝造出来照亮地球、为人类提供光和热的一个大火球罢了。但在哥白尼信奉的新柏拉图主义里，太阳才是宇宙中最尊贵的物体，所以必须是宇宙的中心，地球的地位反而比较次要了。正因为两种哲学观都为地球和太阳附加了这么多的意义，所以地球和太阳的概念在两种天文学范式中是不可通约的，看似只是把地球从宇宙中心挪开的小事，就成了决定两个互不相让的世界观孰存孰亡的大事。库恩尖刻地指出，很多时候，持旧范式的人是到死也不肯放弃自己的世界观的，在这种情况下，新范式的全面胜利，就往往只能等到这些守旧老人们纷纷退休、去世之后才能实现了。因此，不可通约性的存在及其后果，也成了我们必须从社会学、心理学角度去审视科学革命的理由之一。

相对于亚里士多德物理学，牛顿物理学也是一个全新的范式。我们不去管这个范式里的神学意味，单从它对人类俗常物理观的矫正来看，就显现出了强烈的革新性。亚里士多德物理学在 3 个方面是顺应人类的俗常物理观的：① 不承认有超距作用（两个互不接触的物体之间的作用）存在；②对惯性做出目的论解释；③没有树立绝对时空的概念。牛顿物理学则承认万有引力这样的超距作用存在；把惯性当成了物质的固有属性，不需要用目的论来解释；又建立了绝对时空观，明确否认了“近大远小、近详远略”的俗常时空观。正因为牛顿物理学在这三个方面与人类的俗常物理观相悖，从此，西方物理学就走上了与“直觉”越来越远的道路，要掌握物理学也就越来越困难了。

类似这样的不可通约的范式转变，在后来的科学革命中又一再发生。不过，我们对科学的讨论现在不妨暂告一段落，是继续看看一般技术发展的时候了。

思维聚焦

第一次科学革命始于16世纪中期的哥白尼革命（天文学革命），终于17世纪晚期牛顿物理学体系的建立，前后历时100多年。通过这次科学革命，物理学中的力学、光学及天文学摆脱了旧范式，建立了新范式，并树立了既重思辨和理论、又重定量分析的古典科学传统。

科学革命的发生，取决于丰富复杂的原因，其中很多原因来自科学之外。12～13世纪，西方进入文艺复兴时代，大量古希腊典籍通过以大学教师为主的译者队伍重新为欧洲人所知，新柏拉图主义逐渐流行，构成了日心说的直接思想来源。正是在新柏拉图主义及其他反天主教权威的思潮的影响下，很多人迅速接受了哥白尼日心说，而不顾这一体系遇到的种种实证困难，这充分体现了日心说的古典科学特色。

牛顿的物理学体系主要建立在两个科学理论基础之上，其一是伽利略提出而未成形的新物理观，另一是开普勒通过整理第谷的观测记录而提出的行星运动三定律。牛顿还从笛卡儿和弗兰西斯·培根那里吸取了哲学思想。从牛顿物理学开始，物理学因为越来越背离人类的俗常物理观，而越来越难以为一般民众所理解。

除了天文学和物理学的革命，第一次科学革命还包括解剖学革命。维萨里通过亲自解剖动物和人的尸体纠正了传统的盖伦解剖学的许多错误，哈维则发现了心脏的真正生理功能。

第八章　工业的兴起

为什么是英国？

1727 年 3 月 20 日，牛顿在伦敦逝世。以此为标志，第一次科学革命顺利结束，英国知识界的思想已经焕然一新，而欧洲大陆知识界的思想也即将因为法国“百科全书派”的启蒙思想家积极引介牛顿的自然哲学而发生同样翻天覆地的变化。

与此同时，第一次工业革命也在英国悄悄拉开了序幕。与哥白尼时代的人们都没有意识到带有强烈复古主义色彩的哥白尼日心说的提出宣告了一场革命的开始一样，第一次工业革命开始的时候，也没有人意识到这场技术革命比“地理大发现”更为彻底地改造了文明时代以来的人类社会。甚至直到今天，我们对于工业革命的理解，仍然还有不够深刻之处。

中国学界一般认为工业革命一共有三次。第一次工业革命主要是蒸汽技术革命，发生在英国；第二次工业革命主要是电力技术革命，发生在美国和欧洲国家；第三次工业革命的标志则包括核能、电子计算机、空间技术和生物工程等，主要发生在美国。这种划分以能源革命作为工业革命的关键，有一定的合理性，因此本书沿用了这个观点。但是深究起来，工业革命绝对不只是能源革命，甚至不只是自然技术革命，而在很大程度上也体现为社会技术革命，特别是管理技术革命。只有把各种自然技术和社会技术革新都考虑进来，我们才能真正理解工业革命的鼎革性质。

为什么第一次工业革命发生在英国？这当然又可以找出许多原因。在第六章已经提到，英国和法国在 1338 ～ 1453 年进行了长达 116 年的“百年战争”。这场战争除了促成欧洲最早的民族国家——英国和法国的形成之外，还有一个重要后果就是因为法国最终获胜，英国丧失了在欧洲大陆的所有据点，已经不可能再像古罗马帝国那样称霸欧洲，这就迫使英国一方面必须充分利用本国狭窄的土地满足经济运转的需要，另一方面必须面向海洋发展，加入“地理大发现”的队伍中来。

就在百年战争结束之后，英国开始了“圈地运动”。地方贵族大量圈占土地作为私产，一开始是圈占公有土地，进而圈占农户的私有土地。圈地运动造成大量农民失去地产，不得不痛苦地涌入城市求生。我们不多讨论圈地运动的原因和恶果，只强调它有利于工业革命发生的两个作用：第一，圈地运动把原本零散的土地整合起来，形成了较大规模的农场，为农业技术的革新创造了有利条件；第二，圈地运动制造的城市无产者大军，为工业革命提供了丰富的劳动力。

在圈地运动之后发展的新农业技术中，诺福克轮作制（Norfolk four-course system）是最重要的。我们已经知道，中世纪农业革命的一大进展就是建立了三田轮作制，大大提高了土地的利用效率。诺福克轮作制则是把三田轮作改成四田轮作，每个田块上先后种植大麦、小麦、苜蓿和芜菁。其中，大麦和小麦是粮食作物；苜蓿是绿肥作物，除了供作牲畜饲料，另一个重要用途是通过其根瘤的固氮作用为土壤增肥，补偿轮作造成的土壤肥力下降；芜菁也主要供作牲畜饲料。因为多种了一茬苜蓿或芜菁，更多的牲畜可以顺利越冬，这就大大提高了肉类的产量，满足了英国人对肉类的需求。这给我们留下了一个重要的经验：一个国家要顺利实行工业化，首先应该有农产品的稳定供应，最好是能够做到粮食的自给自足。

英国取代西班牙和荷兰成为“海上霸主”，则是英国向海洋发展迈出的重要一步。尽管西班牙很早就参与了“地理大发现”，并且最终战胜了葡萄牙成为“海上霸主”，但是由于国内封建势力还很强大，西班牙没能充分利用海外殖民地发展资本主义，对殖民地更多采取了暴力掠夺勒索原材料的利用方式，这就使西班牙的国力并没有因为占领了大量殖民地而提高。由于英国和西班牙之间的矛盾，1588 年，西班牙决定入侵英国，两国的舰队在英格兰南海岸外展开激战，西班牙昔日引以为傲的“无敌舰队”损失过半，海上势力大为衰落，最终丧失了“海上霸主”的地位。有关这场海战的更多情况，在第十一章中还会继续介绍。

西班牙衰落之后，荷兰乘虚而起，成为新的“海上霸主”。荷兰本来也受西班牙统治，但是在16世纪后期掀起了独立运动。荷兰和西班牙之间的战争，从1568年开始断断续续打了整整80年，其间，1581年北方七省成立“尼德兰联省共和国”，宣告独立；1609年西班牙与荷兰签订停火协议，事实上承认了荷兰独立；1648年的威斯特伐利亚和约则从法理上最终确立了荷兰的独立。在这场“八十年战争”期间，作为欧洲第一个资本主义共和国的荷兰的海上力量不断强大，从葡萄牙、西班牙手中夺取了大量殖民地。荷兰对殖民地的利用方法，在一定程度上和西班牙类似，暴力掠夺和强制勒索占了不少比重。但因为荷兰的资本主义十分发达，通过荷兰东印度公司的商业活动对殖民地进行压榨，成为它和以后其他欧洲资本主义国家（包括英国）利用殖民地的新方法。

然而，荷兰本土面积终归狭小，资源有限，国力有限。当它霸道的商业行为引发了英国的强烈不满之后，它新夺来的“海上霸主”地位也就不可避免要再次易主了。1652～1674年，英国和荷兰先后发生三次战争，虽然第二次英国失败，但第一、三次英国都获得了胜利。从1672年开始，荷兰还陷入了和法国的战争。由于在这一串的战争中接连失败，到18世纪初，荷兰即丧失了海上的优势地位，英国终于成了新一任的“海上霸主”。特别是1756～1763年，英国又在“七年战争”中战胜了法国，这“海上霸主”的地位便坐得更牢固了。对于海权和海外殖民地的牢牢把握，为英国的资本主义发展、第一次工业革命的顺利开展都创造了良好、稳定的外部环境。

说到英国资本主义的发展，有一件事必须提及，那就是1624年英国制定了《垄断法规》，被誉为全世界第一个现代意义上的专利法。专利制度起源于封建时代的特许经营制度，到了资本主义兴起之后，便顺势成为资本主义经济制度的延伸，相当于把非实体的知识（文化）作为资产而私有化。由此造成的结果，就是资本家竞相通过专利保护的新知识、新技术提高生产效率，赚取更多的利润。这为英国率先开展工业革命又奠定了一块基石。有了专利法之后，当我们说某人在某年发明了某项自然技术之时，实际意思往往是说，他是在这一年给这项自然技术申请了专利。

当然，第一次工业革命首先发生在英国，更为直接的原因在于到18世纪，英国已经面临了严重的人口危机和资源危机。17世纪末，英格兰和威尔士的人口已经达到了约550万，18世纪末更是增加到900万。大量的人口除了需要足够的粮食之外，还需要足够的生活用品，这对英国的经济是很大的考验。与此同时，由于造船、炼铁和当作其他燃料之用，英国的森林几乎已经砍伐殆尽，不仅破坏了生态环境，而且木材的大幅涨价也严重干扰了经济发展。正如没有野生生物资源危机就不会有农业革命、没有陌生人危机就不会有文明革命一样，这一轮新危机的到来，迫使英国人加快了寻找解决方案的速度。

最后，英国能够开展第一次工业革命的最直接原因，在于它有充足的铁矿和煤矿资源。英国的金属矿藏比较贫乏，但幸运的是铁矿尚多，主要分布在英格兰东南部和东部，在18世纪时尚能自给。更重要的是，英国的煤储量相当丰富，煤田广泛分布于英格兰中、北部，苏格兰南部和威尔士南部。就和粮食的情况一样，假如没有稳定的能源和主要结构材料的供应，一个国家的工业化之路也将会颇费周折。当英国工程师因为木材和木炭极度缺乏，不得不考虑用丰富的煤来代替它们作为燃料和炼铁的还原剂的时候，第一次工业革命就开始了。

竞相追赶的技术发明

煤是古代的植物遗体被掩埋之后，在高压环境下逐渐炭化形成的矿物。根据煤化程度也就是碳含量的不同，一般可以把煤分成泥炭、褐煤、烟煤、无烟煤 4 类，按着这个顺序，其煤化程度越来越高。然而，绝大多数的煤里总是不免会有点杂质，其中主要成分是硫；本身，成煤的植物和微生物体内的蛋白质中就含有硫，有的煤田在成煤过程中还从外界沾染了更大量的无机硫。含硫高的煤，燃烧起来会冒出浓烈的烟气，其中含有刺激性的、有毒的二氧化硫。显然，这样的煤既不适合用于烤面包，又不适合用于家庭取暖和照明。

同样，这样的煤本来也是不适合炼铁的。传统的炼铁法是高炉炼铁，必须把木炭和铁矿石混合在一起。木炭在这里身兼二职。一是通过燃烧，让矿石达到可以发生化学反应的温度；二是在化学反应中起还原剂的作用，把铁单质从矿石中还原出来。然而，单纯把煤和矿石混在一起是达不到反应温度的，不仅如此，煤中的硫对于铁的品质也有很大的损害。因此，如果要用煤作燃料来炼铁，必须解决两个问题，一是提升煤的发热量，让炉温能够达到反应水平；二是减少其中的杂质，避免它们影响铁的质量。

1709 年，英国工程师亚伯拉罕·达比（Abraham Darby，1678—1717）找到了解决这两个问题的方法，就是先对煤做一番预处理，在隔绝空气的条件下把它先炼一下。这样炼过的煤，其中的杂质会挥发掉不少，不仅提高了碳含量——也即提高了发热量——而且减少了硫的含量。这个预处理过程就是炼焦，所得的产物是焦炭。当然，焦炭炼铁的实际发明过程没有这么简单，因为在适用于木炭的旧式高炉里，即使是焦炭也仍然无法让炉温达到令人满意的程度。尽管达比实验的详情今天已经无从得知，但我们可以猜测，他一定是经历了反复的试错过程，才终于找到了最终的解决方案，即改造旧式高炉，为之安装一套新式鼓风装备，由此提高焦炭的燃烧效率，从而增加炉温。在这个过程中，没有任何科学理论指导过他——事实上，在那时候连化学界都不知道在炼铁过程中还有种叫做“氧”的东西在发挥作用。

达比是英格兰西部的什罗普郡（Shropshire）人（查尔斯·达尔文也是该郡人），他的生平可以视为那个年代英国工程师的代表：虽然祖上有一点贵族血统（他的曾祖母是一位贵族的私生女），但到了他父亲一代只是自耕农，再下一代的达比更是离开土地，到城市的工厂里面去做工。达比早年是伯明翰一家麦芽糖厂的学徒。学徒期满之后，他自立门户，到布里斯托尔创业，和别人一起制造、出售家用铜锅，后来又制卖铸铁锅，积累了人生“第一桶金”。1708 年达比离开布里斯托尔的公司，回到老家什罗普郡开办铁厂。新式焦炭炼铁法的发明，使铁厂生意兴隆，达比家族也因此发达起来，一连四代都以亚伯拉罕·达比作为姓名。为了区分这几辈祖孙，上面提到的第一代亚伯拉罕·达比后来被称为达比一世。

生铁冶炼技术得到革新之后，钢和熟铁的冶炼技术也陆续得到革新。1750 年亨茨曼（Benjamin Huntsman，1704—1776）发明了坩埚炼钢法。这一技术的关键是找到能够耐受 1600℃高温的黏土，用来制作坩埚。有了这种耐受高温的坩埚，亨茨曼在欧洲历史上第一次炼出了液态的钢水，这样冶炼的钢在性能上超过了以往的渗碳钢。1784 年，科特（Henry Cort，1741—1800）发明了利用煤来冶炼熟铁的“搅炼”法，原理类似于中国在近 2000 年前发明的“炒钢法”，也是通过不断搅拌铁水、让空气中的氧气氧化杂质的方法减少生铁中的碳含量，从而得到耐锻打的熟铁。至此，英国钢铁业的发展彻底摆脱了木炭，再也不受森林资源的限制，因此得到了迅猛的发展。

有了大量的优质钢铁，英国工程师们为它们找到了很多新用途。出身铁厂商人家庭的威尔金逊（John Wilkinson，1728—1808）就是一位极为擅长使用钢铁制造工具的发明家，以至被人送了一个“铁疯子”（iron-mad）的绰号。1779 年，他和达比家族的达比三世合作，在什罗普郡建起了英国第一座铁桥，保存至今，已经成了著名的工业文化遗产。1798 年他又建造了第一艘铁船。威尔金逊对铁是如此热爱，他死后就下葬在铁棺材里面，连墓碑也是用铁打造的。同样，如果没有大量优质钢铁，显然也不会有人舍得把辛辛苦苦冶炼出来的铁铺在地上做成铁路。

钢铁冶炼和其他需要用到煤的工业的发展，带来了用煤量的增加，把煤炭产量不足的问题暴露了出来。由于表层的煤矿越采越少，矿井不可避免要越挖越深，矿井积水问题也就越来越严重。除了煤矿，其他一些矿井也都遇到了类似的问题。传统上人们使用畜力推动抽水机抽水，但畜力的局限性非常明显。这个难题自然又迫使工程师们去寻找一种高效的动力。1712 年，纽科门（Thomas Newcomen，1664—1729）终于发明了第一台实用的蒸汽机。

纽科门发明蒸汽机，一开始纯属灵感突发——他和助手偶然发现，如果把热蒸汽通入一个一头是活塞的圆筒，蒸汽冷却之后活塞会自动向圆筒内部推动，产生动力。现在我们知道这是大气压力在发挥作用，但是纽科门并不清楚这一点，也就是说，他的发明根本不是在科学指导下完成的。事实上，纽科门只受过初等教育，在还是少年的时候就当了一名锻工，即使把牛顿有关力学的巨著摆在他面前他恐怕也是看不懂的。纽科门的蒸汽机虽然最终具备了实用性，但是其效率却很低，因为在使用过程中，产生动力的汽缸需要交替加热和冷却，在冷却的时候，仍在燃烧的煤就白白浪费了。因此，纽科门蒸汽机只能用在煤矿里面，这样可以就近获取燃料；只要离煤矿稍远一点，燃料的运输成本就让这种蒸汽机用起来显得不划算了。

在纽科门之后，有两位工程师沿着不同的思路对蒸汽机做了改进。斯米顿（John Smeaton，1724—1792）保留了纽科门蒸汽机的基本设计，只是通过不断改变零件的尺寸来改进，最终将其效率提高了一倍。瓦特（James Watt，1736—1819）则另辟蹊径，改变了蒸汽机的基本设计。考虑到汽缸交替加热和冷却非常费煤，瓦特在 1765 年想到可以把热蒸汽导到一个单独的冷凝器中冷却，这样汽缸可以始终保持加热状态，自然就充分利用了燃煤。瓦特蒸汽机的营销非常得法，加上机器本身性能的确优良，几乎可以用在一切需要动力的地方，所以很快就在英国普及开来。前面提到的威尔金逊，就把蒸汽机用作钢铁冶炼的鼓风动力和锤锻加工的动力，使钢铁业又摆脱了依赖水力的限制。需要指出的是，虽然瓦特改良蒸汽机设计的想法也是来自突然迸发的灵感，但是在中国非常有名的瓦特小时候看到水蒸气顶开水壶盖子而产生了发明蒸汽机的想法的故事却纯属虚构。

在 18 世纪，英国纺织业的发展则更戏剧性地体现了不同生产环节相互制约、相互促进的状况。当时，英国已经把它的一些海外殖民地打造成了棉花原材料的供应地，起初以北美洲为主，美国独立之后，则以印度和埃及为主。大量的棉花运到英国本土，需要先纺成棉纱，才能织成棉布。这样一来，纺纱和织布就成为两个紧密相关的工序，织布工序的技术革新会造成纺纱工序遇到产能瓶颈，逼迫后者也进行技术革新，反过来又让前者遇到产能瓶颈，逼迫人们再进行新一轮的织布技术革新。

这种你追我赶的技术革新的详情乃是这样：首先是约翰·凯（John Kay，1704—1779?）在 1733 年发明了“飞梭”织布技术，加快了织布的速度。5 年之后，怀亚特（John Wyatt，1700—1766）发明了新纺纱机，初步提高了纺纱的效率。但是因为新纺纱机容易出故障，维修费用不菲，工程师们仍然在努力寻找更好的纺纱机的设计方案。最终，哈格里夫斯（James Hargreaves，1720—1778）在 1765 年发明了原理不同于怀亚特纺纱机的“珍妮”纺纱机，又一次大大提高了纺纱的效率。1768 年，阿克莱特（Richard Arkwright，1732—1792）剽窃了他人的知识成果，“发明”了用水力驱动的怀亚特纺纱机，同样也提高了纺纱效率。在一段时间之内，“珍妮”纺纱机和水力纺纱机各有千秋，分庭抗礼，直到 1779 年克朗普顿（Samuel Crompton，1753—1827）发明了结合二者优点的“骡机”（之所以叫这个名字，是因为新纺纱机是两种技术“杂交”出来的，就像骡子是马和驴的杂交一样）。1785 年，又有人用蒸汽机取代水力作为驱动纺纱机的动力。

经过这一番技术变革，纺纱工序的效率反超了织布工序，使工程师不得不再去想办法改革织布技术。1785 年，卡特赖特（Edmund Cartwright，1743—1823）发明了动力织布机，最初是靠畜力驱动，1789 年之后也改成用蒸汽机驱动。从此，纺织行业就完全实现了机械化、工业化。有的学者对第一次工业革命取狭义理解，并不把能源革命包括在内，这样的话，第一次工业革命的开端就是纺织业的技术革新。

制造业大发展之后，又暴露出了物流业——也就是运输业的短板。在 18 世纪，陆上运输仍然只能靠马拉货车，这远远无法满足需要。起初，人们想到的办法是大力发展水运，依靠天然河流和人工兴建运河满足大运力的需求，但这终归不是长远之计。虽然在 18 世纪后半叶到 19 世纪初，不断有人成功制造出蒸汽船，其中最著名的是美国工程师富尔顿（Robert Fulton，1765—1815）在 1803 年建造的蒸汽轮船，但是由于当时的蒸汽机体积过大，实在无法用于驱动陆上交通工具。

其实，在 1800 年，英国工程师特里维西克（Richard Trevithick，1771—1833）就已经发明了一种新型蒸汽机，通过用高压而不是常压蒸汽作为动力的新方式，他成功减小了这种新型蒸汽机的体积。特里维西克起初希望能用它来取代旧式的常压蒸汽机，但是由于新发明触动了瓦特等人的既得利益，这种小型蒸汽机始终没有打开销路。无奈之下，特里维西克决定把小型蒸汽机用于驱动机车在轨道上运行，试图在陆上运输领域打开局面。不幸的是，他研制的蒸汽机车性能不高，速度比马车还慢，实在缺乏竞争力。

然而，特里维西克的发明却启发了斯蒂芬逊（George Stephenson，1781—1848）。1814 年，斯蒂芬逊也造出了自己的第一台以小型高压蒸汽机驱动的机车。尽管斯蒂芬逊的机车在一开始也是问题频频，但他的运气比特里维西克要好，凭借一点一滴的不断改进（其中最重要的就是用铁代替木材制作车轨），最终让机车运输胜过了马车运输，在英国普及开来。1825 年，世界上第一条公共铁路——斯托克顿－达林顿铁路竣工，1830 年，曼彻斯特－利物浦铁路竣工。到 19 世纪 40 年代，英国各地都掀起了一场建设铁路的热潮。铁路运输的发展，又促进了钢铁业的发展，使英国的钢铁冶炼技术在 19 世纪前期继续不断革新。

蒸汽机的发明，还带动了机械制造业的发展，各种机床纷纷得以发明，莫兹利（Henry Maudslay，1771—1831）更是因其多方面的贡献而被尊为“车床之父”——虽然他并不是车床的发明人。因此，第一次工业革命中的各种新技术，可以大致划分为 6 个技术群，这就是冶金技术群、采矿技术群、蒸汽动力技术群、纺织技术群、交通运输技术群、机械制造技术群。这几个技术群相互促进，你追我赶，最终带动了整个工业领域翻天覆地的变化（表 8-1）。到 19 世纪中叶，历时 100 多年的第一次工业革命基本完成，人类从此进入了工业时代。当然，我还是要再提醒大家一句——这第一次工业革命，在很大程度上和科学无关。

表 8-1　第一次工业革命

动力	冶铁	纺织	运输
	1709 年：焦炭炼铁		
1712 年：纽科门蒸汽机		1733 年：飞梭 1738 年：新纺纱机	
	1750 年：坩埚炼钢		
1765 年：瓦特蒸汽机		1765 年：珍妮纺纱机 1768 年：水力纺纱机	
1800 年：小型蒸汽机	1784 年：搅炼法	1785 年：水力织布机	1779 年：铁桥 1798 年：铁船 1814 年：蒸汽机车

第一次工业革命的后果

第一次工业革命的影响，是中学历史教科书中的重点，文科学生都非常熟悉。这里我想按本书的理论框架对这场大变革的后果做重新论述。

从族群竞争的角度来说，第一次工业革命的后果首先当然是英国的全球霸主地位的进一步稳固。本来，英国海上霸主的身份就为工业革命的开展提供了一个良好的外部环境。工业革命的完成，更是大为加强了英国国力。英国维多利亚女王（1837 ～ 1901 年在位）统治的“维多利亚时期”前期是英国的鼎盛时期，有“日不落帝国”的雅号——这是形容它的海外殖民地遍布全球的各个经度，一天里的任何时候，太阳总会照在某一块殖民地的上方。尽管英国国力在维多利亚时期后期开始衰落，但直到第一次世界大战之前，英国始终都是世界上最强大的国家。

英国国力强大的根本，在于它通过第一次工业革命成了第一家“世界工厂”，成为全球制造业的中心。1820 年英国的工业产值已经达到了全世界工业总产值的一半，在世界贸易总额中也占了将近 1/5 的份额。19 世纪中叶，英国的棉纺织品中有 80% 都出口国外。在相当一段时间内，英国更是几乎垄断了整个机床业，这样一来，其他任何国家要制造自己的机器，都不得不从英国进口机床。

另外，实体经济的发展，也加快了金融业的发展。早在第一次工业革命之前，英国就已经有了较为发达的银行业。在 1694 年成立的英格兰银行，是英国的中央银行。到第一次工业革命期间，英国的金融业更是大为发展，出现了成百上千家私人银行，1773 年又在伦敦成立了证券交易所，后来成为欧洲最大的证券交易所、世界四大证券交易所之一。与此同时，英镑也成为世界货币，在世界贸易中起到了统一清算货币的作用。英国因此成为现代金融体系的发端。

不过，19 世纪的世界金融体系和现在的金融体系还是有一点重要区别，就是那时的货币数量较少，因此可以实行金本位制度——银行以黄金这种实实在在的贵金属作为信用来源，发行纸币这种本身并无价值的货币符号。而且，直到第一次世界大战之前，在通常情况下，纸币和黄金都还是可以自由兑换的。第一次世界大战之后，金本位制度逐渐崩溃；第二次世界大战结束前夕的 1944 年，虽然在美国主导下重建了新的金本位制度，也就是著名的“布雷顿森林体系”（Bretton Woods system），但到 1971 年，美国宣布美元与黄金脱钩，布雷顿森林体系也就崩溃了。从那时起，黄金就再也不是货币的信用来源了。美国次贷危机的爆发，颇有一些人希望国际上恢复金本位制度，认为能有效避免脱离实体经济的金融投机。但是，即使不谈黄金的开采量已经根本无法跟得上价值的创造速度，单从金融史研究来看，金本位制度的弊端也是很明显的，最主要的一点就是因为货币价值僵硬地和黄金储备挂钩，国家因而丧失了利用金融作为社会技术来调控宏观经济，以及在国际间进行“金融战”的能力。因此，仅仅从族群竞争的角度来看，金本位制度在客观上也起到了让国家自缚手脚的作用。

另外，在一些所谓的金融学通俗读物里面，从 19 世纪初现代金融体系建立开始，似乎全世界就都掌握在一个神秘的犹太家族——罗斯柴尔德（Rothschild）家族手里，此后，几乎全世界所有的大事件（包括第一次世界大战和第二次世界大战）都和这个家族有关，甚至就是这个家族直接在暗中挑起来的。这是一种典型的阴谋论（conspiracy theory），是对历史的严重曲解。另一种类似的、更大规模的阴谋论，则是认为近现代的历史都是由一个神秘组织——共济会（Freemasonry）推动的，而这个组织的主要成员都是犹太人，罗斯柴尔德家族当然也是共济会家族的成员。当然，客观地说，这些阴谋论背后并非完全没有反映真实的历史。比如流散在欧洲犹太人在历史上长期遭到基督教世界的歧视的迫害，从中世纪以来，很多人只能被迫做高利贷商人之类基督教徒不屑做的金融工作。因此当现代金融体系发展起来之后，犹太人的确利用其职业优势掌控了较多的金融资源；不同国家的金融寡头和资本寡头又互通声气，这样就结成了国际性的利益集团。这样的国际利益集团当然可能参与到历史上很多重要的事件中去，但是说这些事件都是他们一手策划的，那就是天方夜谭了。

由于英国在实体经济、金融业及海上运输业方面都占据了优势地位，为了能够在国际贸易中占据优势，一些经济学家便提出了自由放任（laissez-faire）的经济政策和相应的经济学原理，主张打破贸易堡垒、完全靠开放的市场配置资源，这就是古典自由主义（classical liberalism）经济学。亚当·斯密（Adam Smith，1723—1790）是古典自由主义的大师，他1776年出版的《国富论》（The Wealth of Nations）被视为是古典自由主义的开山之作。大卫·李嘉图（David Ricardo，1772—1823）则是古典自由主义理论的完成者。在古典自由主义政策提出之前，欧洲的资本主义都是结合了民族主义的资本主义，并不愿意把本国市场开放给外国，为的就是保护本国经济，增加国库收入。就连英国自己，在工业革命刚开始的18世纪初，也禁止直接从亚洲进口染色棉布和丝绸成品，只允许进口白棉布和生丝，为的是保护本土纺织业者的利益。18世纪英国的关税在欧洲也是最高的。但是到19世纪初，英国却积极在国际上推广自由放任经济政策，目的则是破坏这种壁垒，利用本国经济的绝对优势从国际贸易中攫取更多的利益。自然，当英国在19世纪后期衰落之后，自由放任的经济政策也不得不中止，而重新回到民族主义资本主义的老路上来。

当然，工业革命最深远的影响，在于实现了文明世界的第二次城市化。在第三章中我们讲过城市化是文明起源的标志。但是，第一次城市化是农业时代的城市化，它只是在一个社会内部确立了“五流”（物流、人流、能量流、资金流、信息流）的枢纽，并且营造了非常有限的陌生人社会而已，并没有在根本上改变农业社会的文化气质。只有到了第一次工业革命的时候，由于大量人口从乡村涌入城市，融入工业经济体系之中，一种结合了工业时代色彩的城市生活才终于创造了一种新颖的文明——现代城市文明。今天英国的主要城市，除了伦敦、贝尔法斯特、布里斯托尔等传统行政中心城市之外，很多都是在第一次工业革命期间迅速发展起来的，如曼彻斯特是英国“棉都”，利兹是“毛都”，伯明翰、设菲尔德、纽卡斯尔、格拉斯哥以冶铁为支柱产业，利物浦、普利茅斯、朴次茅斯则是重要港口。今天，在英超联赛的球队名称里，你往往仍然可以找到这些大城市的名字，如 2013 ～ 2014 赛季参加英超联赛的 20 个足球队中就有利物浦队、曼（彻斯特）城队、曼（彻斯特）联队、纽卡斯尔联队等。

现代城市文明的表现多种多样，但基本都可以归结为两个因素的作用。第一个因素是工业创造的新社会组织形式和生活方式。对此，我们下一章讲到马克思的异化理论时再详述，这里先举一个生动的例子，就是现代城市文明对时间的强调。在农业社会，多数人对于守时没有很深的概念，但是在工业社会，“时间就是金钱，效率就是生命”，守时是每个人必备的素质（图 8-1）。

第二个因素则是陌生人社会的普遍化。它在更深层次上塑造了现代城市文明的特色。还是在农业时代，人们就发现，城里人显得比较文明，而乡下人显得比较粗野。在拉丁语中，从 *urbs*（城市）这个词派生出的形容词 *urbanus* 有“文雅的、有教养的”之意，而从 *rus*（乡村）这个词派生出的形容词 *rusticus* 有“粗野的、无教养的”之意，这两个词借入英语后成为 urbane 和 rustic，仍然具备这样的含义。在古汉语中，“野”本来指城邑周边的乡村，后来也引申为“粗鲁”之意（孔子就曾骂他的弟子仲由是“野哉，由也”，而今天我们也还在用“粗野”“野蛮”这样的形容词）。究其原因，正是因为乡村是有限、封闭的熟人社会，只要遵循了这个社会里的几条守则，大家就可以和平共处；但不同的乡村因为守则不同，彼此却可能视对方为完全没有共识的怪物、敌人。相比之下，城市是开放的陌生人社会，在城市形成的过程中，迁入的每个熟人小圈子都有自己的守则，也都频繁遇到其他小圈子的守则，为了和平共处，最后大家只能尽量取这些守则的“公倍数”，每个人都遵守所有小圈子的守则，于是城市人的礼数就显得繁缛复杂，但也因此显得文雅有教养了。

图 8-1　第一次工业革命时期，英国的“敲窗人”

工业生产要求工人准时上班，从而为社会带来了守时观念。19 世纪，闹钟还没有发明，英国因此出现了一种名为“敲窗人”（knocker-up）的职业，用长杆敲窗户来叫醒工人起床上班另外，在一定的福利政策的支持下，城市化通常可以造就城市人口的普遍富裕，使城市中形成庞大的中产阶级（middle class）。在19世纪，中产阶级被叫做“小市民阶级”（bourgeoisie，或音译为“布尔乔亚”），在马克思的语言中则叫作“小资产阶级”（petty bourgeoisie，或半音半意译为“小布尔乔亚”）。中产阶级的普遍富裕，深刻塑造了其种种心理特质。根据美国心理学家马斯洛（Abraham H. Maslow）的需求层次理论，在解决了起码的生理需求之后，中产阶级更为注重安全需求（如财产安全）、情感需求（如爱情）、尊重的需求和自我实现的需求。因此，和平、爱、奋斗不可避免成为中产阶级钟情的价值观。演化心理学则指出，人的财富越多，就越喜欢孤独，越不喜欢同他人交往，不愿意受他人干涉，因此中产阶级对于自由（更准确地说是消极自由）也非常重视，不仅憎恶国家对个人自由的不必要限制，对于国家对个人自由的一些合理限制有时也不能理解，因而往往成为各种无政府主义（anarchism）的拥护者。当然，马克思早就指出，由于中产阶级掌握了一定的财富，时刻担心失去它们，所以在面对不合理的制度时显得比较软弱，对于社会革命首鼠两端，犹疑不决，这就是所谓的“小资产阶级的软弱性”。

自然，第一次工业革命带来的剧烈社会变革，以及新文明形成初期的种种丑恶现象，也一定会引起一些人的反感，激发他们的退步主义情绪。就在第一次工业革命如火如荼发展的18世纪末19世纪初，英国文艺界掀起了浪漫主义运动，以诗歌界的运动最为出名。著名的浪漫主义诗人有前期的“湖畔三诗人”华兹华斯（William Wordsworth，1770—1850）、柯勒律治（Samuel T. Coleridge，1772—1834）和骚塞（Robert Southey，1774—1843），以及后期的拜伦（George G. Byron，1788—1824）、雪莱（Percy B. Shelley，1792—1822）和济慈（John Keats，1795—1821）。前期浪漫主义诗人思想比较消极，只是一味歌颂工业时代越来越不容易见到的乡村田园景观，退步主义色彩浓厚。后期浪漫主义诗人则相当积极、激进。比如拜伦就不仅是诗人，还是一位积极的社会活动家。因为他为英国上层社会所不容，只好出走国外，最后参加了希腊的革命运动并死在那里。1816 年，身在意大利的拜伦写下了名诗《卢德派之歌》(*Song for the Luddites*)。卢德派是 19 世纪初英国手工业者组成的集团，反对以机器为基础的工业革命，甚至掀起了砸毁工厂机器的激进运动，因而遭到英国政府的残酷镇压。虽然卢德派的反抗有合理的一面，但总的来说是逆历史发展的大势而行。拜伦对卢德派的热情讴歌，正是他那种用退步主义包装过的革命理想的生动呈现：

海外自由的儿郎
买到了自由——用鲜血；
我们，不自由便阵亡！
除了我们的卢德王，
把一切国王都消灭！

等我们把布匹织出
梭子换成了利剑，
就要把这幅尸布
掷向脚下的独夫，
用他的腥血来染遍。

他腥血和心一样黑，
血管腐烂如泥土；
这血水却能当露水，
沾溉卢德所栽培——
我们的自由之树！

的确，英国最早创造的工业社会绝对不是一个理想的社会，其中充满了尖锐的阶级对立；资本家对工人的残酷压榨，也使工人的身心健康受到了极大摧残。除了英国向来有社会等级分化严重的传统之外，这种局面在很大程度上是拜英国自由放任的经济政策所赐。上面已经提到，马克思（Karl Marx，1818—1883）在年轻的时候就针对早期资本主义的种种怪相，提出了哲学气息浓厚的“异化”概念。后来，马克思的思想更为激进，大胆宣布了刚刚才完成第一次工业革命的资本主义的命运——一定会被最具革命性的无产阶级通过暴力所推翻，全世界的无产阶级联合起来，最终会创造共产主义社会这样一个美丽的新世界。虽然马克思无论如何也不是一个退步主义者，而是一个极端的进步主义者，但是他和浪漫主义艺术家一样，都低估了资本主义创造的工业文明社会向正面发展的潜力。在马克思晚年，他和挚友恩格斯（Frederick Engels，1820—1895）一边积极投身社会运动，组织工人起来反抗资本家，一边不得不与当时工人运动中的妥协派领袖如拉萨尔（Ferdinand Lassalle，1825—1864）及欧洲的中产阶级思想家如蒲鲁东（Pierre-Joseph Proudhon，1809—1865）、杜林（Karl Eugen Dühring，1833—1921）等展开激烈斗争。事实最终证明，当西方资本主义结束自由放任政策，开始施行福利政策“收买”工人、培植更多的中产阶级之后，马克思主义中的激进派在西方资本主义国家也就失去了市场。今天，西方流行的“西方马克思主义”（Western Marxism，简称“西马”）早已放弃了暴力革命，而被改造成了一种中产阶级哲学，意大利共产党领袖葛兰西（Antonio Gramsci，1891—1937）提出的“公民社会”（civil society）理论就是一个代表。俄国、中国和其他一些发展中国家在引入马克思主义后，则继续坚持暴力革命思想，将其发展成为“东方马克思主义”（Eastern Marxism，简称“东马”）。

福兮祸之所伏

在长跑运动中常常有这样的景象：中途排在第一位领跑的选手，往往不能坚持第一的位置，过一段时间之后就会被其他人所超越；但超越者也往往不是最后的胜者。类似地，在竞争中暂时获胜的族群，也往往难以把优势一直保持下去；排在它后面的族群会吸取其成功经验，回避其缺点，最终赶超到它的前面。这可能就是文明兴衰的一个主要机理。

虽然英国在第一次工业革命中获得了难以想象的巨大成功，但是它的缺点也非常突出。首先是我们前面已经几次提到的，英国的社会等级分化严重，阶级固化，这虽然避免了类似 18 世纪末法国大革命那样的毁灭一切的极端暴力造成的惨剧，但也通过种种具体机制严重遏制了社会创新能力的迸发。

随着工业化程度的不断加深，自然科学在 19 世纪逐渐和自然技术联姻，成为推动自然技术继续发展的动力（这是下一章的主题），以机械制造为例，它的发展就越来越离不开数学、力学和材料科学知识。为此，就需要让包括工人在内的全民接受足够的科学知识教育，还要建立全民性的、普惠性的高等教育，作为培养新式工程师的摇篮。但是，英国的大学（如牛津、剑桥之类）长期主要是贵族子弟的专属学校，像牛顿这样的平民子弟必须通过特殊的手段才能入学，一般人则通常只能接受初等教育和中等教育，之后就离开学校投身工作。直到 19 世纪末，全民性的高等教育才在英国普及，这不仅落后于美国，甚至落后于欧洲大陆的法国和德国。在英国，推动技术革命的工程师大都出身平民，没有受过完整的教育（前面提到的达比、纽科门、瓦特、斯蒂芬逊都是如此），缺乏必要的科学知识，这就从智力资源上让英国错失了继续发动第二次工业革命的良机。

与此同时，英国工匠协会的势力过于强大，技术传承方式还是落后的师傅向学徒传授的方式，出于保密的要求，彼此之间缺乏合作，因此不能形成紧密配合的企业群，大多数企业都是单打独斗。这些旧式工匠还常常比较保守，不到紧要关头不情愿接受新发明、新技术。特里维西克的小型蒸汽机之所以没有被英国市场接受，除了瓦特从中作梗外，和当时应用了旧式蒸汽机的矿主、工厂主的保守态度也有很大关系。

英国的贵族阶级对于新技术的推广也缺乏关注。事实上，他们一般都不愿意从事制造业，觉得它肮脏、卑下，有失贵族身份。相比之下，他们更重视金融业、高端服务业之类的干净、体面的产业。由于这些贵族阶级把持了英国政府，在他们的短视政策之下，英国没有对制造业给予大力支持，因此后来很快就被新兴的德国、美国等其他国家所超越了。

最后，英国还缺乏或未能发扬后来美国大规模应用的一系列新技术，比如后面马上要介绍的标准化制造技术就只在英国的兵工厂中得到了极为有限的应用。因此，英国的制造业在本质上还是作坊生产，工业品的质量控制做得很不好，参差不齐的现象十分严重，好的产品性能极为优越，令人叫绝，但次品率也相当高——这就是所谓“英国制造体系”。从这个意义上说，第一次工业革命期间的英国工厂还不是现代意义上的工厂，与其管英国叫“世界工厂”，倒不如叫“世界作坊”更恰当些。

在英国轰轰烈烈开展这场早就潜伏有缺陷的工业革命的同时，在大西洋彼岸新成立的美国，却埋下了新工业革命的种子。

我们在这里不详述美国成立的过程，只指出两点：第一，美国的建国史并不像后来其官方史书描述得那样冠冕堂皇，比如1775～1783年的独立战争实际上是在法国的支持之下才获胜的，如果没有法国的支持，美国很可能无法独立；第二，美国在独立之前就形成了南、北两种不同的经济和文化，南部经济以雇佣黑人奴隶的种植园经济为主，北部相对来说比较“文明”一些，不赞同奴隶制。虽然有这样的差别，在19世纪初，美国总体来说还是一个比较落后的农业国家，北方并不比南方强到哪里去。

然而，此时的美国已经具备了发动工业革命的条件。第一，美国孤悬海外，远离欧洲的种种冲突和战争，有比较安定的外部环境。第二，通过不断向西扩张，美国获取了大量的土地和其他资源。有了广阔的土地，就可以种植大量农作物，实现粮食自给自足；而在这广阔的土地上正好又分布有丰富的煤矿和铁矿，而且基本上都在北部州的范围之内（品质较好的煤矿主要分布在阿巴拉契亚山脉西麓和中西部的几个州，铁矿则集中分布在苏必利尔湖的南部和西部）。第三，美国的资本主义思想和英国一样发达，特别是很多北方资本家具有强烈的清教（Puritan）信仰，对利润的追求较之英国资本家有过无不及。第四，导致英国工业革命难以为继的那些因素，在美国基本都不存在。美国的社会平等性要比英国好得多，而且很早就建立了普惠性的高等教育。

更重要的第五个条件，则是美国从法国人那里学来了标准化制造（standardized production）技术。所谓标准化制造，就是对构成机器的每个零部件都建立其制造标准（standard），实现零部件之间的可替换性（interchangeability）。这样，只要通过大规模生产（mass production）制造足够的零部件，就可以快速组装出整台机器，维修起来也比较方便。通过标准化制造，成品的质量也得到了较好的控制，虽然性能不一定特别优秀，但次品率较低，保证了其性能的稳定性。

尽管在工业革命以前也能找到一些类似标准化制造的实例，但一般认为法国军官格利博瓦尔（Jean-Baptiste Vaquette de Gribeauval，1715—1789）是标准化制造的先驱，他于1776年在大炮的制造上使用了标准化制造技术（但没有做到零部件的可替换性）。可惜由于法国工匠的保守态度和法国大革命的爆发，这一技术在法国的传承不幸中断。然而墙里开花墙外香，在法国工程师的帮助下，“车床之父”莫兹利于1803年率先在英国兵工厂中实现了可替换零部件的大规模生产；而通过法国工程师布朗（Honoré Blanc，1736—1801）和另一位法国军官德·图萨尔（Louis de Tousard，1749—1817）的传授，标准化制造技术又传入了美国。在这个过程中，两位美国国父——首任总统乔治·华盛顿（George Washington）和第三任总统托马斯·杰斐逊（Thomas Jefferson）起到了至关重要的作用——虽然杰斐逊曾经想请布朗到美国工作未果，但他努力搞到了布朗的回忆录和论文；而图萨尔先后两次赴美工作，与华盛顿关系十分密切。顺便说一句：美国著名的军校——西点军校的最初规划也是德·图萨尔完成的。

有了标准化技术，再加上英国人开创的机械制造，美国人在19世纪初成功地建立了所谓的“美国制造体系”（American system of manufacturing）。根据现代学者考证，美国最早尝试美国制造体系的工厂也是兵工厂，包括著名的斯普林菲尔德兵工厂（Springfield Armory，也译成“春田兵工厂”）和哈珀斯费里兵工厂（Harpers Ferry Armory），但是最早实现美国制造体系的却是康涅狄格州的钟表制造业。之后，两位工程师西米恩·诺斯（Simeon North，1765—1852）和约翰·霍尔（John H. Hall，1781—1841）才分别在1816年和1822年实现了步枪的标准化制造。

在美国制造体系的建立过程中，还有一个人不能不提，这就是美国发明家惠特尼（Eli Whitney，1765—1825）。早在1793年他就以发明惠特尼轧棉机出名，这种新型轧棉机提高了把棉纤维从棉籽上剥离下来的速度，使轧棉工序在效率上能够和后续的纺纱、织布工序相匹配，因此也可以视为第一次工业革命的一大成果。由于惠特尼的发明，美国南方原本已经衰退的棉花种植业和奴隶制又重获新生，所以从某种意义上说，美国后来爆发南北战争，惠特尼也有一份“功劳”。

考虑到惠特尼的名气，美国政府在1798年和他签订了一份在两年内生产1万支火枪的合同。在这个过程中，惠特尼了解到了标准化技术，并成为它的大力鼓吹者，但是他自己却迟迟未能实现火枪的标准化制造，以致他接的这第一份合同最终用了8年时间才完成。事实上，惠特尼的工厂直到他去世之后不久才实现了标准化制造。因此，尽管惠特尼在宣传标准化制造思想方面有功，但把他尊为美国制造体系的奠基人就名过其实了。

因为国土广阔，美国非常重视交通运输的效率，因此在铁路发明不久，就热情地引入了这项新技术。就在英国第一条公共铁路竣工之后 3 年，1828 年，美国著名的巴尔的摩—俄亥俄铁路也开工了。1830 年 8 月 28 日，在巴尔的摩举办了一场火车和马车的竞赛，虽然结果火车不幸落败，但很快马车的速度就比不上火车了。在下一章中我们会看到，正是铁路公司推动了电报的应用和企业管理技术的革新。

1848 年，在刚刚并入美国版图不久的西海岸加利福尼亚州发现了金矿，同时引发了南北两方对西部未开发的广阔土地的重视。为了争夺对这些土地的控制权，再加上南方要维护棉花出口英国获取财富的依附性经济体系，北方要维护机械工业和纺织工业的独立经济体系，以及其他种种原因，南北双方的分歧越来越剧烈，终于在 1861 ～ 1865 年爆发了南北战争。经过这场惨烈的内战，南方向北方投降，这样就扫清了阻碍新工业革命开展的政治障碍。很快，美国就在北方的主导之下掀起了一场更大、更彻底的工业革命。

思维聚焦

从18世纪初到19世纪中叶，第一次工业革命在英国开展，人类由此进入了工业时代。英国之所以成为工业革命的先驱国，和很多因素有关，包括为其奠定了稳定外部环境的海上霸权、自给自足的农业经济、发达的资本主义、专利法的制定等，直接原因则是英国面临了严重的人口危机和资源危机。丰富的煤铁资源则是英国能够稳定进行工业革命的更直接保障。

第一次工业革命中的各种新技术可以大致划分为6个技术群，包括冶金技术群、采矿技术群、蒸汽动力技术群、纺织技术群、交通运输技术群、机械制造技术群。这几个技术群相互促进，彼此追赶，最终带动了整个工业领域翻天覆地的变化。但是，第一次工业革命基本上和科学无关，其间的各种技术创新是工程师通过不断试错获得的，几乎没有受到科学理论的指导。

第一次工业革命使英国成为“世界工厂”，建立了现代金融体系，英镑成为世界货币，英国因而在制造业、金融业和海上运输业方面都占据绝对优势。为了适应这种经济形势，英国实行了自由放任的古典自由主义经济政策。第一次工业革命还实现了文明世界的第二次城市化，除了创造了工人阶级这一新群体之外，也逐渐使中产阶级群体得到很大扩充，后者因而逐渐成为现代城市文明的主体人群。早期英国工业社会的种种问题，则不仅催生了浪漫主义文艺家的退步主义思想，也催生了马克思主义的激进思想。

然而，由于英国社会等级分化严重，由此引发的一系列具体机制最终导致英国在19世纪后期失去了工业技术继续革新的动力，英国从此走向衰落。相比之下，18世纪后期新成立的美国则具备了多种适宜新工业革命开展的条件，特别是标准化制造技术的应用和铁路公司的成立，为第二次工业革命的兴起奠定了基础。

第九章　知与行的联姻

17～18世纪的数学、物理学和天文学

上一章主要讲的是18世纪到19世纪前期的第一次工业革命，我在其中几次强调，在这次工业革命中，自然科学和自然技术在很大程度上还处在互相隔离、互不往来的状况中。这一章就先来介绍一下牛顿以后、18世纪末之前的西方科学，对这个状况会理解得更为深刻。

首先来看数学。尽管牛顿独立发明了微积分，对于数学发展是一个重大突破。但是由于他和莱布尼茨争夺发现权，引发了英国数学界和欧陆数学界的不和。在牛顿之后，英国数学界囿于民族主义情绪，就逐渐局限在牛顿那种复杂的“流数”处理方法之中，不仅原先在数学研究上的优势消失殆尽，而且落后于欧洲大陆数学界达一世纪之久。泰勒（Brook Taylor，1685—1731）是18世纪英国数学家中的少数杰出代表，他最大的贡献是提出了泰勒公式，可以把任何单变量函数都展开为幂级数之和，这就找到了计算函数值的近似方法，具有重要的应用意义。

相比之下，莱布尼茨的微积分理论却在欧洲大陆得到了长足发展。约翰·伯努利和欧拉就是两个杰出代表。约翰·伯努利（Johann Bernoulli，1667—1748）是瑞士著名的伯努利科学家族中的第一代，在微积分的多个领域都做出了重要贡献，其中最为人熟知的大概是洛必达法则。也许你会觉得奇怪：约翰·伯努利提出的法则为什么会叫做洛必达法则呢？原来，洛必达（Guillaume F.A. de l’Hôpital，1661—1704）是约翰·伯努利的学生，对数学十分痴迷。洛必达出身法国贵族家庭，家里很有钱，他和伯努利在1694年签了一个协议：伯努利以后在数学上的新发现，都要署他的名发表，他则每年付给伯努利300法郎作为报酬。后来洛必达先于伯努利去世，伯努利把这桩

交易的事公之于众，世人才知道了真相。

瑞士数学家欧拉（Leonhard Euler，1707—1783）也是约翰·伯努利的学生，堪称18世纪最伟大的数学家。不仅是微积分，他对当时数学的其他各个领域都做出了重要贡献。以欧拉命名的方程、公式、定理等竟然有几十个之多，其中最有名的莫过于欧拉等式：

$$e^{i\pi}+1=0$$

式中，e是自然对数的底，i是虚数单位，π是圆周率，而0和1又是两个最基本的数字。这个等式把这5个最重要的数学常量都包括在内，充分体现了数学之美。

在约翰·伯努利和欧拉等人的推动下，微积分成为18世纪西方数学中的热门研究领域。而数学家们努力发展这个数学分支的目的也比较明确，就是希望能为力学、天文学等自然科学学科的研究提供合适的工具。在这种情况之下，数学家们忙于扩展微积分的应用，却忽略了微积分的理论基础建设，结果引发了第二次数学危机——极限危机。

第二次数学危机是在英国大主教贝克莱（George Berkeley，1685—1753）对微积分理论的攻击之下显现出来的。贝克莱是一位虔诚的基督教徒，也是一位出色的哲学家。由于马克思主义的影响，贝克莱在中国长期被视为一位顽固守旧的反动人物，实际上他在西方哲学史上的地位是非常高的。他敏锐地发现，微积分理论的核心概念是无穷小，但是在牛顿的理论中，无穷小一会儿等于0，一会儿又不等于0。它到底和0是个什么关系？数学家一时也说不清楚。贝克莱抓住这一点，尖刻地嘲讽无穷小是“已死量的幽灵”（ghosts of departed quantities）。

当时的英国数学家虽然针对贝克莱的批评做出了驳斥，但都无法解决贝克莱悖论。18世纪欧洲大陆的数学家也不太重视这个问题。事实上，那时的数学界过于追求数学在现实中的用处，这种风气限制了数学家的视野，使他们不能及时开辟数学的新领域，甚至有人悲观地认为数学的源泉已经枯竭。18世纪可以被认为是近代以来西方数学背离古希腊数学的理性传统最远的时期。

与此相反，此时的力学和天文学却在牛顿开拓的道路上继续稳步前行，充分贯彻了古希腊科学的理性精神。17 世纪的荷兰物理学家惠更斯（就是和牛顿争论光的本质是微粒还是波动的那位）在物理学上的最大贡献是确立了动量守恒定律和机械能（当时叫“活力”）守恒定律。守恒是物理哲学中的重要思想，最早是由笛卡儿提出的。但直到惠更斯时代，学者们才终于把它用严格的物理公式表述了出来。后来，伯努利家族第二代中的达尼埃尔·伯努利（Daniel Bernoulli，1700—1782，约翰·伯努利之子）把“活力”守恒定律应用到流体中，提出了流体力学中著名的伯努利方程。

微积分的应用，则使力学进一步精密化，分析力学由此而生。上面提到的约翰·伯努利和欧拉都对分析力学的发展做出了重要贡献，而分析力学的第一位集大成者则是法国数学家、物理学家拉格朗日（Joseph-Louis Lagrange，1736—1813）。拉格朗日在 1788 年出版了杰作《分析力学》，标志着力学在当时成为自然科学中最发达、最能显示理性魅力的学科。

天文学也不遑多让，天体力学的发展仅次于分析力学，其集大成者也是一位法国人，叫拉普拉斯（Pierre-Simon de Laplace，1749—1827）。他在 1799 ～ 1825 年陆续出版了 5 卷《天体力学》，汇集了牛顿以来天体力学方面的全部成就，从而使拉普拉斯有了“法国牛顿”的美誉。拉普拉斯颇受法国皇帝拿破仑重用，据说拿破仑曾经问拉普拉斯为何在书里一句也没提到上帝的作用，拉普拉斯的回答干脆利落：“陛下，我不需要那个假设。”这充分显示了天体力学中闪耀的理性光芒。在此顺便要提一句：天体力学历史上最轰动的成果，莫过于 19 世纪英国天文学家亚当斯（John C. Adams，1819—1892）和法国天文学家勒维烈（Urbain J. J. Le Verrier，1811—1877）利用天王星运动中的反常计算出了一颗未知大行星的位置，德国天文学家伽勒（Johann G. Galle，1812—1910）由此在 1846 年成功地找到了海王星，这颗太阳系的第八大行星因此被称为“笔尖上的行星”。

总之，这个时代的力学和天体力学继续发挥了科学革命以来欧洲科学家所复兴的那种古希腊式的纯粹的、理性的科学传统，也就是古典科学传统。除了力学和天体力学之外，这个时代的光学也属于古典科学，只不过因为牛顿“微粒说”的局限，它在18世纪并未取得多少实质性进展。

与古典科学不同，在牛顿之后，另一类近代科学也在西方逐渐发展起来。这类科学比较重视实验和应用，对理论和定量相对来说不那么热衷。这就是“培根科学”（Baconian science）。之所以如此称呼，是因为这类科学非常合乎英国哲学家弗兰西斯·培根那种重视实验、重视归纳的新思想。现代数理科学当然已经把古典科学传统和培根科学传统都融汇在一起了，但是在培根提出他那套哲学的时候，坚持古典科学传统的学者如笛卡儿却不赞同他的观点，坚决认为演绎、思辨才是科学研究的正途。正因为如此，把近代科学划分为古典科学和培根科学是有道理的。

在物理学中，热学、电学、磁学这三个分支最开始主要呈现了培根科学的面貌。热学研究的开展始于温度的测量，而温标的确定具有十分关键的地位。德国物理学家华伦海特（Daniel G. Fahrenheit，1686—1736）在1724年提出了华氏温标，以32华氏度（℉）为水的冰点，212℉为水的沸点。今天在英美国家仍然通用华氏温标。瑞典天文学家摄尔修斯（Anders Celsius，1701—1744）则在1742年提出了另一种温标，以100℃为水的冰点，0℃为水的沸点。8年之后，摄尔修斯的同事建议把标度颠倒过来，这就形成了今天在世界多数国家和学界广泛使用的摄氏温标。

通过对热现象的总结，18世纪的热学还归纳了第一个理论——热质说。这个理论认为热是一种物质，物体含的热质粒子越多，温度就越高。由于热质说可以解释当时遇到的大部分热学现象，因此它一直在学界盛行。

电学研究最早取得的两大成果，一是能够稳定地获取电，二是弄清楚电的最基本属性。荷兰物理学家、莱顿大学教授穆申布鲁克（Pierre van Musschenbroek，1692—1761）在1745年偶然发明了能够储存大量静电的“莱顿瓶”，大大便利了静电的研究。在此之前，法国有人已经发现了电有两种；美国著名政治家、开国元勋富兰克林（Benjamin Franklin，1706—1790）则利用莱顿瓶进一步确证了这一点，并将两种电命名为“正电”和“负电”。富兰克林还冒着生命危险，通过风筝实验证明闪电就是天空的电现象，从而统一了天电和地电。受此启发，富兰克林还发明了避雷针。

对电流的研究则是意大利科学家率先开展的。意大利医生伽伐尼（Luigi Galvani，1737—1798）在 1781 年偶然发现了蛙腿受电刺激收缩的现象，他认为这是生物体内也存在“生物电”的证据。但是另一位意大利学者伏打（Alessandro Volta，1745—1827）在重复实验之后，发现电的产生和蛙腿无关，实际上是两种不同的金属与同一液体接触后的结果。伏打因此在 1800 年发明了伏打电堆，可以持续产生稳定的电流。伏打电堆是电池的雏形，为 19 世纪电学的大发展奠定了物质基础。

不过，在古典科学和培根科学之间并没有截然的界限。主要表现为古典科学的学科也可能呈现出培根科学重观察和实验的一面，主要表现为培根科学的学科也可能呈现出古典科学重思辨和定量的一面。比如 18 世纪英国著名天文学家赫歇尔（F. William Herschel，1738—1822）就以观测见长。他在 1781 年发现了第七大行星天王星，扩展了太阳系的边界；又通过对不同天区恒星数目的统计指出天空中的恒星实际上排布成一个扁盘状的星系——银河系，并在 1785 年绘出了银河系的大体形状。这些发现都进一步发展了科学革命以来西方学界建立的宇宙图景。法国物理学家库仑（Charles de Coulomb，1736—1806）则在 1785 年发表了库仑定律，给出了静电电荷之间作用力与电荷电量、距离的定量关系。

当然，无论是古典科学还是培根科学，都和第一次工业革命没什么干系。尽管也有一些传说把工业革命的主要成果和科学界挂成钩来，比如认为纽科门受到了胡克的指点，或瓦特受到了热学界“潜热理论”的影响，可惜都不可信。瓦特虽然也是皇家学会会员，但是他获得会员资格靠的是他在化学方面的研究，和蒸汽机制造压根没有关系。像富兰克林那样利用电学研究成果指导实践发明避雷针的例子屈指可数，而电的应用并不能归入第一次工业革命的范围。我们顶多只能说，那时候的科学从精神上、文化上鼓舞滋养了工程师们，科学机构的建立也增进了科学家和工程师相互交流的机会。但是直到18世纪结束，自然科学和自然技术的确都还是各自为政，彼此没什么交集。

在古典科学和培根科学之外，还有一种既不重视思辨和定量，又不重视实验的科学传统，这就是第四章已经提到的博物学（表9-1）。博物学更重视对丰富的自然物和自然现象的描述和记录，而这些描述和记录常常是定性的。在18世纪，生命科学和地球科学在很大程度上就仍然处在博物学阶段。在下一章会讲到生命科学的博物学传统的发展，至于地球科学的博物学传统，就要等到最后一章再做简要介绍了。

表9-1 西方科学的三种传统

类别	古典科学		培根科学	博物学
特色	重视思辨性，重视统一性理论的提出	重视数学的运用和对量的分析	重视实验和应用	重视对自然物和自然现象的描述和记录
思想来源	米利都学派	毕达哥拉斯学派	资本主义实用精神	人类先天本能
19世纪的代表学科	数学、力学、光学、天文学、化学（原子论）		热学、电学、磁学、化学（元素论）	地球科学、生命科学

化学革命

现在我们可以总结一下世界历史上自然科学和自然技术之间的各种关系了。古往今来的科学与技术的关系大致可以分成 3 种情况。正如第四章所展示的，世界上绝大多数的古代文明（包括古代中国在内）的科学都是从属于一般技术的，科学研究具有很强的功利性，而且往往带有泛灵论色彩，这种关系可以简略称为“科为技用”。然而，古希腊却在古代文明中独树一帜，发展出剥离了功利性和泛灵论、重视“纯粹”理性的科学，因而和一般技术几乎脱离了一切关系，形成了“科技分离”的状况。上面又刚讲过，自文艺复兴以来一直到 18 世纪，西方人所复兴的古希腊式古典科学仍然未能对一般技术产生太大的影响，因此近代早期的欧洲继续经历了一段“科技分离”时期。

但是到了 18 世纪后半叶，情况起了变化。如果说在 17 世纪后半叶由牛顿完成物理学和天文学革命之后，西方自然科学在 18 世纪前期进入到一个常规发展的阶段，那么从 18 世纪后半叶开始，以化学革命为先声，西方自然科学又开始了一场声势更为浩大的革命，一直延续到 20 世纪 60 年代。这场前后将近 200 年的科学革命的主要标志就是自然科学和自然技术结束了互不相干的状态，二者逐渐紧密结合在一起，展现出当代我们所熟悉的科技形象。具体来说，从化学革命开始，古典科学先是和培根科学相统一，形成现代数理科学（也即具备了“现代性”）；与此同时，科学又开始和一般技术联姻，为它提供指导。从此，自然科学和自然技术就建立了第 3 种关系——“科技共进”关系。

化学是一门比较特别的学科，在革命之前，它不像同时代的物理学那样分成几个互不联系的分支，而是在同一领域兼备古典科学和培根科学两种传统。其中，“原子论”属于古典科学传统，而“元素论”

属于培根科学传统。

为什么这么说呢？我们不妨来看原子论和元素论各自的发展历史。原子论和元素论在根本上都来自古希腊自然哲学。第四章讲过原子论的提出者是留基伯和德谟克利特，而元素论——更具体地说，是气、火、水、土四元素论——的弘扬者有恩培多克勒、柏拉图和亚里士多德。不过，二者在后世的发展和待遇是不一样的。四元素论长期和西方医学及炼金术结合，早已成为这些重视观察和实验的科学的理论基础，因而带上了很强的培根科学色彩。到 16 世纪，德意志医生帕拉塞尔苏斯（Paracelsus，1493—1541）从炼金术实践出发，又提出了另一种元素论，即硫、汞、盐“三要素论”，这就更可以说是培根科学式的归纳总结了。

与元素论不同，原子论因为没有被柏拉图和亚里士多德接受，所以在中世纪长期埋没不彰。直到文艺复兴之后，在大家纷纷复古、从古希腊哲学那里挖掘新思想的风气之下，法国哲学家伽桑狄（Pierre Gassendi，1592—1655）才重新开始宣传原子论。受他的影响，英国化学家波义耳（Robert Boyle，1627—1691）终于把原子论引入了化学。需要说明的是，波义耳本人有意避免使用“原子”这个词，而是使用“微粒”之类中性的词来代替它，因此在哲学界一般把他的理论称为“微粒论”。但如果从更广阔的科学史角度来看，微粒论仍然是原子论的一种。

波义耳也是炼金术的支持者，曾和牛顿频频通信讨论这方面的心得。但毕竟是他在 1661 年出版了名著《怀疑的化学家》（*The Sceptical Chymist*），正是这本书使化学开始摆脱炼金术的束缚，迈上向现代科学发展的道路，波义耳也因此被尊为“近代化学的开创者”。在书中，波义耳首先指出化学研究不应该只求实用，而应该视为探索自然哲学的活动，主要目的是对物质现象提出理论解释。这正是他把原子论引入化学的目的。波义耳对当时流行的四元素说、三要素说都提出了 3 个强烈的质疑：那些所谓元素、要素真的是原始、简单的东西吗？除了它们之外，每一种物体真的都是这几种元素、要素的混合体吗？凭什么认定元素、要素一定只有 3 种或 4 种，而不是更多？通过一番论证，波义耳最终大胆否定了元素论，认为元素是一个“错误的、使人误入歧途的概念”。比起元素论来，波义耳认为原子论能够更好地解释当时已知的种种物理－化学现象——所有物质都是由大量肉眼看不到的粒子组成，这些粒子结合生成“原始凝聚体”或“簇状物”，是化学反应中的最小单位；后者再进一步结合成“微粒”，正是微粒决定了物体的物理性质。波义耳由此正确区分了“完全混合物”（化合物）和“机械混合物”（混合物）：完全混合物中的各个组分已经不再保持其特性，而机械混合物中的各个组分仍然保持其特性。既然各种物理－化学现象从原子论的角度都可以得到很好的解释，那么原先炼金术中那些神秘的动力（什么爱、憎、亲和力之类）就都是陈腐的概念，应予抛弃了。毫无疑问，在波义耳的原子论论说中再次闪耀了古希腊科学那种弃绝神迹、追求理性的光芒。

不过，元素论和原子论本来并非不可调和。在波义耳之后，德国化学家斯塔尔（Georg Ernest Stahl，1660—1734）就试图把二者结合起来，在原子论的基础之上建立元素概念。在构建新理论的时候，斯塔尔正式提出了燃素说：燃素（phlogiston）是一种元素，在易燃物中含量甚多。易燃物燃烧的过程，实际上就是空气夺走其燃素的过程；失去了燃素的易燃物就成为灰烬，不能再燃烧了，而吸饱了燃素的空气也不能再起助燃作用了。

按照线性的、辉格式的科学史观，燃素说是一种落后的、粗糙的理论。但在斯塔尔那个时代，它却是非常先进的理论，因为它不仅解释了包括燃烧、金属锈蚀在内的很多化学反应的原理，而且把它们都统一到一个理论之下，既体现了培根科学的归纳性，又体现了古典科学的思辨性，所以广泛为人接受。因此，今天我们应该为燃素说“翻案”，认为它在那个时代的确是一种好科学。

当然，燃素说自从提出的那一天起就面临一个巨大的困难，就是燃素是否有重量？若有，是正重量还是负重量？有机物燃烧之后，重量一般都大为减少，但金属生锈之后重量却会增加，如果这两个过程都是丧失燃素的过程，那燃素必须既有正重量又有负重量，这显然是自相矛盾的。不过，因为那时的化学家还缺乏古典科学的另一种思维——定量思维，所以虽然也有人试图解释这个难题，但都不够成功。

这个时候，化学家掌握了收集气体的方法，得以发现和研究各种各样的气体。其中，英国化学家普利斯特利（Joseph Priestley，1733—1804）和瑞典化学家舍勒（Carl W. Scheele，1742—1786）做出了极为出色的贡献。普利斯特利是一个典型的培根式化学家，一生勤于各种化学实验，但在理论上没什么建树。有趣的是，普利斯特利对实验如此感兴趣，竟是因为受了富兰克林的影响。他仔细研究了当时已经被发现的"固定空气"（二氧化碳），发明了苏打水，因此我们可以把他看成是现代软饮料工业的祖师。当然，他最大的贡献是在 1774 年通过加热氧化汞制得了氧气，发现它不仅有极强的助燃性，而且呼吸起来十分惬意。比起普利斯特利来，舍勒更是一个实验狂人，一生发现了大量化学物质，包括硫化氢、氯气和很多有机酸，他也是氧气的另一个独立发现者。纯从发现时间来看，舍勒在 1771 年就发现了氧气，比普利斯特利早了 3 年。但是普利斯特利在发现氧气的次年就公布了自己的发现，而舍勒的实验报告直到 1777 年才出版，这样反而是普利斯特利率先赢得了氧气的发现权。

可惜的是，无论是普利斯特利和舍勒，都没有意识到氧气的发现对化学理论发展的重要性，他们一生都坚持燃素说，拒绝新理论。最终，是杰出的法国化学家拉瓦锡（Antoine L. Lavoisier，1743—1794）推翻了燃素说，掀起了化学革命，从而拉开了第二次科学革命的大幕。

拉瓦锡之所以取得这样的成果，最主要的原因就是他把定量这个古典科学的重要武器应用到了化学之中。各种气体的发现使拉瓦锡意识到，有机物燃烧减重，金属生锈增重，都只是表面现象，其间一定有气体参加了化学反应。如果把气体的重量考虑起来，化学反应前后物质的总量应该是不变的。他设计了很多精密的实验，一再验证了化学里面这个重要的"物质守恒定律"。有了这样的理论基础，拉瓦锡发现有机物燃烧是它们与氧气反应、主要生成水和二氧化碳的过程，金属生锈也是它们与氧气反应生成含氧化合物的过程，也就水到渠成了。这样看来，燃素说在很多时候恰恰是把实际情况弄反了：以金属生锈为例，原来并不是金属失去了燃素，而是金属得到了氧。

1783 年，拉瓦锡正式向燃素说发起攻击。1789 年，他出版了《化学纲要》（*Traité Élémentaire de Chimie*）一书，全面提出了新的燃烧学说，确立了化学元素的新定义——在化学反应中不能再被分解的最基本组分，并阐述了物质守恒的思想。此外，拉瓦锡还和其他几位法国化学家为化学元素、化学物质建立了新的命名体系。从此，化学就走在了通往现代化的大道上。不幸的是，像拉瓦锡这样一位天才的学者，却葬身于法国大革命的政治风浪之中，在 1794 年被宣称“共和国不需要学者”的革命党送上了断头台。拉格朗日后来愤怒地说道：“仅仅一瞬间，我们就砍下了他的头，但是再过一个世纪也未必再有如此的头脑出现！”

新的化学体系特别是新的元素定义提出后，化学家面临的下一个问题就是如何把原子论和元素论更好地调和起来。英国化学家道尔顿（John Dalton，1766—1844）很好地完成了这个任务。他在 1808 年出版的《化学哲学的新体系》（*A New System of Chemical Philosophy*）指出，每一种元素都是由大量看不见、不可分割的原子组成的，世界上有多少种元素，就有多少种原子。不同元素的原子具备不同的质量、化学性质和化合力，能够以固定的比例组合成“复杂原子”，呈现出新的化学性质。科学原子论的提出，是化学革命的第二个重大成果，同样也是思辨和实验的精彩结合。

在我看来，化学革命的尾声是意大利化学家阿伏伽德罗（Amedeo Avogadro，1776—1856）在 1811 年提出分子论。阿伏伽德罗明确指出，元素的原子先结合成分子，再由分子组成物质。有了分子这个介于原子和物质之间的层次，一些单纯用原子论无法解释的化学现象也都可以解释了。遗憾的是，分子论本身也面临了另一些不能解释的难题，在阿伏伽德罗生前没有得到重视。直到他去世以后的 1858 年，才在另一位意大利化学家坎尼查罗（Stanislao Cannizzaro，1826—1910）的弘扬之下得到了化学界的普遍接受。原子 - 分子论的确立，使化学成为各大自然科学里面第一门在全领域实现了现代化的学科。

另外，正如天文学很早就和力学建立了密切关系一样，化学在 19 世纪初也和物理学的另一分支电学建立了密切关系。伏打电堆的发明，实际上就已经说明化学与电现象密不可分。后来，英国化学家戴维（Humphry Davy，1778—1829）运用电解的方法成功地从原先认为不能分解的苛性碱（碱金属氢氧化物）中分离出了真正的单质钠、钾等，更是启发化学家们思考化学与电的关系。瑞典化学家贝采里乌斯（J. J. Berzelius，1779—1848）因此提出了“电化二元论”，认为在化合物中，不同元素的原子带不同的电荷，靠正负电荷的吸引结合在一起。电化二元论和分子论一样都是思辨的产物，它本身并不能解决所有的化学现象，却因为与分子论相冲突，而成为导致分子论一时不能得到广泛接受的一大原因。然而，化学与电学的关联，却使化学很早就纳入物理定律的考察范围之中，比如物理学上的电荷守恒定律就对化学也适用。这就预示着化学和物理学可能也有某种根本上的理论联系，从而为20世纪初科学家从亚原子层次打通化学和物理学奠基了思想基础。

物理学的第一次大一统

在化学革命行将结束的时候，物理学接过第二次科学革命的接力棒，实现了更为激动人心的成就——物理学理论的第一次大一统。

在 19 世纪初，物理学的几个领域力学、热学、电学、磁学、光学彼此还没有贯通，仿佛是大海中的几个孤立的岛屿。但是，受德国的自然哲学思潮影响，一些物理学家坚信各种物理现象之间——特别是电和磁之间有密切联系。通过这种典型的古典科学方法论，电学和磁学果然最早统一在一起。1820 年，丹麦物理学家奥斯特（Hans C. Ørsted，1777—1851）首先发现了电流的磁效应。消息传到法国，法国物理学家安培（André-Marie Ampère，1775—1836）很快重复了奥斯特的实验，并把电流与磁体的作用扩展到电流之间的作用，提出了安培定律。电流的磁效应马上显示出其应用价值，正是通过这一效应，科学家对电流大小的测量才成为可能。

这些新发现传到英国，英国物理学家法拉第（Michael Faraday，1791—1867）在次年成功地使一根小磁针绕着通电导线不停转动，这可以视为电动机的雏形。之后，法拉第开始探索磁的电流效应，但是因为没有想到只有变化的“磁力”才能产生电流，起初的实验一直没有进展。直到 1831 年，他才终于发现了变化的“磁力”能产生感生电流的奥秘，电学和磁学至此完全统一。不过，法拉第是工匠学徒出身，数学水平不高，所以未能从数学的角度为电磁现象建立严密的数学模型。然而，工匠的形象思维却使他发明了用带方向的线条表示电磁场的方法，这种简明易懂的图示如今对电磁学的初学者仍然很有帮助。

19 世纪上半叶，除了上述电学和磁学彼此统一的成就外，光学和热学也取得了重要进展。在 19 世纪之前，由于牛顿光学专著的巨大影响力，人们普遍认定光是由微粒构成的。但在 1800 年，英国物理学家托马斯·杨（Thomas Young，1773—1829）终于率先对微粒说提出质疑，认为光在本质上应该像惠更斯所言是一种波动。杨通过精密的实验为波动说提供了一些可靠的证据，但是因为他误认为光波像声波一样是纵波，在物理学界发现光的偏振现象之后遇到了很大的困难。受此打击，杨并没有放弃自己的理论（在这一点上，他再次体现了古典科学家的特点，即不会因为理论与观察的一时冲突而轻易放弃理论），而是苦苦思索解决之道。到 1817 年，他终于意识到如果认定光波是横波，问题就可迎刃而解。这个时候，法国物理学家菲涅尔（Augustin-Jean Fresnel，1788—1827）也独立地提出了光的波动说，并很快得到法国物理学界的认同。这样，在光的本质问题上，光学再次完成了一次图景的变换。

19 世纪初，“热质说”仍然在热学界流行。尽管在 18 世纪末就有人通过摩擦生热实验怀疑“热质说”是不正确的，但是这个学说一直坚持到 19 世纪中叶都未绝迹。在此期间，热学最大的成果是法国工程师卡诺（Lazare Carnot，1796—1832）通过对蒸汽机的研究提出了热机理论，这为后来热力学第二定律的提出埋下了伏笔。很显然，在这个例子中，是自然技术启发了自然科学，而不是自然科学启发了自然技术。

但是到了 19 世纪 40 年代，先后有好几位物理学家独立提出了能量守恒定律，终于彻底改变了热学研究的局面。其中，英国的焦耳（James P. Joule，1818—1889）提供了较为确凿的实验证据，确定电流与其产生热量之间的关系的焦耳定律就是他发现的。能量守恒定律把电磁学、热学和力学都统一在一起，这不仅是物理学发展史上的重要里程碑，也对整个科学思想甚至社会思想都产生了深刻影响，那种认为物理世界普遍有联系的思想在这个时代已经完全深入人心。至此，“热质说”完全被从热学领域所摒弃，热是能量的概念获得普遍承认，能量不能凭空增加（或减少）的定律也在热力学中被尊为第一定律。

很快，英国的开尔文（William Thomson，Lord Kelvin，1824—1907）和德国的克劳修斯（Rudolf Clausius，1822—1888）又通过对

卡诺的热机理论的深化，先后提出热力学第二定律，克劳修斯还引出了“熵”（entropy）的概念。热力学第二定律同样对科学思想以至社会思想都产生了深刻影响，它揭示了物理世界发展的演化性和不可逆性，预言了宇宙的堪比末日的“热寂”结局。不久之前还没有完全摆脱“热质说”束缚的热学，至此竟一跃成为物理学里面最有哲学意味的分支。

到19世纪下半叶开始的时候，在物理学各分支里面，只剩下光学还没有统一起来，但这个时刻也不远了。英国物理学家麦克斯韦（James Clerk Maxwell，1831—1879）在1864年提出了著名的麦克斯韦方程，仅用4个可以写得极为简明的数学方程就概括了电磁场的整个面貌，而且还预示了电磁波的存在。通过对电磁波速度的计算，麦克斯韦发现它和当时测定的光速十分接近，因而他大胆预言光是一种电磁波。1886年，德国物理学家赫茨（Heinrich Hertz，1857—1894）成功地在实验室中发现了电磁波，完全证实了麦克斯韦的预言。

至此，物理学完成了其理论的第一次大一统，也就最终完成了现代化过程。除了个别问题还没有解决之外，它是如此整齐和谐，以至开尔文竟在1900年认为“物理大厦已经落成，所剩只是一些修饰工作”。虽然事实证明开尔文的预言完全错误，物理学马上就将掀起一场新的革命，但是物理学理论如此巨大的成功，却让很多人乐观地相信，只要能够获取一个系统的全部初始物理参数，这个系统的未来状态便都可以通过物理定律计算出来，这就是著名的机械决定论（mechanical determinism）。

不仅如此，19世纪光谱学的研究，又把化学、物理学和天文学这三个学科进一步统合成一体。法国哲学家孔德（Auguste Comte，1798—1857）曾经悲观地认为人类永远也无法弄清太阳的化学成分。但在1859年，德国物理学家基尔霍夫（Gustav Robert Kirchhoff，1824—1887）却成功地解释了太阳光谱中各谱线的含义，分析出了太阳的元素构成，开创了天文学的又一分支——天体物理学。随着天体物理学的开辟，天文学就完全还原为物理学，从而也实现了现代化。这样，到19世纪末的时候，世界上已经有了3门彼此之间有紧密关联的现代数理科学——物理学、化学和天文学。

数学向理性的回归

前面我们讲过，18世纪的数学过于重视在自然科学中的应用，是近代以来西方数学背离古希腊数学的理性传统最远的时期。从19世纪开始，西方数学界这种重应用、轻理性的风气终于逐渐发生了改变。首先，极限定义问题引发了数学家们越来越大的忧虑，贝克莱引发的第二次数学危机已经到了必须予以解决的地步。1821年，法国数学家柯西（Augustin-Louis Cauchy，1789—1857）开始在极限概念的定义上取得突破，1841年之后，德国数学家魏尔斯特拉斯（Karl T.W. Weierstraß，1815—1897）为极限提出了更完善的 ε-δ 定义，一直应用至今。在柯西的努力下，微积分中一些重要的概念如连续、可导性、微分、积分、无穷级数的和等概念也都有了较为坚实的理论基础。这种分析数学方法，实际上就是在向古希腊数学精神回归。

但是在柯西之后，魏尔斯特拉斯等人发现为极限提出明确定义并没有完全解决第二次数学危机，因为极限的定义会牵涉到实数，而实数仍然是一个未定义概念。他们通过各自的研究，独立为实数提出了定义，这样到19世纪90年代，实数理论也得到了充分的建立，微积分终于有了较为牢固的基础，第二次数学危机得到了彻底解决。

柯西虽然在分析数学领域做出了这样重大的贡献，但他却因另外两件事而备受后人指责，这就是他对挪威青年数学家阿贝尔（Niels H. Abel，1802—1829）和法国青年数学家伽罗瓦（Éveriste Galois，1811—1832）的轻视。阿贝尔和伽罗瓦都把自己有关群论（group theory）的划时代的数学论文送给柯西，结果却被柯西弄丢了，导致他们的成果没有立即得到重视。柯西的这种作风，反映了当时数学界的眼界多少有些狭隘。当然，平心而论，这两位青年数学家的悲剧和他们的短命也有很大关系——阿贝尔因病去世，伽罗瓦则死于决斗。在他们英年早逝之后，他们在群论方面的研究成果很快就得到了学界承认，作为最古老的数学分支之一的代数学由此进入了一个更为抽象、更为高等的新时代，数学也因此开拓了全新的研究领域。

另一位和柯西一样对数学做出重大贡献、却背负了不爱惜人才恶名的数学家是德国的高斯（Karl Gauß，1777—1855）。高斯多才多艺，在数学和其他很多学科都取得了出色成果，其中最值得一提的是他为初等数论所做的奠基性贡献，这为数学开拓了另一个被后人称为“数学皇冠上的明珠”的领域——数论。但他不愿与人交往，更懒于提携后进。阿贝尔在拜访柯西之前，曾经把自己的论文给高斯看过，据说高斯只看了几行就丢到了一边。更令人心寒的是，高斯很早就怀疑欧氏几何中的第五公设（过已知直线外一点，能且只能作一条直线与已知直线不相交）不可能由其他 4 条公设证明，更换这条公设可以建立非欧几何体系，但是他自己担心受人指责，生前一直没有公布这方面的研究。俄国数学家罗巴切夫斯基（Н.И.Лобачевский，1792—1856）在 1826 年公开建立了非欧几何中的罗氏几何（其第五公设更换为“过已知直线外一点，至少可以作两条直线与已知直线不相交”），但在他饱受学界攻击的时候，高斯也未能站出来对这位数学后辈表示支持。当时的数学界之所以不能接受非欧几何，根本原因仍在于囿于数学须有应用性的成见，而无法接受逻辑谨严、但在现实中找不到对应物的几何体系。直到罗巴切夫斯基去世之后，非欧几何才逐渐为世人所接受。

无论是柯西、魏尔斯特拉斯等人对分析数学的贡献，还是高斯、阿贝尔、伽罗瓦、罗巴切夫斯基等人对数学新领域的开拓，都说明数学在 19 世纪获得了长足进步，逐渐摆脱应用性的限制，而走在重新回到古希腊数学的道路之上。古希腊数学精神的巅峰，是欧氏几何的公理化体系。在 19 世纪末，数学研究的一大潮流，就是在各分支建立公理化体系，然后彼此再整合成更大的公理化的、统一的数学体系。这当中，德国数学家康托尔（Georg F. L. P. Cantor，1845—1918）建立的集合论最为著名，它不仅成为比实数理论更基本的公理体系，而且为 20 世纪的数学研究开放了更多的门径。然而，康托尔也因为其理论遭到许多攻击，甚至一度为此精神崩溃。不过最终，数学界吸取了从阿贝尔到康托尔的一系列教训，明确了数学的纯理性本质，从而在20世纪基本避免重蹈覆辙，把无谓的指责施加于新数学思想的先行者。今天，数学界在回答“数学有什么用”的问题时，普遍还是愿意先指出数学首先追求的是理性之美，而不是有用。这和古希腊哲人对“无用”的科学的追求已经基本合辙同拍。

当然，也不可否认，到了20世纪，数学的发展在相当程度上仍然要受到物理学等自然科学的影响。下一章我们会看到，统计学的发展在很大程度上就是因为生物学的需求。虽然在一些现代科学哲学学派看来，数学（及逻辑学）因为不涉及实证问题（简单地说，就是理论是否能解释和预测现象的问题）而不能归入科学之列，但是从历史主义角度来说，数学和自然科学的关系是非常紧密的，很多数学家同时也是自然科学家。这就是几乎所有科学通史著作中都要把数学史包括进来的原因。

第二次工业革命

自然科学在加速现代化的时候，也逐渐成为自然技术的基础。自然科学和自然技术的结合，正是 19 世纪中叶开始的第二次工业革命区别于第一次工业革命的一大特色。

第二次工业革命的一大标志是电力的应用，而这显然是物理学界对电磁学基本原理作出揭示的结果。欧洲工程师于对电力的应用做出了一定贡献，比如俄罗斯的波波夫（A.C. Бобов，1859—1906）和意大利的马可尼（Guglielmo Marconi，1874—1937）在 1895 年前后先后独立发明了无线通讯，等等，但是在电力应用上取得更大成就的还是美国人。他们发明了电动机车、电话等，还独立发明了有线电报机和交流发电机。其中，最为人熟知的“电气大王”是爱迪生（Thomas A. Edison，1847—1931）。

爱迪生一生拥有一千多项发明专利，其中很多和电有关，包括最早的商用白炽灯泡、留声机、电影等。特别是白炽灯的成功商业化，使人类在夜晚也可以尽情享用无尽的光明。爱迪生和牛顿颇有些相似性，他们都出身下层家庭，都喜欢在晚年美化自己的早期经历，性格也都不太随和。爱迪生在少年的时候听力就下降得很厉害，后来他先是说自己在火车上做化学实验出了事故，结果被列车员一巴掌掮聋了，此后又说列车员为了让他赶上已经发动的火车，揪着他的耳朵把他从地上拎起来，于是他的耳朵就聋了。其实这些都是他功成名就之后编造的励志段子。爱迪生还和另一位电气发明家特斯拉（Nikola Tesla，1856—1943）因为远距离输电应采用直流电还是交流电而发生争执，最后不共戴天。当然，最后是特斯拉获胜，使交流电在全世界普及开来。

上述这些电气技术的发明，体现了美国工程师的一大特点，就是具有强烈的“拿来主义”和实用主义风格，在吸收所有先进理论和已有技术的同时，充分发挥工程师个人的智慧，把新技术广泛地运用到生产生活的各个方面。正是因为电气技术在19世纪70年代之后得到了迅速发展，学界一般把第二次工业革命的开端定在1870年。

正如蒸汽动力带来了第一次工业革命中的能源革命一样，第二次工业革命中的能源革命除了电力的应用，还有石油的应用。1854年，美国工程师西里曼（Benjamin Silliman Jr.，1779—1864）发明了石油的分馏方法，而世界上的第一口油井是美国工程师德莱克（Edwin L. Drake，1819—1880）在1859年打出的，因此美国是最早开始石油工业的国家。

石油工业为内燃机的发展提供了能源基础。1862年，法国工程师德罗夏（A.E.B. de Rochas，1815—1893）在卡诺热机理论基础之上，结合内燃机的研制经验，提出了内燃机的四冲程循环理论。1876年，德国工程师奥托（Nikolaus A. Otto，1832—1891）受德罗夏理论的启发制造了第一台以煤气为燃料的四冲程内燃机。1883年，德国工程师戴姆勒（Gottlieb Daimler，1834—1900）发明了汽油内燃机，1892年，另一位德国工程师狄塞尔（Rudolf C. K. Diesel，1858—1913）又发明了柴油内燃机（因此柴油机至今在西文中仍叫diesel）。戴姆勒和德国工程师本茨（Karl F. Benz，1844—1929）等人还发明了利用汽油内燃机为动力的机动车。然而，同样是美国人福特（Henry Ford，1863—1947），从欧洲那里“拿来”了内燃机和汽车的制造技术，后来于1913年首创了流水线技术，大大降低了汽车的生产成本，使汽车开始成为普及性的交通工具，和电力一起改变了全世界的生活方式。此外，美国的莱特（Wright）兄弟在1903年还发明了内燃机驱动的飞机，由此开启了人类的航空时代。

在19世纪，化工业也得到了很大发展。特别是19世纪后期，德国的化工后来居上，超过法国和英国，成为化工业最发达的国家。化工业的发展自然离不开化学的发展，一个典型例子是法国化学家勒夏特列（Henry Louis Le Chatelier，1850—1936）在80年代提出了勒夏特列原理，即如果在化学反应中某个条件发生了改变，那么化学反应的平衡总是向减少这种改变的方向移动。这不仅对化学动力学的研究很有启发，而且直接终止了化工工程师试图通过增加反应物用量提高产率的徒劳尝试，为化工产率的提高指明了一条正确的实现道路。与电力技术和交通运输技术不同，19 世纪美国的化工技术发展不大，仅有固特异（Charles Goodyear，1800—1860）在 1839 年发明橡胶硫化技术等寥寥数项重要成就。但到了 20 世纪早期，美国化工业便也通过“拿来”而获得了大发展，陶氏化学和杜邦等化工企业都是这个时期兴起的。

当然，第二次工业革命中自然科学对自然技术的促进程度还是有限的。很多时候，前者只是为后者提供了一个大致的理论框架和目标可能实现的愿景，具体的实现过程在很大程度上还是要靠单个工程师自己的不断摸索。莱特兄弟发明飞机就是典型的例子。尽管他们使用的内燃机的确是在四冲程循环理论这样的应用科学理论指导下制造的，可以说没有科学，也就没有四冲程内燃机，也就不会有飞机，而他们也的确掌握了一些流体力学知识，所以才能胜过前人，摘得飞机发明人的桂冠。但是，在飞机的具体研制过程中，这两兄弟仍然像第一次工业革命时期的工程师那样，需要运用技巧和经验不断试错，才能确定什么样的具体设计是合理的，能够达到目的。这种靠一点科学理论的指导、主要凭工程师个人的智慧独立做出很多发明的时代一直持续到 20 世纪初，到通过这种方式能够发明的技术基本发明完毕之后，技术进步便逐渐进入工程师必须预先受过长期的科学学习、必须通过团队合作而不是个人单打独斗完成的阶段，“科技共进”的程度也就更深了。

不过，第二次工业革命之所以能够兴起，电力和石油引发的能源革命，以及科学对技术的支持，只是其中两个原因而已。另有一个以往的科技史研究中未能充分重视的原因，是管理科技的发展。我在这里要为管理技术提出一个更广泛的新定义，即它是处理事物之间关系（relationship）的技术，这里说的关系不仅包括人与人的关系，而且包括物与物的关系及物与人的关系。美国之所以在第二次工业革命取得非凡的成绩，管理技术的进步是非常重要的原因。

美国管理技术的进步首先体现在标准化制造这种新型物际关系上。自打标准化技术的研发在19世纪早期成为美国军工生产的既定政策之后，由于国营兵工厂大量把订单承包给民间商人，因此不断有承接政府合同的工程师把这种技术从军品生产扩展到民品生产，这也是美国的钟表业能够率先实现美国制造体系的原因。此后，又不断有优良民品在市场上大获成功之后转向标准化生产，典型例子如科尔特（Samuel Colt，1814—1862）在1835年发明的左轮手枪（美国宪法规定人人可以持枪，因此手枪也算民品）、麦考密克（Cyrus H. McComick，1809—1884）在1845年发明的收割机、辛格（Isaac M. Singer，1811—1875）在1851年发明的辛格（胜家）缝纫机等。这样到19世纪后期，欧洲也开始从美国引入美国制造体系。而在福特于1913年建立流水线生产之后，以机械制造和标准化生产为基础的大规模生产技术更是完全成熟，生产效率再一次大为提高。

比起物际关系管理来，美国的人际关系管理技术在19世纪有更为长足的进步，而这与铁路运输有密切关系。铁路是美国历史上第一个大型工业系统，要保证铁路网的正常运行，需要雇用大量的员工，并保证彼此工作的紧密衔接。美国企业家惠斯勒（George W. Whistler，1800—1849）是铁路公司管理技术的先行者，他在1841年使美国西部线成为第一家通过严密管理经营的现代企业。此后，美国的人际关系管理技术就不断发展。南北战争以后，美国铁路网进入大扩张时期，不仅修通了连接东西海岸的跨洲铁路，铁路网密度也不断提高，这使铁路企业的管理问题变得更加突出，美国由此掀起了一场“管理运动”，管理科学由此诞生。这样到1903年，管理科学家泰勒（Frederick W. Taylor，1856—1915）终于提出了科学管理理论，是对古典管理学的第一个综合性总结。

在企业关系方面，福特制（Fordism）生产组织模式成为这一时期大型企业的主要管理模式。由于工业生产的环节越来越多，像福特公司这样的大型企业不得不把零部件制造的一些生产环节外包出去。尽管如此，生产最终产品的企业始终是整个企业群的中心，它与其他卫星企业很容易形成垂直管理关系。一个大型公司往往仍然可以控制整个产业链。

综上所述，美国在第二次工业革命中的成功，实际上至少是能源革命、科学对技术的促进和广义管理技术进步共同作用的结果。

第二次工业革命不仅进一步改变了欧美社会的面貌，而且创造了新的物际、人物和人际关系。标准化制造和流水线生产一方面把整个生产过程分解成了一系列环节，每个环节都需要具备专门知识和经验的设计者和维护者，从而加剧了社会分工；另一方面，美国制造体系（特别是流水线生产）中各个环节的实际生产者又不需要专门知识，只要能够执行机械式的重复劳动即可。这两方面恰恰都加重了现代人心理上的不适应。

早在第一次工业革命要结束、第二次工业革命未开始的时候，26 岁的马克思在他的《1844 年经济学－哲学手稿》中，就针对早期资本主义的种种怪相，提出了哲学气息浓厚的“异化”（德语：Entfremdung，英语：alienation 或 estrangement）概念。根据后人的概括，马克思在这部手稿中指出了工业生活中的 4 种异化现象：“第一是劳工与其劳动产品之间的异化，即劳工所创造者旋即就被剥夺于劳工。第二乃是劳工与其生产活动（即劳作）之间的异化关系，在这种关系中，劳作被体验为一种受虐。第三则是劳工与其类本质之间的异化关系，这指的是人类并未按照其真实的人类力量来生产，而是以某种盲目的方式来生产。第四是人与其他人之间的异化关系，在这种关系中，交换关系取代了对于共同需求之满足。”

其实，按照中国学者徐英瑾从演化心理学角度所做的解读，这些“异化”正是人类的先天心智对工业化时代的人物关系和人际关系的不适应。在原始狩猎－采集社会，一方面社会分工基本不存在，人人都是全才，另一方面几乎没有人会像工厂工人——特别是流水线上的工人一样，日复一日从事机械的重复劳动。因此，人的先天心理很可能无法适应这种高度专一的机械重复工作，使人产生负面情绪甚至精神紊乱。美国著名喜剧演员卓别林（Charles S. Chaplin）在他 1936 年主演的著名电影《摩登时代》（*Modern Times*）表演了一个在流水线上拧螺丝的工人在下班之后神志恍惚，见到路人衣服上的六角形纽扣也想要拿出扳手去拧一拧，就是这种心理不适应的生动写照（图 9-1）。这大概就是马克思所谓的“劳工与其生产活动之间的异化关系”。

图 9-1 电影《摩登时代》的剧照

因此，尽管马克思后来并没有着重强调自己青年时期提出的异化理论，以致这一理论长期不为人知，但到了 20 世纪，西方马克思主义学者却又怀着很大的热情从马克思的手稿中重新发现了这个理论，做了更深入的阐述。然而，如果不能从科学上解释清楚异化现象的实质，那当然也就不太可能找到解决异化问题的有效方案。

第二次工业革命使德国、法国等欧陆资本主义国家迅速缩小和英国的国力差距，美国更是一跃而起，继英国之后成为新的、名副其实的“世界工厂”。特别是第一次世界大战、第二次世界大战极大地损耗了欧洲各国的实力，造成了欧洲的衰落，孤悬海外的美国虽然也被迫卷入战争并蒙受了一定损失，但最终成了新的海上霸主、世界霸主。从这个意义上说，第二次工业革命，正是直接造就了 20 世纪以来世界格局基本面貌的根本原因之一。

思维聚焦

科学和一般技术在历史上的关系大致可以分成三种，即多数古代文明国家的“科为技用”关系，古希腊和近代欧洲的“科技分离”关系，以及19世纪以来的“科技共进”关系。在第一、二次科学革命之间，17世纪后期到18世纪的西方科学就仍然延续了此前的科技分离关系。无论是以古典科学传统为主的力学、天体力学和光学，还是以培根科学传统为主的热学、电学、磁学，以及兼具古典科学和培根科学特色的化学，都未能对第一次工业革命起到直接推动的作用。

近代化学的开端始于波义耳，他把原子论引入了化学。18世纪后期到19世纪前期，拉瓦锡、道尔顿、阿伏伽德罗等人的工作在化学领域掀起了革命，使化学成功地将古典科学的思辨、定量传统和培根科学的归纳、实验传统结合起来，在基础科学中率先完成了向现代数理科学转变的现代化过程。

19世纪的物理学也获得了极大发展，电学、磁学、力学、热学、光学各领域先后贯穿起来，最终在19世纪末完成了物理学理论的第一次大一统。到19世纪末的时候，物理学、化学和天文学都已经现代化，成为3门彼此之间有紧密关联的现代数理科学。

19世纪的数学开始向古希腊的理性传统回归。柯西、魏尔斯特拉斯等人解决了第二次数学危机，建立了公理化的实数理论。阿贝尔、伽罗瓦、罗巴切夫斯基、康托尔等人则对数学的研究领域做了新的开拓。

19世纪中期，在美国和德国、法国等欧洲国家开始了第二次工业革命。第二次工业革命的主要特点有：①自然科学逐渐和自然技术联姻，前者成为后者的基础，电力、化工等工业新部门都是在科学理论指导下兴起的；②电力和石油的应用掀起了新的能源革命；③美国在管理技术上取得了空前突破，标准化制造作为新型物际关系普及到民用工业领域，人际关系和企业关系管理技术也发生了革新。第二次工业革命使美国接替英国成为新的“世界工厂”，并为美国在两次世界大战之后成为新的世界霸主奠定了物质基础。

第十章　两种哲学的对抗

相对论革命

上一章提到，第二次科学革命始于 18 世纪后期的化学革命，它的两大标志是：①近代西方科学的古典科学传统和培根科学传统融合，西方科学现代化；②自然科学和自然技术结合，形成“科技共进”的新关系。按照这两条标准，第二次科学革命的结束时间似乎定在 20 世纪 60 年代为宜，那时候，生命科学和地球科学也都现代化了，并且在理论上和之前已经现代化的化学、物理学、天文学也都贯通在一起，从而实现了所有基础自然科学的现代化和统合。

正如第一次科学革命从一开始就包括有由物理学的范式更迭引发的世界图景的变革（也就是哲学变革）、以致新范式和旧范式出现了一定程度的“不可通约性”一样，第二次科学革命也包含有物理学范式的更新和世界图景的变革，而且更为惊人。只不过，这场世界图景变革不是发生在革命的开头，而是发生在革命的中间，具体来说是 20 世纪初。引发它的理论，就是大名鼎鼎的相对论（theory of relativity）。

在讲述这场世界图景变革之前，我们先要介绍一个如雷贯耳的名字——诺贝尔（Alfred B. Nobel，1833—1896）。诺贝尔是瑞典商人，因为发明安全炸药（把硝酸甘油与硅藻土之类物质混合，使之安定性大为提高）而发了大财。诺贝尔又是一个具有崇高道德风尚的人，在遗嘱中决定把自己的大部分遗产拿出来作为基金，设立文学奖、和平奖、物理学奖、化学奖、生理学或医学奖 5 个奖项，表彰在这几个领域为全人类做出突出贡献的在世者。1901 年这 5 个诺贝尔奖开始颁发，其中的 3 个科学奖后来即成为相关学科的最高奖项。1969 年，瑞典国家银行又设立“纪念诺贝尔经济学奖”，简称为诺贝尔经济学奖，与另 5 个诺贝尔奖差不多同时颁发，这样就形成了今天我们熟悉的 6 个诺贝尔奖。其中，诺贝尔物理奖开始颁发的时候，正好是物理学要发生大变革的时候。因此从一开始，诺贝尔物理学奖就见证了物理学历史上这段比牛顿革命更激动人心的伟大时刻。

当然，任何变革都不可能没有因由。19 世纪末，物理学理论实现了第一次大一统，但仍然没有解决所有的问题。得意地说“物理大厦已经落成”的英国物理学家开尔文，在 1900 年 4 月 27 日向大不列颠皇家研究所做了一场报告，一上来就说道：“动力理论肯定了热和光是运动的两种方式，现在，它的美丽而晴朗的天空却被两朵云（two clouds）笼罩了。”后来，人们把这个“两朵云”的比喻做了夸张，说成“两朵乌云”，这成了物理学史上的一个著名说法。正是这“两朵乌云”，分别引发了物理学的两场新革命。

第一朵“乌云”是“以太”（ether）问题。以太本来是古希腊语词，古希腊人用它来指澄净的高空。高空很容易给人神秘的感觉，所以后来以太这个词就被炼金家和各种神秘主义借去，用来指各种各样的东西。比如炼金家就用它来指一种用酒精制备的、轻盈易挥发、极易燃烧爆炸的液体——乙醚（直到今天，ether 还是醚这一类有机化合物的西文通称）。

第一次科学革命以后，“以太”一词又被科学征用，褪去了神秘主义的光环。在传统的亚里士多德物理观的影响下，笛卡儿不承认物体之间有超距作用，认为引力一定要靠某种看不见摸不着、弥漫在宇宙间各处的介质传递，他便把这种介质称为“以太”。当然，牛顿物理观是承认超距作用的，所以这种作为引力介质的“以太”后来就“下岗”了。然而 19 世纪，初光的本质被重新认为是一种波动之后，因为其他任何波都需要介质来传递，所以包括麦克斯韦在内的物理学家对于光能够在真空中传播的现象百思不得其解，不得不再次假想宇宙中还是有某种看不见摸不着、弥漫于各个角落的介质，是光的传递媒介。他们还是把这种东西叫做“以太”。但是，如果以太是一种物质，它到底有什么性质？它有重量吗？为了能够传递光波这样一种横波，以太必须是一种非常坚硬的物质，然而在以太海洋中运行的日月星辰却一点也看不出运动受阻的迹象，这又是怎么回事？

更重要的是，既然以太是光传播的媒介，那么它一定相对地球在运动，否则无法解释天文学家早已发现的光行差现象。1881 年开始，美国物理学家迈克尔逊（Albert A. Michelson，1852—1931）设计了一个精密的实验，试图检验地球相对于以太的运动，结果毫无发现。1887 年他与美国化学家莫雷（Edward Morley，1838—1923）合作，以更高的精密重复了这个实验，仍是一无所获。到了这个时候，以太这个东西变得愈发神秘难测了。

在世纪之交的物理学家对迈克尔逊－莫雷的实验结果百思不得其解的时候，也有一些人试图从世界图景中消除以太这个讨厌的东西。1892 年，荷兰物理学家洛伦兹（Hendrik A. Lorentz，1853—1928）提出了洛伦兹变换，使麦克斯韦方程在相对于以太运动和相对于以太静止的两种坐标系中均表现为同一形式，这样一来，地球是不是在相对以太运动就无关紧要了。但是由此却会得出一些诡异的推论，比如在运动方向上物体长度缩短，运动物体的质量会发生变化，其速度以真空光速为上限，等等。

1895 年，法国数学家庞加莱（Jules Henry Poincaré，1854—1912）以数学家的那种高度抽象的思维指出，物理学家执著于以太的存在，实际上是执著于一种绝对静止的参照系的存在。但是如果换个思路，认为任何实验手段都不能检测到绝对静止的参照系，只能检测到物质之间的相对运动，那就可以完全抛弃以太这个概念了。这就是所谓“相对性原理”。然而，庞加莱的主职终归不是物理学家，他虽然为物理学革命指明了新方向，但具体构建新世界图景的工作还要有专人来做。这个人，就是爱因斯坦（Albert Einstein，1879—1955）。

在俗常的概念中，爱因斯坦往往被当成一个虽然没受过良好教育也非学界中人、但一出手就以一人之力颠覆了整个学界的奇侠，因而有很多人（特别是自认为提出了惊世骇俗的新理论却不为学界承认的“民间科学家”）试图用他的经历来证明学界权威不足为据。事实根本不是这样。的确，爱因斯坦在德国上中学时有过退学的经历，但并不是因为他学习不好被劝退，而是因为他讨厌德国学校的气氛，加上为了和当时已经搬到意大利的父母团聚，结果主动拿着一位医生开的证明退学了。后来，爱因斯坦到瑞士上了一年补习班，便在1896年成功考取了瑞士名校联邦工业大学，因此他是受过严格高等教育的。不过，爱因斯坦在大学里也还是自由散漫，对物理学非常着迷，数学却落下了，以至于要靠好友格罗斯曼（Marcel Grossmann，1878—1936）的笔记应付考试。

1900年爱因斯坦大学毕业后即失业，最穷困窘的时候，要靠当家庭教师勉强糊口。后来，还是格罗斯曼出手帮忙解决了爱因斯坦的工作问题。格罗斯曼的父亲有一位朋友是瑞士伯尔尼专利局局长，经过一番说情，爱因斯坦终于进入伯尔尼专利局，成为一名技术员，在那里一直工作到1908年。然而，还是不要忘了，爱因斯坦在此期间和学界交往甚多，并不是什么久隐不出的独行侠，而他发表的论文也都是刊载在权威性学术期刊之上，接受了学界同行的评议。他，自始至终都是科学共同体中的一员。

虽然1666年并不是牛顿的“奇迹年”，但1905年却的确是爱因斯坦的“奇迹年”。这一年，26岁的他在学术期刊《物理学年鉴》上连发5篇论文，其中有3篇都是划时代的成就。第一篇是爱因斯坦用新兴的量子物理学对光电效应做出的解释，下面我们还会再介绍；第二篇是从数学上解释了一种叫作“布朗运动”的热学现象；第三篇是最有名的——这是爱因斯坦第一次正式提出相对论。

相对论的基本原理，我们很难在一本世界科技文化简史中用三言两语讲清楚，但是这并不代表我们不能把握其哲学本质（善于弄清楚一门新理论的性质，而不必非得弄清楚其具体细节，大概是今天这个知识爆炸的时代必须掌握的一门技能）。事实上，相对论是一个公理系统，在这个系统里面，物质的绝对运动不可观测和真空光速不变是打头的两条公理，是不容置疑的。从这两条公理出发，爱因斯坦先是破除了“同时性”的绝对概念——在一个参照系里是同时发生的事情，在运动状况不同的另一个参照系里可能就不同时发生，进而导出了一系列匪夷所思的结论：真空光速（c）是运动的速度上限；在物体运动速度接近光速的时候，其沿运动方向的长度会明显缩短（尺缩效应），时间会明显变慢（钟慢效应），质量会明显增加。在这种情况下，三维空间和一维时间结合成了四维的时空（space-time）。不仅如此，质量（m）和能量（E）还有对应关系，这个对应关系就是著名的质－能方程：

$$E = mc^2$$

上面这些理论，今天我们称为狭义相对论（special relativity）。狭义相对论并不是一个完备的理论，因为它还没有处理加速度和质量问题。不过，爱因斯坦再接再厉，在1916年提出了广义相对论（general relativity）的最终形式。广义相对论把加速度和质量考虑进来，提出了又一条公理：引力场等价于非惯性系，原则上人们无法区分一个物体正被加速，还是正处在引力场中，这就是等效原理。

一些通俗读物说，狭义相对论无法解决下面这个有趣的悖论：假定有一对双生子，其中一个一直待在地球上，另一个乘坐接近光速的宇宙飞船在太空中飞行，按照相对性原理，在地球上看来，宇宙飞船中的时间固然变慢了，但在宇宙飞船所在的参照系看来，地球也在以接近光速运动，因此变慢的反而是地球上的时间。那么，当这艘宇宙回到地球上时，这对双生子里哪一个更老？——这就是所谓"双生子佯谬"（twin paradox）。不过，双生子佯谬其实是可以用狭义相对论解决的（结论是地球上的双生子更老），只不过用广义相对论可以更好地解释罢了。但广义相对论最重要的意义在于让物质、能量和时空建立了密切联系，没有脱离物质的时空存在，也没有脱离时空的物质存在，这就彻底颠覆了牛顿体系的那种超然于物质之外的绝对时空概念，完成了一个与牛顿体系完全不同的新世界图景的构造。

相对论是古典科学传统造就的巅峰，它那简洁、和谐、统一的理论，它那公理化的体系和严密的定量推导，无不实现了古典科学传统的最高理想。但是，它又不是脱离实证的臆想。无论是狭义相对论和广义相对论，在解释了一些旧现象的同时，又提出了大量新预言，可以用观测或实验来检验。相对来说，广义相对论的预言比较容易检测，比如它预测恒星的光线会被太阳的引力所扭曲，这可以通过在日全食时观测太阳附近恒星的位置变动来检验。1919年5月29日，南半球发生日全食，英国天文学家爱丁顿（Arthur S. Eddington,

1882—1944）派出了两支队伍前往观测，果然观察到了广义相对论预言的光线偏转现象。后来，随着航空航天技术的发展，人类有了高速的飞行器，狭义相对论也得到了直接验证。

第二次科学革命以来，科学家们逐渐形成了比较开放的思维，对于旧范式的坚持不再像哥白尼、伽利略时代的学者那么顽固，因此相对论很快就在学界普及开来。然而，比起牛顿物理学来，相对论离俗常物理观更远了，也就更难为一般人所理解和接受。即使在学界，也还是有不少人反对相对论（虽然他们的表面理由十分荒唐——因为爱因斯坦是犹太人）。1921 年爱因斯坦获得诺贝尔奖时，受到表彰的也只是他在光电效应方面的研究，而不是相对论。

遗憾的是，爱因斯坦思想中的思辨性过强，这虽然让他勇于突破物理学旧范式的束缚，却也成了阻碍他获得更大成就的新束缚。由于纳粹分子的迫害，爱因斯坦在 1931 年被迫移民美国。此后他除了参加一些社会活动之外，就是潜心钻研“统一场论”，试图把引力和电磁力统一起来，但最后也没有成功。爱因斯坦失败的原因，一方面是因为这个研究过于困难，但另一方面也是因为他执意不接受量子物理学的哥本哈根解释，未能把相对论和量子物理学结合起来，从而错失了获得统一场论的正确方向。1955 年 4 月 18 日，爱因斯坦在普林斯顿的家中病逝，结束了他传奇般的一生。

量子论革命

开尔文所说的第二朵乌云，在他的原文中指的是玻耳兹曼－麦克斯韦能量均分理论的预测和事实不一致，不过开尔文本人对这个问题倒比较乐观，觉得在 20 世纪初就能解决它。想不到，这第二朵乌云很快演变成所谓“紫外灾难”（ultraviolet catastrophe）问题：任何物体，只要其温度在绝对零度之上，就会发出电磁波辐射。为了研究这个现象，物理学家设想了一种叫“黑体”的理想物体，把它作为模型来研究热辐射问题。1900 年，英国物理学家瑞利（John William Strutt，3rd Baron Rayleigh，1842—1919）根据经典物理学理论推出了黑体辐射的能量分布公式。这个公式在长波部分和实际观测结果比较吻合，但波长越短，偏离越大。特别是当波长趋近 0 时，辐射能量也趋近无穷大，这不仅与实际观测不符，本身也是十分荒谬的。这就是“紫外灾难”（“紫外”指的就是短波部分）。

同年，德国物理学家普朗克（Max K. Planck，1858—1947）采用拼凑的方法得出了一个在长波和短波部分都和实验相吻合的经验公式。之后，普朗克发现，这个公式蕴含的物理意义在于，物体的辐射能不是连续变化的，而是以一定的整数倍跳跃式变化。普朗克把能量的最小不可分的单位称为“量子”（quantum）。他在 12 月 14 日把这个假说报告给德国物理学会，量子论就这样诞生了。

正如相对论推翻了牛顿的绝对时空观一样，量子论也推翻了物理学界几百年来信奉的“自然界不做跳跃”的信条，因此遭到了学界的普遍反对。连普朗克本人都对自己的理论失去了信心，一度放弃了量子论，改而继续从能量连续变化的原则出发研究黑体辐射问题。反倒是年轻的爱因斯坦热情接受了这个新理论，用它解释了光电效应。这里不详述什么是光电效应，只指出两点：第一，爱因斯坦提出了光量子的概念，认为光的能量也是量子化的，不是连续发放，而是一份一份地发放。第二，他的理论还引发了光本质图景的再一次变革，这一回，微粒说没有再次取代波动说，而是和波动说结合了起来——光是一种既有粒子性又有波动性的物质，简单来说，就是光具有波粒二象性（wave-particle duality），所以，光量子也可以表现为粒子性，我们可以把它称为“光子”（photon）。这自然又是一个颠覆常识的理论。

量子论的下一步发展，则和原子、亚原子物理学研究的兴起相关。在 19 世纪后期，有几个重要科学进展为原子物理学的创立做了铺垫。俄国化学家门捷列夫（Д.И. Менделеев，1843—1907）提出了元素周期律，把当时已经发现了几十种元素按原子量排列成了整齐的表格，在表格的每一行、每一列上，元素的性质都呈现出了规律性变化。门捷列夫根据这张表还预言了几个新元素，后来果然一一得以发现，其性质也和门捷列夫的推测非常接近。元素性质如此规律的变化，不免使人怀疑原子可能并非不可分，其内部恐怕还隐藏着什么奥秘。

19 世纪后期，物理学家已经知道，在一个抽成真空的管子两侧放置两个金属电极，通电之后其阴极会发出一种射线，这就是阴极射线。1895 年，德国物理学家伦琴（Wilhelm K. Röntgen，1845—1923）在研究阴极射线的时候意外发现了一种新射线，它竟然可以穿透人体的皮肉，显示出骨骼的影子！伦琴用数学上表达未知的字母 X，把这种神秘的射线命名为 X 射线。后来人们知道，X 射线是一种波长极短的电磁波。因为发现 X 射线，伦琴获得了 1901 年第一次颁发的诺贝尔物理学奖。

伦琴的发现引发了法国物理学贝克勒耳（Antoine Henri Becquerel，1852—1908）的注意。他怀疑 X 射线可能和荧光有关，就用各种能够发出荧光的物质做实验，结果在 1896 年意外发现一种叫硫酸铀酰钾的盐可以持续散发出一种不同于 X 射线的新射线。进一步的研究表明，这种射线是从铀原子内部发出的，不受外界条件的任何影响。这样，贝克勒耳不仅发现了放射性（radioactivity），而且有了更直接的证据表明原子是可分的。

贝克勒耳的发现又引起了波兰女科学家居里夫人（Marie

Skłodowska-Curie，1867—1934）的注意。居里夫人当时已经和法国物理学家居里（Pierre Curie，1859—1906）结婚，她在 1898 年先是发现了另一种元素钍的放射性，继而又和丈夫一道，从几吨重的沥青铀矿废渣中先后发现了钋和镭两种新的放射性元素，其放射性都极大地超过了铀和钍。因为发现放射性，1903 年贝克勒耳和居里夫妇共同获得了诺贝尔物理学奖，1911 年居里夫人又因钋和镭的发现获得了诺贝尔化学奖，成为 4 位获得两次诺贝尔奖的学者中的第一位。

1897 年，英国物理学家汤姆逊（J. J. Thomson，1856—1940）也终于弄清楚了阴极射线的实质——原来是一种带电粒子流。汤姆逊发现，这种粒子的质量还不到最轻的元素氢的原子量的千分之一，但所带电荷量却与氢离子大小相等，正负相反，因此他把这种粒子称为电子（electron），认为电子是一切原子的共同组分。至此，物理学家就开始了探索原子内部结构的不懈征程，不断有人提出原子模型。其中，1911 年新西兰物理学家卢瑟福（Ernest Rutherford，1871—1937）提出的有核模型（电子绕原子核旋转，原子质量基本集中在核上）最符合实验现象。

但是，这种有核模型带来一个问题：根据经典的电磁理论，旋转的电子必然会发射电磁波，损失能量，从而逐渐坠落到原子核中，但绝大多数的原子却是稳定存在的。于是，就像普朗克不得不用量子论解决黑体辐射问题一样，丹麦物理学家玻尔（Niels Bohr，1885—1962）在 1913 年也发觉，只有用量子论才能解决有核模型的稳定问题。按照玻尔的观点，电子在原子核中的轨道不是连续变化的，而是离散的，也就是说，电子只能在几条特定的轨道上运转，这个时候它是不辐射电磁波的。每个电子轨道代表一个能量等级，只有当电子从能级高的轨道“跃迁”到能级低的轨道时，才会辐射电磁波。利用这个理论，玻尔成功解释了氢原子的发射光谱，引发轰动。通过玻尔的出色工作，量子物理学终于引起了学界的普遍重视。

接下来的十几年中，量子物理学接连取得重大成就。法国的德布罗意（Louis V. P. R. de Broglie，1892—1987）提出波粒二象性是所有物质的共同性质，只是越小的粒子表现越明显罢了。德国的海森堡（Werner K. Heisenberg，1901—1976）提出量子物理的矩阵力学方程，破天荒地用概率来描述微观粒子的存在状态。受德布罗意物质波理论的影响，奥地利的薛定谔（Erwin R.J.A. Schrödinger，1887—1961）提出量子物理的波动力学方程，很快发现和海森堡的矩阵力学方程在数学上完全等价。1927 年，海森堡提出了著名的不确定性原理（uncertainty principle，曾译为“测不准原理”）：不可能同时测得微观粒子的位置和动量。因此，不仅微观粒子的运动是不确定的，只能用概率的方式描述，而且它们究竟在我们的眼中呈现出什么面貌，要取决于我们的观测方式。玻尔非常赞同海森堡的观点，并进一步指出，波动性和粒子性是量子领域的两套经典特征，正是它们的互补，构成了微观世界的全貌。这就是量子物理学的“哥本哈根解释”（Copenhagen Interpretation）。

量子物理学几乎推翻了人类所有的俗常物理观，连相对论没有否认的连续路线运动和客体永存观念（当人不去观测一个物体时，这个物体的运动状态仍然是确定的、可推测的）也颠覆了（表 10-1）。事实上，量子论革命已经不属于第二次科学革命的范围了，而是第三次科学革命的开端，因为它建立的那种间断的、概率性的、非因果性的、整体论的图景，迥异于第二次科学革命期间的那种连续的、决定性的、因果性的、本体还原论的图景（因此，第二、三次科学革命在 20 世纪上半叶期间是重叠并行的）。连爱因斯坦都实在无法接受玻尔等人对微观世界的概率描述，说出了名言“上帝不掷骰子”。

表 10-1　物理学理论对俗常物理观的突破

俗常物理观	亚里士多德	牛顿物理学	麦克斯韦电磁学	相对论	量子物理学
距离无作用	√	×	×	×	×
惯性的目的论解释	√	×	×	×	×
实体性	√	√	×	×	×
绝对时空	×	√	√	×	×
连续路线运动	√	√	√	√	×
客体永存	√	√	√	√	×

注：从表中可知物理学理论是怎样一步步突破人类先天演化心理建立的俗常物理观的。“√”表示顺从俗常物理观，“×”表示违背俗常物理观。

但是，量子物理学家一面一次又一次反击了爱因斯坦的驳难，一面继续深入探索，最终使量子论成为物理学第二次大一统的主导理论。在 20 世纪 20 年代的时候，量子物理学家就通过描述多电子原子中的各种电子轨道解释了元素周期律现象，使化学最终也还原为物理学。从 20 世纪 30 年代起，亚原子物理学进入粒子物理学阶段，各种新的基本粒子陆续发现，量子物理学也不断迈向新的里程碑——20 世纪 30 年代物理学家们提出了粒子之间的弱相互作用（weak interaction）；1935 年提出强相互作用（strong interaction）；1968 年统一了弱相互作用和电磁力；1974 年提出了第一个“大一统”理论，试图统一强相互作用和弱 - 电相互作用；从 20 世纪 80 年代起，试图结合量子物理学和相对论的弦论（string theory）得到大发展；1994 年以后又有人在弦论的基础上发展了“M 理论”，它是最终统一引力、电磁力、弱相互作用和强相互作用四大基本力的“万有理论”的一个有希望的竞争者。

在量子物理学向更微观的方向深入的同时，物理学和天文学也有了更密切的合作。1917 年美国的沙普利（Harlow Shapley，1885—1972）发现太阳不在银河系中心，开启了宇宙图景的重铸过程；1924 年美国的哈勃（Edwin P. Hubble，1889—1953）证实仙女座星云等带星的星云是银河系之外的遥远星系，后来又发现宇宙在膨胀；20 世纪 40 年代末天文学家提出大爆炸（Big Bang）宇宙模型；1957 年又有人首次提出多重宇宙模型；1998 年美国三位天文学家又发现宇宙在加速膨胀……这些宇宙学证据成了量子物理学理论的另一个重要支撑，最小的世界和最大的世界就这样奇妙地整合在一起。

20 世纪以来，物理学这些令人眼花缭乱的新发展一次又一次宣称刷新了世界图景，找到了更本质的“世界本质”；物理学家也因此洋洋自得，有些人变得极为傲慢，以为物理学是科学之王，其他学科都不过是物理学的分支而已。卢瑟福就曾经说过：“一切科学要么是物理学，要么是集邮。”然而，在基础自然科学中，恰恰有一门学科能够在哲学基础上和物理哲学分庭抗礼，这就是生命科学。

演化论的提出

生命科学的独特哲学基础来自演化论。演化论是生命科学中博物学传统的最高智慧结晶，美籍俄裔遗传学家多布然斯基（Theodosius Dobzhansky，1900—1975）就曾这样高度评价演化论：“若无演化之光，生物学的一切便毫无意义。”在本章中，我们先只看生命科学的博物学传统在 18 世纪以来的历史，顺带讲述生命科学的定量化过程，而把实验生物学兴起、生命科学完全实现现代化的历史放到第十三章专门介绍。

“地理大发现”时代以来，探险家们从世界各地带回大量异域的奇花异草、珍禽奇兽，在让人们大开眼界的同时，也让博物学家伤透了脑筋。一方面，如何给予它们精确的名称，避免“同名异物”和“同物异名”现象，成了一件麻烦事；另一方面，如何对这么多新种类的生物进行分类，把它们组织成一个便于查询的系统，也非常考验学者的智慧。

瑞典博物学家林奈（Carl von Linné，1707—1778）提供了这两大难题的最终解决方案。1739 年林奈出版了《自然系统》（*Systema Naturae*）的第一版。虽然这本小书只有几十页，却奠定了新分类学的基础。林奈在这本书中提出了全新的动植物（此外还有矿物）分类系统，建立了界—纲—目—属—种的分类等级体系——若干形态上相似的种组成一个属，若干形态上相似的属组成一个目，若干目组成一个纲，若干纲组成一个界。这种多层分类阶梯利用树状的、分枝的结构图，很好地把种类繁多的生物组织成了一个秩序井然、检阅方便的体系，解决了上面的第二个难题（后来的学者又在界和纲之间增加了门，在目和属之间增加了科，在界之上增加了域，这样就形成了域—

界—门—纲—目—科—属—种的 8 层分类系统）。《自然系统》后来多次再版，到林奈去世前出版的第 12 版已经是一部分卷册出版、多达一千多页的巨著了。

林奈解决生物命名问题的方法更巧妙，是用双名法（binominal nomenclature）来为生物的种命名。所谓双名法，就是用两个词构成一个名字，第一个词是种所在的属的名称，第二个词叫加词（epithet），用来区分同属的不同种。比如林奈认为狼和狗同属不同种，他给狼起名为 *Canis lupus*，给狗起名为 *Canis familiaris*。粗略来说，属名相当于“姓”，而加词相当于“名”。

虽然双名法并不是林奈的首创，但的确是由他发扬光大的。通过这种命名方法，林奈给当时欧洲人已知的绝大多数动植物都起了由两个词构成的名字，与方便的分类系统相得益彰，二者都很快在欧洲流行起来。直到今天，林奈的分类等级体系和双名法仍然是生物分类和命名的基本规范。

从表面上看，林奈的分枝状分类体系只是一种组织和生物有关的知识的方法，但是学者们不免会猜测，它背后是否反映了一些深层次的自然法则？对于基督宗教来说，“自然法则”倒是很简单：《旧约全书》直截了当地认为所有物种都是上帝直接创造的，创造出来之后就不再改变，因此某些种彼此之间比较相近并不能说明什么。林奈本人就是一位虔诚的基督徒，在他一生大部分时间里都坚持这种宗教观点。

然而，对于理性思考的学者来说，宗教信仰显然是无法束缚他们的思想的。中世纪的基督教接受了亚里士多德的观点，认为宇宙间的万物可以根据其完善性排成一个“自然界等级”，等级的一端是非生物，经过植物、昆虫、软体动物直到鱼、鲸、卵生四足动物（两栖爬行类）、鸟和胎生四足动物（哺乳类），再到接近完善的人，人之上则是天使。根据一个物体在这个等级上的位置，可以判断它是高等还是低等。18 世纪的瑞士博物学家波奈（Charles Bonnet，1720—1793）由此提出了一个有趣的想法：在自然界等级之中，随着时间的推移，低等的生物会逐渐向高等的生物转化，植物会变成动物，动物会变成人，而人则会变成天使。尽管物种的总数是不变的，没有新物种产生，也没有旧物种灭亡，但是就生命的“灵魂”而言，它的形态却在不断进步。就这样，波奈让原本静态的“自然阶梯”动了起来，从而把三大俗常生物观中认为物种各有其本质、本质不会改变的本质论清除掉了。

虽然波奈建立的是一种非常粗糙的线状演化图景，但演化思维一旦出现，就一发而不可收。按我们今天的看法，法国博物学家拉马克（Jean-Baptiste Lamarck，1744—1829）是第一位系统地提出演化论的科学家。拉马克一生为生物学做出了很多贡献，“生物学”这个词的西文（法语：biologie，英语：biology）就是他提出的，此外他还命名了很多新发现的动植物，并创立了无脊椎动物学。在丰富的博物学经验基础之上，拉马克提出了“用进废退”理论（use and disuse theory）：生物一直在向着完善自身的方向演化，在这个过程中，经常使用的身体部位会不断进步，而不常使用的身体部位会不断退化。比如长颈鹿为了吃到树叶必须使劲伸长自己的脖子，因此后一代长颈鹿的脖子总是比前一代更长，更适合取食树叶。脖子这个部位正是因为经常使用，而不断演化、越来越长。同样，如果一个家族世世代代都是打铁匠，那么因为他们经常使用上臂肌肉，久而久之，这个家族就发生了演化，上臂肌肉变得越来越强壮。总之，拉马克相信后天获得的特征是可以遗传的。

拉马克的学说因为存在很多缺陷，并没有得到同时代人的赞同，相反，却遭到了众多的攻击。拉马克的晚年十分凄凉，当他在1829年去世时，甚至买不起一块墓地，只能在穷人公墓中租一块地埋葬。5年之后，拉马克的遗骨被移走，从此不知下落。直到1908年，法国人才为拉马克建立了纪念雕像，这时距离他去世已经有79年了。

然而，随着生物学积累的观察资料越来越多，无论是生物分类学、胚胎学还是古生物学，都清晰地显示着生物演化的证据。除了拉马克，还有很多学者包括达尔文的祖父伊拉斯谟·达尔文（Erasmus Darwin，1731—1802）都提出过演化的观念。这一切都预示着，生物学界马上就要掀起一场暴风骤雨式的革命。最后，这个改天换地的任务，落到了达尔文的头上。

查尔斯·达尔文（Charles R. Darwin，1809—1882）的祖父和父亲都是有名的医生，外祖父则是瓷器商人，所以家里非常富有。少年时代的达尔文不能算是一个好学生，整天以钓鱼、打猎、采集动植物标本为乐。为了他的前途着想，他的家人先后给他安排了学医、当牧师两条人生道路，但是他都不感兴趣，在大学里仍然热衷于骑马、打猎、采集标本，以及与博物学家结识。1831 年 12 月，在一位师长的推荐下，达尔文以博物学家的身份登上了英国皇家海军考察船“小猎犬”号，开始了为期 5 年的环球旅行。

在旅行初期，达尔文还是一位虔诚的基督教徒，并不相信演化论。但是随着考察的展开，在旅行中发现的一些现象引发了他深深的思考。比如，在太平洋东南部的加拉帕戈斯群岛上，他发现了种类丰富的地雀和陆龟，这使他不免质疑：上帝为什么要在这样一群小岛上创造如此多样的生物？在他回到英国不久的 1837 年，他已经完全不信基督教了。1838 年，他读到了英国学者马尔萨斯（Thomas R. Malthus，1766—1834）的《人口论》。在书中，马尔萨斯提出如果人口不断增长，总有一天会受到自然资源的限制；到了那个时候，只有强者能够在资源竞争中存活下来，而弱者会被淘汰。这些观点深深地启发了达尔文，使他最终形成了以自然选择为核心的演化论思想。

因为担心自己的观点太惊世骇俗，而为世人所不容，谨慎的达尔文并没有打算立即发表自己的新学说。直到 1856 年，他才开始写作《物种起源》一书，但是他希望这本书在他死后再出版。然而在 1858 年，另一位英国博物学家华莱士（Alfred R. Wallace，1823—1913）给达尔文寄出了一篇论文，其中同样提出了以自然选择为核心的演化论（巧的是，华莱士也是受了马尔萨斯的启发才提出这一观点的）。看到自己的理论出现在别人笔下，达尔文在沮丧之余，打算压下自己的研究，让华莱士独享提出自然选择学说的荣誉。但是在达尔文朋友的劝说之下，他终于决定与华莱士同时发表论文，公开这一学说。之后，达尔文把《物种起源》的手稿做了压缩，决心就在他生前出版。1859 年 11 月 24 日，《物种起源》第一版问世，立刻在整个欧洲引发了剧烈的反响。

在这本生物学史上最伟大的著作中，达尔文完整地阐述了以自然选择为核心的演化论思想，也就是达尔文主义。关于自然选择理论，在第一章中就做过介绍，这里我打算不厌其烦地再讲一次。首先，达尔文认为，所有的物种都有共同祖先，它们都是从这个共同祖先逐渐分歧、演化而来的。其次，达尔文指出，演化的主要动力并不是拉马克所说的“用进废退”，而是自然选择——在争夺资源的过程中，更适应环境的个体有较大的存活率，而较不适应环境的个体有较大的淘汰率；这样，通过环境压力对生物个体的选择，物种就向着更适应环境的方向发生了缓慢的演化。达尔文还否认了拉马克演化论认为获得性特征可以遗传的观点，而是认为个体对环境适应性的差异只能来自随机的、无方向的先天变异。

达尔文主义是把古典科学传统中的思辨思维应用于博物学研究取得的丰硕成果，它不仅为生命科学提供了独特的思想，为新的研究指明了方向，而且也对社会思潮形成了重大冲击。演化论指出，物种是演化而来的，不是神的创造，这就把宗教赶出了生物学领域；人是由猿演化而来的观念，也极大地冲击了宗教信仰中认为人和动物判然有别的思想。更重要的是，演化论把生物对环境的适应还原为一系列缓慢的、可以理解的自然过程，否认了生物特征是有目的设计出来的，这就把三大俗常生物观中的“目的论”彻底从生命科学中驱逐出去了（在第十三章我们会看到，同样是在19世纪中叶，第三大俗常生物观——生机论也被否定了）。

晚年的达尔文身体不好，几乎终年不离开他在伦敦东南部的住所，每天也工作不了太长时间。但是他仍然以顽强的毅力进行科学研究，陆续出版了许多专著。1882年4月19日达尔文逝世，为了表达对他的敬意，他的遗体被葬在威斯敏斯特大教堂。牛顿等很多名人的墓地也在这里。

不过，达尔文主义提出之后，虽然学界很快就接受了演化的观念，对自然选择理论却不那么信服。主要的两个原因是，第一，达尔文找不到一种合适的遗传机制可以解释自然选择的机理。按照当时流行的混合遗传论，亲代的遗传特征在子代会发生混合（比如白色花植株和红色花植株杂交，会产生开粉红色花的植株），但自然选择却要求生物的特征在遗传中保持不变，这样才能决出优劣。第二，演化是一个极为漫长的过程，至少需要几亿年，和当时的物理学权威开尔文根据地球的冷却速度计算出的地球年龄（仅 1000 万年）相矛盾。

当然，最后这两个难题都被克服了。放射性元素发现之后，地球科学家发现开尔文之所以把地球年龄算得这么短，是因为忽略了地球内部放射性元素衰变所释放的热量。重新计算出来的地球年龄是 46 亿年，这足以满足演化所需了。而早在 1865 年，奥地利天主教神父、生物学家孟德尔（Gregor J. Mendel，1822—1884）就利用豌豆作为主要实验材料发现了遗传学的真实规律。孟德尔发现，生物的表型特征由“遗传因子”决定，遗传因子是不相混合的。在生物进行有性生殖的时候，两个亲本会各出一个因子遗传给子代。这两个因子有时候会呈现为一个压制另一个的关系（也就是显性对隐性的关系），使子代的表型和亲本的显性表型一致，有时候则共同发挥作用，使子代的表型呈现为亲本表型的混合，但因子本身是绝对不会混合的。

孟德尔之所以能够成功发现这样的遗传规律，要归功于他的两个重要创新：第一，他把复杂的遗传现象“化整为零”，分割为一个个彼此独立的小特征，每次只研究单独一个特征的遗传规律；第二，他把数学引入了生物学，对实验结果进行计量，这就大大增进了实验结果的信息含量。因此，孟德尔实际上是把古典科学中的定量传统引入了生命科学。在达尔文和孟德尔的共同努力之下，生命科学在 19 世纪中期终于完成了近代化，并不间断地开始了现代化的历程。

可惜的是，也正因为当时的生命科学界普遍不重视定量工作，孟德尔的研究长期受到冷落。孟德尔遗传学本来正是达尔文所需要的遗传学，但是处在困境中的达尔文却完全没有注意到这个新理论。晚年的孟德尔渐渐远离了科研，专心于宗教和地方事务，在他逝世的时候，人们都只把他看成一位杰出的神职人员。直到 1900 年，德国学者科伦斯（Carl E. Correns，1864—1933）和荷兰学者德弗里斯（Hugo M. De Vries，1848—1935）才重新发现了孟德尔的论文，并在他们自己的实验中得到了相同的结果。孟德尔的“遗传因子”，也被重新命名为一个更简单的词——基因（gene）。

在20世纪上半叶，遗传学挟定量化的有力武器，不断取得重要突破。美国遗传学家摩尔根（Thomas H. Morgan，1866—1945）在1910年确定基因以线性的方式位于染色体之上，并与弟子一起发明了确定基因在染色体上的位置和排列顺序的方法。英国数学家、遗传学家费舍尔（Ronald A. Fisher，1890—1962）等人则用统计学方法研究生物的群体遗传规律，逐渐把达尔文主义和现代遗传学结合起来。事实上，现代统计学之所以能够发展起来，一个很大的原因就是因为遗传学家强烈需要数学家提供一种能够处理大量数据、从这大量数据中发现规律的方法。费舍尔本身就是一位杰出的统计学家，为数理统计的发展也做出了重要贡献。到20世纪40年代，自然选择已经得到了现代遗传学的有力支持，通过这种“现代综合”（Modern Synthesis），达尔文主义才在生物学界树立了牢固的地位，并发展到新达尔文主义的新阶段。20世纪60年代以后，随着哈密尔顿的“内含适应性理论”等新理论的提出及演化心理学的兴起，新达尔文主义又实现了“新综合”（New Synthesis），这后面的历史，在第一、三章中已经介绍过了。

物理哲学 vs 生物哲学

讲到这里，终于可以看看物理哲学与生物哲学在哪些地方有所不同、有所对抗了。这里我们所说的物理哲学，是 19 世纪后期物理学完成第一次大一统时所秉持的哲学，而生物哲学则是达尔文主义。

首先，热力学第二定律提出了一种熵（大致可以理解为混乱度）越来越多、宇宙越来越退化的宇宙观，这和演化在表面上呈现的“从简单到复杂”的熵减趋势出现了严重冲突，因此物理学界一直有人对演化论持怀疑态度。这个矛盾后来以物理哲学的让步解决。比利时物理学家普里戈金（Ilya R. Prigogine，1917—2003）在 1969 年提出耗散结构论，拒绝物理学对热力学第二定律再做任何理论还原，而是直接把它当成一条公理。从这条公理出发，普里戈金指出生命的产生是一种“自组织现象”，是完全可以自发产生的，宇宙总体的熵增和局部的熵减并不矛盾。

其次，19 ～ 20 世纪天文学、化学先后还原为物理学的史实，使很多深受物理哲学影响的人坚信物理学是最基本的自然科学，凡是不能还原为物理学、不能用高度数字化的物理定律构建模型并对过去和未来做出较为准确的解释和预测的学科，都还处于比较粗糙、“低级”的阶段。所以，生命科学、气象学这样的处理复杂巨系统的学科还远未完善，而社会科学更处在一种十分原始的状态。这种不分层次、一口气把所有的科学都还原为物理学的做法，就是美国学者布罗克曼（John Brockman）所称的“悬崖还原”（precipice reductionism）。与此相反，生物哲学不承认“悬崖还原”，只承认“逐步还原”（step-by-step reductionism），也即“高”一层的现象只能用与之相邻的“低”一层的定律来做一定程度的解释和预测，跨层的还原不仅是不现实的，也是傲慢的。事实上，正是生物哲学的逐步还原理念，使得达尔文主义在历史上先后两次积极地介入到对人类社会学现象的解释中去，即包括19世纪后期的社会达尔文主义运动和20世纪晚期的新达尔文主义社会科学运动。尽管社会达尔文主义运动已经以失败告终，并因为其引发的严重人道灾难遭到了学界的长期批判，而新达尔文主义社会科学运动也因为学界对社会达尔文主义死灰复燃的警惕而一直未能得到广泛承认，但是生命科学在这方面的努力终归体现了它贯彻古典科学精神的愿望。与此相反，秉持悬崖还原信念的物理哲学在社会科学的还原实践上并没有做出太多的贡献，除了提出一些过于宏大叙事的规律外，可以说是“口惠而实不至”。尽管在物理学界也有一些顶尖学者对悬崖还原提出了批评，但是在一般受物理哲学影响的人那里，悬崖还原仍然有很大的吸引力。

再次，从历史的角度来看，物理哲学长期和实在论（realism）哲学捆绑在一起。实在论坚持笛卡儿的二元论（唯物主义实际上也是二元论的变种），认为客观世界是不依人意志转移、独立存在的实体；相对论和量子物理学描述的是宇宙的真实图景，日常感受到的世界只是这种真实图景的一个侧面；科学观察是客观的，因此理论必须能解释和预测古往今来的一切观察现象；科学的目的就是不断探究宇宙的本质，逼近宇宙真理。相比之下，生物哲学因为源于生物学，而生物学（特别是神经生物学）在现象层次上与人类心灵更为接近，因此生物哲学能够更方便地摆脱二元论和实在论的拘束，为科学的哲学诠释开辟更大的空间。比如，生物哲学家就容易坚持一种和实在论针锋相对的工具主义（instrumentalism）观念：客观世界只是人通过感官和思维建立起来的构体（entity）；相对论和量子物理理论只是为了“拯救现象”而提出的理论，宇宙本无“真实图景”可言；科学观察实际上“渗透着”理论，理论在很大程度上决定了观察结果，因为这种主观性，新理论并不需要非得解释以往的一切观察现象；科学的根本目的仅仅是要不断提高预测的效力，绝不是为了追求真理——事实上，绝对真理根本就不存在。

最后，由于物理学的理论的巨大进步，19世纪有很多人相信宇宙已经被事先决定好的机械决定论。尽管达尔文主义在根本上和机械决定论并不必然矛盾，但在表面上，自然选择所强调的突变的随机性，却和机械决定论所强调的决定性存在强烈矛盾。更重要的是，机械决定论的那种预测未来的乐观态度，再加上实在论对于逼近宇宙真理的强烈信仰，在很大程度上契合并支持了19世纪前后出现的各种乌托邦思想——比如自由主义乌托邦和无政府主义乌托邦。自由主义乌托邦认为结合了自由主义的民主制度将是人类最终的政治制度，当人类社会实现这一政治制度之后，历史也就“终结”了；无政府主义乌托邦则认为没有政府、一切靠人民自助自爱的世界才是最美好的，因此也将是世界的最后形态。20世纪堪称是人类历史上的“乌托邦世纪”，各种乌托邦思想竞相发力、相互激荡，主导了各种大善大恶的历史事件。最终，在经历了20世纪末的东欧剧变和苏联解体之后，西方在21世纪初也陷入经济衰退，中国等发展中国家崛起，自由主义乌托邦由此衰落，连提出“历史终结”论的美籍日裔学者福山（Francis Fukuyama）也改变了自己的观点。无政府主义乌托邦倒是一直在中产阶级思想中常胜不衰，比如新奥地利学派就是一种无政府主义经济学理论，其哲学基础是所谓“自由意志主义”（libertarianism），至今在中国的中产阶级中还很有市场。具有讽刺意味的是，新奥地利学派乌托邦的开山祖师之一哈耶克（Friedrich A. Hayek，1899—1992）虽然批评其他乌托邦思想试图预言人类最终归宿的行为是“致命的自负”，但是他自己也不可避免地陷入了无政府主义乌托邦的致命的自负当中，其诉诸传统，认为传统不能动摇的观念也难以逃脱退步主义历史观的嫌疑。相比之下，生物哲学谦虚地承认，由于量子世界的真随机性和宏观世界的混沌现象的存在，不仅学科之间只能做不完全的逐步还原，而且未来也是不可预测的。脱离了近未来可预计的因素，不管是谈论人类的最终归宿是什么，还是言之凿凿地肯定哪种政治经济制度一定最好，都是没有意义的，立论下得越细就越荒谬。因此，生物哲学天然是反乌托邦思想的。

到这里你大概也能明白，为什么我要花这么大篇幅讲物理哲学和生物哲学的对抗这样艰深的内容，因为它们作为一种能够转化为社会技术的思想，间接地、然而非常重要地决定了族群竞争的结果。在我看来，21 世纪是一个乌托邦思想退潮的世纪，乌托邦思想的退潮，在很大程度上反映了传统物理哲学的衰落。未来人类社会很可能将重新恢复一种务实、保守的风气，而生物哲学有可能在其中起到重要的支撑作用。生物哲学的兴起，不仅是第三次科学革命的重要标志，可能也将在很大程度上影响未来人类社会的走向。

思维聚焦

20 世纪上半叶，物理学发生了两场革命，即相对论革命和量子论革命。由爱因斯坦发动的相对论革命属于第二次科学革命的范畴，它虽然统一了物质、能量、空间和时间，创造了新的世界图景，但其背后的哲学仍然是一种决定论哲学，具有典型物理哲学色彩。

与相对论革命同时发生的量子论革命则属于第三次科学革命的范畴，它几乎推翻了人类所有的俗常物理观，建立了一个完全人为的间断的、概率性的、非因果性的、整体论的世界图景。量子物理学把最小的粒子世界和最大的宇宙结合起来，主导了物理学的第二次大一统。

演化论是生命科学的博物学传统的最高智慧结晶。林奈建立了现代生物分类命名体系，为物种建立了一种树状的、分枝的关系。波奈和拉马克则建立、发展了生物演化的概念，拉马克更以“用进废退”演化论知名。最终，达尔文不仅建立了枝状的演化图景，而且为演化提出了自然选择机制，是古典科学传统中的思辨传统在生命科学中的运用。孟德尔遗传学则是定量传统在生命科学的运用，它不仅和达尔文主义一起使生命科学在 19 世纪中期完成了近代化过程，而且在 20 世纪前期与达尔文主义实现了“现代综合”，使达尔文主义发展成为新达尔文主义。

19 世纪后期物理学完成第一次大一统时所秉持的物理哲学，与同期的生物哲学（达尔文主义）在很多方面形成对立。物理哲学怀有决定论和不切实际的悬崖还原理念，一度无法理解生命何以能自发产生，又长期和二元论、实在论捆绑在一起，因而契合、支持了许多乌托邦思想。相比之下，生物哲学易于否定决定论，主张逐步还原，更能方便地摆脱二元论和实在论的拘束，天然反对乌托邦思想。因此，科学哲学作为一种能够转化为社会技术的思想，间接地、然而非常重要地决定了族群竞争的结果。

第十一章　热兵器时代

黑火药革命

前面用了四章的篇幅介绍16世纪以来西方自然科技的进展，讲到两次工业革命在全世界族群竞争中的作用，讲到即使是自然科学思想本身对族群竞争也有重要的间接作用。但是，最直接决定族群竞争的技术毫无疑问是军事技术。假如本书花了很多篇幅讲文明、管理学等社会技术，却缺少对军事技术的介绍，那肯定是不完备的。

在第六章中已经说到，如果说金属兵器和马的使用是人类历史上的第一次军事革命的话，那么中国人发明黑火药并将其应用在战场之上，特别是欧洲从15世纪开始能够自行用黑火药制造火炮、火枪等热兵器，则引发了第二次军事革命——黑火药革命（the Gunpowder Revolution）。自1500年以来，军事技术不断更新，军事革命也就一场接着一场。对于人类历史上一共发生了几次军事革命，那自然又是众说纷纭、百家争鸣。有说发生3次的，有说发生6次的，还有说发生10～11次的。当然，纠缠这些实际上意义不大，因为这都是名义上的东西，重要的是实质。在这里我们按照美国学者布特（Max Boot）在《战争改变历史》一书中的观点，把1500年以来的军事创新划分为4次革命——黑火药革命、第一次工业——军事革命、第二次工业——军事革命和信息革命。这样的话，连上第一次军事革命，人类历史上一共有5次军事革命。

我们先来看黑火药革命。在这场革命之前，战场上的骄子是手执各种冷兵器的战士。有很长时间，骑兵是冷兵器时代最勇猛、最可怕的力量，直到14世纪英国和瑞士分别发明了用长弓手和长枪兵击败重骑兵的技术，骑兵才失去了先前那种巨大的优势地位。有人把这些技术的发明称为“步兵革命”，它们的确也算得上是一场小型的军事革命，但总的来看不过是冷兵器时代最后的一点波澜罢了。

在英法百年战争（1337 ～ 1453 年）后期，法国人因为使用了火炮而转败为胜，把英国势力赶出了欧洲大陆。1453 年，东罗马帝国首都君士坦丁堡被奥斯曼帝国攻陷（同样是因为后者使用了火炮），东罗马帝国灭亡，欧洲各封建君主决心捍卫基督教世界，于是积极备战。法国年轻的国王查理八世（Charles Ⅷ，1470—1498，1483 ～ 1498 年在位）登基之后，恃法国国势之强大，更是有统一全欧洲、收复被异教徒攻占的失地的雄心大志。为此，他在 1494 年首先乘意大利那不勒斯国王去世之机，发动了对意大利各城邦的战争，试图把整个亚平宁半岛置于自己的统治之下，作为对抗奥斯曼帝国的军事基地。

法国当时已经是一个刚刚成形的民族国家，士兵多数都是法国人，具有高昂的士气和果敢的勇气，这样的“国民军队”（national army）的斗志与意大利雇佣兵军队的敷衍懦弱完全不可同日而语；更重要的是，法军的火炮轻而易举地就轰烂了意大利城邦的城墙。因此，在法军的攻势面前，意大利各城邦一开始毫无抵抗之力。不过，法军的胜利没有维持太久，第二年，意大利人就在西班牙的支持之下联合起来，打退了法军的入侵。西班牙的军事技术之所以比法国先进，又是因为他们使用了火枪这种单兵火器。后来，意大利人自己也吸取教训，发明了厚重低矮的“棱堡”（star fort 或 trace italienne），有效地削弱了进攻方的优势。尽管如此，自 1494 年法国入侵以后，意大利仍然不幸沦落为所谓的“失败国家”，成为欧洲几大强国竞逐之鹿，失去了主宰自己命运的机会，直到 19 世纪才终于建立了统一的民族国家。因此，1494 年法国对意大利的入侵不仅是黑火药时代早期的一场标志性战役，而且是技术直接决定族群竞争结果的关键性事件。

在法意之战中帮助意大利战胜了法国的西班牙，自己很快也尝到了技术落后造成的军事惨败。第八章讲工业革命的时候谈到了 1588 年英西海战，西班牙无敌舰队在这场海战中损失过半，西班牙的海上霸权由此衰落。对于这场重要战争的结果，可以从很多方面分析其原因，但最直接的原因显然是西班牙技不如人。首先，英国人对当时作战用的大帆船做了改进，使之速度更快，容纳的火炮更多，在恶劣天气下也更容易操控。其次，英国对舰载火炮做出了两项重要技术革新，一是把火炮移入舰体内部，平时妥善保管，战时让炮管伸出打开舷窗盖的舷侧炮门就可以发射炮弹；二是在火炮下面安设四轮炮架，方便了笨重的火炮的移动。西班牙舰队后来只学去了第一项革新，却没有学去第二项革新。再次，英国水兵基本都是英国人，语言相通，训练有素，军纪严明，舰队司令能够信任下属，给予他们主动发挥的余地；相比之下，西班牙水兵操各种不同语言，交流不便，舰队几乎只由国王菲利普二世一人掌控，事无巨细都要插手，因而指挥系统十分僵硬。

上述分析清楚地表明，军事技术至少包括两大方面，其一是“军事自然技术”，指的是制造各种先进武器的技术；其二是“军事社会技术”，主要是军队管理技术——兵源如何？训练水平如何？组织方式如何？

军事社会技术的重要性，在后来的瑞典军队中表现得更为明显。瑞典军队管理技术源自荷兰军队管理技术。在荷兰独立的八十年战争中，荷兰军官发明了不同于西班牙步兵的新式组织方式。西班牙步兵当时习惯排成“西班牙大方阵”，一个方阵动辄上千人，其中长矛手占据支配地位，而四边的火枪手主要起到保护长矛手的作用。荷兰上将莫里斯亲王（Maurice，Prince of Orange，1567—1625）等人认为这种大阵机动性太差，又浪费人力资源，而且在火炮面前非常脆弱。他们设计出了小型的、等级式的战斗单位——营、连、排、班，一直沿用至今（后来在营之上又增加了团、旅、师、军等更多的等级）。这些战斗单位在战场上排成扁平的横阵（所谓“莫里斯方阵”），其中火枪手的数目和地位大大加强。在作战时，火枪手方阵中的第一排在射击完之后就要退到后面重新装卸子弹，第二排成为第一排继续射击，如此循环滚动，即可使火力保持不断。为了实现这种复杂的机动，士兵必须接受反复操练，并且要自觉成为整个战斗机器中的一个善于配合的零件，而不是一个孤胆英雄。荷兰军官由此又发明了一系列旨在严格纪律和增强协作能力的军队操练方法，其中就包括今天我们熟悉的齐步走。

荷兰军队管理技术很快风靡欧洲北部的新教国家。荷兰人因此创办了欧洲第一所军事院校，向来自欧洲各地的新教军官传播这套新技术。瑞典国王古斯塔夫二世·阿道夫（Gustav Ⅱ Adolf，1594—1632）在年轻时就学习了荷兰战法，后来对这套战法做了很多改良，加强了炮兵在方阵中的地位，特别是加强了野战中对火炮的使用，实现了野战中的多兵种合成。为了让士兵能够在实战中更熟练地使用这些先进武器，古斯塔夫二世还更为强调对士兵进行严格操练。尽管他的部队中多数都是雇佣兵，其纪律和战斗力却不亚于瑞典本国的义务兵。

值得一提的是，要供养这样一支新式军队，需要不菲的开支。为了筹足军费，古斯塔夫二世先是在本国内收取更多的税，然后竭力从外国人那里捞钱，包括出售本国的铜、铁矿开采权，利用驻外军队强收河流航行的通行税等。“以战养战”就是这位国王提出的著名口号。这些与军队管理技术配套的社会技术不仅能够保证军队战斗力的持续性，而且也使国家的政治制度不可避免地向中央集权发展。甚至官僚机构在西方的兴起（其一大特点就是有森严的权力等级）也和这种瑞典模式的军队组织方式有密切关系。

尽管古斯塔夫二世本人在席卷全欧洲的三十年战争（Thirth Years’ War，1618 ～ 1648 年）中战死，但是通过这一系列新式军队制度的实施，偏居北欧一隅、人口和资源都较为贫乏的瑞典，最终成为战争的获利者之一。在 1648 年“威斯特伐利亚和约”签署之后，瑞典一跃而起，成为北部欧洲的霸主。后来，瑞典军队还曾在 1700 年的一场战役中打败了人数是其 4 倍多的俄国军队，这使这个北欧国家的声望达到了顶峰。

当然，因为瑞典在地理、人口、经济等方面毕竟具有先天劣势，普鲁士、俄国等又通过师敌长技后来居上，到 18 世纪前期，瑞典的霸权就衰落了。然而，瑞典军队管理技术后来却在全欧洲成为标配。完成了这些近代化革新的欧洲军队，在面对欧洲以外的管理技术落后的对手时，常常会占据压倒性优势。以 1803 年 9 月英国征服印度马拉塔人的阿萨耶（Assaye）战役为例，经受了长期操练的英国士兵具有高度的忍耐性和服从性，因而在天气极为炎热、其他环境也极不适应的印度仍然能够保持严格的纪律。英国军队还有职业化的军官培训和举贤制的军官选拔；相比之下，马拉塔人军队还是传统的部落军队，部落首领牢牢掌握着军权，不愿意交给受过职业化军官培训的人来统率，内部又盛行裙带关系，无法把具有丰富作战经验的军人筛选出来提拔成军官。因此，尽管马拉塔人也试图从欧洲人那里掌握先进的军事技术（比如引入火炮），但军队管理制度的落后最终导致了他们的失败。印度也因此最终全境沦为英国的殖民地。

把上面说的总括一下，可知黑火药革命带来了以下的重要发展：首先，在陆军方面，冷兵器逐渐被热兵器取代，起初在阵形中还有长矛手，但到18世纪，随着配备有套筒刺刀的燧发枪成为步兵的标配之后，长矛手就彻底退出了战场。骑兵的地位也大为衰退，主要仅用于搜索和追击战败的敌人。其次，在海军方面，由于火炮的运用和相关技术的革新，旧的海战方式——接舷战让位于炮战，舷侧齐射成为标准海战战术。再次，在军队管理技术方面，莫里斯亲王和古斯塔夫二世从罗马军团那里获得启发，建立了组织严密、重视操练和纪律的军队体系，本国的志愿兵和义务兵开始取代外国雇佣兵成为作战主力。最后，在其他社会技术方面，黑火药革命后的军队不仅得到了新兴的西方民族国家的大力支持，它本身又促进了西方民族国家的形成。诚如美国学者梯利（Charles Tilly）所说，至少对西方国家而言，“战争创造了国家，国家制造了战争”。

第一次工业－军事革命

从第一次工业革命开始，技术革命和军事革命的关系越来越紧密。就像自然科学和自然技术从“科技分离”逐渐走向“科技共进”一样，工业技术和军事技术的关系也从“工为军用”逐渐走向“工军共进”，而民用工业技术和军工技术更是出现了从“民为军用”向“军为民用”的逆转。18世纪以来，军事对于技术进步和技术进步决定的族群竞争的作用都越来越大了。

英国是第一次工业革命的发源地，前面已经说过，这在很大程度上和它打败了西班牙和荷兰成为新的“海上霸主”甚至全球霸主相关。但是就像英国社会的种种问题导致它最终没有乘上第二次工业革命的东风一样，英国贵族对军队不够重视，也使英国错过了率先把第一次工业革命的成果用在军事技术中、掀起新一轮军事革命的机会。这些开创性的工作是由德国人——更准确地说是普鲁士（Prussia）人完成的。

由于复杂的历史原因，德意志到19世纪的时候还像意大利一样没有形成统一的国家，而是分散为大大小小的王国、公国。然而，与意大利人不同，德意志人具有强烈的民族主义思想和进取心，这在普鲁士人身上表现得更为明显。自从在1806年被法国的拿破仑军队打败之后，普鲁士人就将此视为奇耻大辱。他们积极进行全方面的改革，在军队方面的改革尤为卓著，比如将旧式雇佣兵军队改成法国式的国民军队，建立了普遍征兵制和专门培养军官的学校，建立举贤式的军官选拔制度从而打破贵族对军官阶层的垄断，等等。当然，这些改革都还属于黑火药革命时期的内容，行使这些改革，不过是在奋起追赶军队已经近代化的其他欧洲强国而已。

然而，就是在这些补课式的改革之中酝酿了全新的革命。克劳塞维茨（Carl P. G. von Clausewitz，1780—1831）发挥了德国人的哲学天赋，撰写了《战争论》这部军事哲学名著，成为西方流行的军事理论基础读物。在我们中国人看来，克劳塞维茨和《战争论》在西方的地位堪比“兵圣”孙武和《孙子兵法》在东方的地位，因此克劳塞维茨也被称为“西方兵圣”。

更重要的是，在进行军事改革的同时，普鲁士建立了总参谋部这样一个革命性的机构，在平时就负责开展战史研究、未来的军事计划研究和虚拟战争演练。普鲁士发明了在地图或沙盘上推演作战计划的方法，又用军事演习作为进一步的实战训练。甚至连用红蓝两色代表演习中两支敌对军队的做法都是普鲁士发明的，一直沿用到今天。

通过总参谋部系统，普鲁士培养出了一大批非贵族出身的军事天才，其中最卓越者就是毛奇（Helmuth K. B. von Moltke，1800—1891，一般习称“老毛奇”，以与他的侄子“小毛奇”区别）。毛奇针对当时普鲁士在地理形势上的困境，大胆决定把第一次工业革命的两大成果——铁路和电报引入军队。在国家主导之下，普鲁士的铁路系统发展很快，这和英国、美国由私人公司主导铁路发展形成了鲜明对比。利用铁路快捷和大批量的运输能力，普军可以在短时间内就把大量人员和辎重从后方运送到前线，极大地提高了部队的机动性和作战效率（虽然在远离铁路的地方，陆军的行动力和黑火药时期仍然没有本质差别）。电报则可以迅速传递信息，使指挥部和各个师之间几乎可以做到即时通讯，实现了战斗中全局性战役指令的发布和各个军事单位的行动协调。然而，这种全局性的掌控绝不意味着指挥部对战场的每一个细节都要照顾周全；恰恰相反，毛奇特别指示，要发挥各级作战单位的自主性，让他们在充分理解命令的前提之下调动自己的智慧完成作战任务。这种战场上的放权，一直是德军的重要特点和优势。如果说瑞典模式代表了军队管理技术的近代化的话，那么普鲁士模式就代表了军队管理技术的现代化。

当然，普鲁士军队在士兵装备上也有进步。传统的火枪是滑膛枪，枪管内部是平滑的，射出的子弹不会旋转，很容易受到空气阻力影响，因此射程不远，精度较低。后来有人想到在枪管里雕刻出螺旋线，子弹在出射时会高速旋转，根据物理学原理，这样的子弹的运动方向不易受外力影响，射程较远，精度也大为提高——这就是来复枪（rifle）。早期的来复枪都是从枪口装填子弹（所谓“前膛式”），同一个枪口既是子弹入口又是出口，效率很低。19 世纪中期，德国工程师德莱赛（Johann N. von Dreyse，1787—1867）发明了后膛装填的来复枪，与这种装填方式配套，枪上还有专门的撞针式发火装置，按动扳机之后，撞针会刺破枪弹后面的纸包药筒，击发雷管，引起爆炸，将枪弹射出。早期的后膛撞针步枪故障率很高，射程也不如旧式步枪远，但它最大的好处就是效率高，后膛装完子弹，前面马上就可以射击，速度是旧式步枪的 3 倍多。到 19 世纪 60 年代，普鲁士军队已经普遍装备了这种新式步枪。

1862 年，俾斯麦（Otto E. L. von Bismarck，1815—1898）被任命为普鲁士首相。这位著名的“铁血首相”甫一上任，就开始发动统一全德的战争。在打赢丹麦之后，统一全德的重要一关就是要压制住奥地利。在此之前，毛奇已经制订了普奥战争计划。1866 年，战争打响。面对已经花了半个多世纪在装备、管理技术和其他社会技术方面都不断进步的普鲁士军队，落后的奥地利军队终于失败，全世界都深刻见识了普鲁士军队充分利用铁路、电报和新式武器以少胜多的辉煌战绩。当然，不可不提的是俾斯麦是一位极为高明的政治家，在战前先争取到了俄国和法国的中立，在通过速决战达到战略目的之后，又和奥地利积极媾和，为之后的普法战争解决了后顾之忧。最终，普鲁士成功地统一了除奥地利等少数地区之外的大多数德意志邦国，完成了德意志民族国家的建立。

军备竞赛的速度通常都非常快。德莱赛步枪发明还没有多久就显得落后了，各种步枪新技术层出不穷。“围观”了普奥战争的法国在见识了后膛步枪的巨大威力之后，很快就研发出夏斯波（Chassepot）后膛枪，性能比德莱赛步枪更为优越（虽然这未能阻止法国在普法战争中失败）。同样是在 19 世纪 60 年代，早年曾在科尔特手枪工厂工作过的美国工程师斯宾塞（Christopher M. Spencer，1833—1922）

发明了具有一定自动性能的后膛步枪，简化了射击步骤，提高了发射速度。1866 年出现了无烟火药，性能比黑火药更好，枪弹可以做得更小。1869 年出现了整装金属壳子弹。1884 年美国工程师马克沁（Hiram S. Maxim，1840—1916）发明了全自动机枪，利用发射子弹的后坐力能量自动完成下一发子弹的上膛等一系列过程，进一步提高了枪弹的发射效率。1892 年硝酸甘油等新型硝化炸药用于发射枪弹，更增大了马克沁机枪的威力。这种笨重的杀人机器很快被英国军队用在非洲战场上，取得了包括 1898 年苏丹乌姆杜尔曼（Omdurman）战役（是役苏丹军死 18 000 人，伤 16 000 人，而英埃联军仅死 48 人，伤 382 人）在内的一系列战争的胜利。

第一次工业革命同样也推动了海战技术的革新。随着钢铁船壳的蒸汽船的广泛应用，到 19 世纪末，海军彻底告别了风帆时代，形成了由战列舰、巡洋舰、驱逐舰、护卫舰等舰种编组的新式舰队。虽然舰队使用的主要武器仍然是火炮，但是水下发射和行驶的鱼雷和潜艇也得到了发明，为之前局限于水面进行的海战开辟了新的作战维度。

在 19 世纪末的新一轮海军军备竞赛中，曾经被美国的炮舰扣开国门的日本异军突起，先后师从法国、德国和英国，建立了自己的新舰队。1894 年的甲午海战中，日本舰队战胜了中国的北洋舰队，逼迫中国在次年签订丧权辱国的《马关条约》。1904 年，日俄战争爆发，日本全歼沙皇俄国的太平洋舰队，迫使俄国不得不把它原先部署在欧洲的另一支舰队——波罗的海舰队调出，改名“第二太平洋舰队”，经过漫长的环球航行到达东亚，试图与日本决战。1905 年 5 月，第二太平洋舰队行驶至朝鲜半岛与日本本土之间的对马海峡时，与日本舰队展开战斗。在这场为时 2 天的对马海战中，日本发挥了其舰艇的操纵和航行优势及火炮射击速度和炮弹质量的优势，最终使第二太平洋舰队中的 38 艘战舰损失 31 艘，而自己竟无一战舰损失！至此，俄国在海战中完全失败，最终不得不认可日本对朝鲜的统治，并把中国辽东半岛、库页岛南半部割让给日本，事实上等于完全失去了太平洋出口［第二次世界大战之后，苏联不仅夺回了库页岛，而且夺占了整个库里尔群岛（日本称千岛群岛），重新获得了太平洋出口］。

第一次工业－军事革命进一步提高了军队对物资和经费的需求。1914 年第一次世界大战爆发之后，为了解决物资和军费短缺的问题，各主要参战国家都先后加强了中央集权，由国家主导军事工业，以确保军队战斗所需，同时积极干涉经济，以满足疯狂增长的财政开支。与此同时，为了解决作战和后勤人力不足的问题，各国都积极动员其民众参与到战争中来，或是上前线卖命，或是加班加点生产战争所需的物资。在这种情况之下，整个国家在战时完全成为一架专为战争而开动的机器，战争的胜负在根本上取决于国家的整体实力——这就是所谓“总体战”（total war）。

有学者认为，总体战不仅迫使国家终结自由放任的经济政策，而且因为在战场上并肩作战的人之间不可避免地会处于一种较为平等的关系，国家动员的人力越多，平等主义思潮就越加蔓延，因此旧式的社会等级制度也难以为继。很多国家在第一次世界大战爆发后先后发生社会革命，推翻了旧王朝和旧贵族的统治，建立了较为平等的新制度，而社会福利制度也不可避免地在各个国家开始施行，以满足民众的平等主义诉求。当然，把社会制度的变迁只归结于战争这一个因素肯定是不妥当的，但上述说法仍有其意义，启发人们不要忘记战争对社会的塑造作用。从某种意义上说，20 世纪初期以总体战方式进行的族群竞争在相当程度上限制了国家（特别是大国）的形态，决出了那些能够让国家存活下去的社会技术。

第二次工业－军事革命

就在普鲁士陆续开展统一德国的大大小小的战争的时候，第二次工业革命也在美国和欧洲逐渐展开。到第一次世界大战爆发的时候，第二次工业革命也接近尾声了。和第一次工业革命基本没有受到军事的直接推动不同，第二次工业革命从此前的军事技术那里受惠颇多。标准化制造就是典型的“军转民”技术。

不过，和第一次工业革命一样，第二次工业革命的成果向军事技术的转化仍然有明显的滞后性。第一次世界大战在很大程度上只是利用第一次工业－军事革命建立的技术相互厮杀。尽管在战争期间也出现了坦克、飞机、无线电、化学品这些属于第二次工业革命的技术，但它们并没有发挥太大的作用（化学战在第一次世界大战后还遭到了国际公约的禁止）。反过来看的话，第一次世界大战对飞机的发展却非常重要。1918 年第一次世界大战结束之后，为了给大量过剩的军用飞机找到用途，欧美各国都纷纷把它们改造为民航用机，在欧洲的几个主要城市（如巴黎、布鲁塞尔和伦敦）出现了定期航班，好几家大型的欧洲国有航空公司先后成立。同样在第一次世界大战中发明或在第一次世界大战中得到了广泛使用、战后反哺民用工业的产品还有卫生巾、打火机、手表、拉链、茶包和民航的地空无线电通讯等。

第二次工业革命中的各种技术，在第一次世界大战之后才陆续在军事技术中得到深入应用，并在第二次世界大战期间得到了集中展示。这些技术中的佼佼者是机动车、航空母舰和飞机。

由内燃机驱动的机动车是在 19 世纪末问世的。1915 年，英国海军尝试在拖拉机底盘上安装钢制装甲，这样就发明了坦克。坦克的发明引起了英国军官富勒（J. F. C. Fuller，1878—1966）的兴趣。在第一次世界大战即将结束的时候，身为皇家坦克军参谋长的富勒设计了由英国和法国的上千辆坦克出其不意突袭德国的作战计划，但最终没有来得及实施。战后，富勒继续琢磨坦克战术，逐渐成为出色的军事理论家。他设想在飞机的掩护之下，可以利用坦克的机动力突破敌军防线，突袭敌军指挥部和通讯中心；只要破坏了敌军的“大脑”，则敌军的“躯体”自然瘫痪，失去行动能力。通过这种迅速的、事半功倍的作战方式，第一次世界大战期间那种在前线上胶着、大量士兵伤亡的惨烈局面就可以避免。

遗憾的是，第一次世界大战后的英国军队为保守人士所控制，他们对富勒的装甲战理论不感兴趣。当然，这也和英国是一个岛国、海军和新兴的空军比陆军更为重要的现实有关。然而，纳粹德国却把富勒的理论奉若珍宝，他们发现这正是自己需要的新战术。

法西斯纳粹为什么会在德国兴起，这自然又是历史课本中一定会讲的常识。这里只强调一点：第一次世界大战之后，各参战国（包括中国的北洋军阀政府）于 1919 年在巴黎签订了《凡尔赛和约》；和约对于战败的德国极为苛刻：德国被判割让领土给法国、丹麦和复国的波兰；赔偿一大笔战争赔款，不能用黄金偿还的部分则用矿产资源和工业设备相抵；废除义务兵制；不得拥有海军、空军；陆军总人数也被限制在 10 万人下，且不得发展坦克、重型火炮，不得设立总参谋部。总之，德国承担了极为沉重的赔偿压力，却没有得到任何安抚。对于民族主义素来强大的德国人来说，这种和约完全是对德国的羞辱。当时，社会达尔文主义思潮在欧美十分盛行，德国很自然就出现了主张发展军国主义（militarism）的极右翼思潮。最终，纳粹党领袖希特勒（Adolf Hitler，1889—1945）把这种极右翼思潮与雅利安种族至上、应当扩展更多“生存空间”（lebensraum）的极端种族主义结合，形成了纳粹主义思想。

表面上，德国人表示要遵守《凡尔赛和约》，但在私下里却用各种巧妙的方法绕过和约的限制，继续发展军队。比如和约虽然规定不得设总参谋部，德国就用“部队事务处”作为幌子，依然凑齐了一帮顶级的军官和战略家商讨作战计划。利用装甲化、机械化部队作战，就是这些军队高层广泛接受的新一代战术。苏联成立之后，1922 年德国即与苏联签订密约，派出少量人员到苏联境内秘密试用坦克和飞机。在这种气氛之下，德国培养出了一位杰出的装甲战理论家——古德里安（Heinz W. Guderian，1888—1954）。古德里安积极吸收富勒等人的理论，自己又做了进一步发挥，从而提出了后来世人皆知的“闪击战”（blitzkrieg）战术。1933 年希特勒上台，两年之后即公开撕毁《凡尔赛和约》，突破所有限制大举发展军队。短短几年时间，纳粹德国就建成了一支强大的装甲部队。在祖国处处碰壁的富勒，听说德国人实现了自己的梦想，从一个纯粹的军事家角度出发，自然十分喜悦。1939 年 4 月，富勒不顾非议，欣然接受希特勒的邀请，前往柏林参加希特勒 50 岁生日庆典。在机械化部队的坦克隆隆开过检阅台之后，希特勒问富勒：“我希望您对您的孩子们满意。”富勒则回答：“阁下，他们长大得太快，我都认不出他们了。”

1939 年 9 月 1 日，德国入侵波兰，英、法对德宣战，按照西方的传统看法，第二次世界大战就此爆发（中国的一些学者则认为应该把 1931 年日本侵略中国东北全境作为第二次世界大战的起始）。在德国闪击战的打击之下，波兰军队不堪一击。波兰再次亡国，德国和苏联瓜分了其领土。1940 年 5 月，德国突然开始向法国进攻。当时法国为了防备德国，在其东部国境线附近修建了戒备森严的马其诺防线（Maginot Line），又在北部和比利时的边境屯守重兵。至于两段国境线之间的阿登高地（The Ardennes），因为森林密布，地势崎岖，法国人以为是天险，没有特别防护。殊不知德国人在把盟军部队牵制在法国、比利时边境之后，其装甲部队利用高度机动性恰恰从这处天险突围，撕破了法国人的防线。只要成功渡过马斯河，前方就是一望无际的西欧平原。长驱直入的德军在 6 月 14 日占领巴黎，6 月 22 日逼迫法国政府签订投降协议。在此之前，33 万名盟军士兵被迫从敦刻尔克撤退到英国。就这样，德国仅用 6 周时间就占领了法国，震惊世界。

对于德国为什么能打赢这场战役，有一些传统的说法现在看来是站不住脚的。比如有人说法国出了叛徒，事实上这只是一种推卸责任的托辞；有人说法国缺乏士气，事实是在战前德国人的士气也不高，是战役结果决定了士气，而不是相反；德军在数量上也并不占优势，甚至德军的武器也没有先进到哪里去。最终，最可靠的解释只能是认为德国充分利用了第二次工业革命提供的机动性，充分发挥了各兵种协同作战的能力，充分发挥了各作战单元的自主性（这是德军的传统），而这些优势几乎都和在新一代军事自然技术之上建立起来的军事管理技术有关。

自然，纳粹德国最终在 1945 年彻底失败了。其失败原因也可以总结出很多，比如希特勒缺乏足够的政治智慧，没有像俾斯麦那样见好就收，与英法媾和；德国低估了进攻苏联的难度，针对苏联的闪击战没有成功，最终彻底拖累了德国；盟军迅速吸取教训，很快也实现了自己部队的机械化，特别是美国，充分发挥了标准化批量制造的优势，以更快的速度源源不断生产装甲车辆；德国在战争期间研制新武器的方向也有误，最终未能掌握原子弹技术。当然，根本原因还在于德国毕竟面积有限，资源不足，当它遭到英、法、美、苏的联合反击时，战败的结局就已经注定。

与德国类似，日本在亚太战区的作战经历，也属于这种赢得了一场战役、输掉了整个战争的模式。日本陆军在技术先进性方面无法和德国陆军相提并论，但是日本海军却非常出色，完成了第二次工业-军事革命中的海军转型——用航空母舰取代战列舰作为舰队主力，主要用舰载飞机和鱼雷在海战中争夺主动权。海军航空技术本来是美国人于 1910 年发明的，后来英国人在第一次世界大战中制造了专门的航空母舰，成为第一支拥有航母的海军。但是，正如他们在陆军战术中轻视了装甲部队闪击战一样，在海军战术中也低估了航母的潜在巨大威力。相比之下，美国军方对航母更重视一些，但也没有真正理解其正确用途。这便给了日本可乘之机。

日本通过学习英国的海军技术，认识到了航母作为移动的军事基地的重要意义。以航母为基地的性能优良的舰载飞机可以在广大海域内作战，利用炸弹或鱼雷攻击海面目标，因而对那些旧式的海军舰艇具有压倒性的优势。凭借对航母战术的重视、舰载飞机和鱼雷的优异性能及飞行员过硬的素质，日本在 1941 年 12 月 7 日突然发动了对美国珍珠港海军基地的奇袭。这次“海上闪击战”大获成功：停泊在珍珠港的军舰中有 18 艘被击沉或击伤，86% 的飞机被击毁或严重受损，2000 多人死亡。美国的太平洋舰队因此遭到重创。需要补充的是，在珍珠港战役前后，日本和美国还开展了激烈的“电子战”——日本竭力要保持其无线电通信信息的秘密性，并用欺骗性的信息误导美国；而美国竭力要破译日军的密码，艰难识别其中真实有用的信息。在电子战上的失败，也是美国在珍珠港战役中失败的重要原因。

至于日本最后战败的原因，简单概括一下有这么几项：首先，日本的军队管理水平不高，海陆军相互倾轧，一些正确的决策因为内斗而无法实施；其次，中国广阔的国土使日本陆军陷于人力不足的境地，间接加快了日本的战败；更重要的是，日本对美国的进攻把这个世界上最强大的工业国家置于直接敌对面，美国迅速吸取教训，就像为欧洲战场生产装甲车一样，利用标准化批量制造全力生产航空母舰和飞机，很快就在海军装备上胜过日本；美国在电子战方面也取得了后来居上的优势（比如通过破译日军密码在 1943 年成功炸死了日本海军大将山本五十六）。然而，最根本的原因仍然是因为日本面积有限，资源不足，无法在总体战中与体量更大的国家对抗；被日本陆军侵略的国家通过持久战就足以拖垮日本，而与美国的对抗更是大大加快了日本战败的速度。

在第一次世界大战之后迅猛发展的空军，除了配合陆军和海军完成战术轰炸外，还有自己的独门绝技——战略轰炸（strategic bombardment）。战略轰炸的主要目的，是通过直接轰炸敌国后方、本土的军事或非军事目标，破坏敌国的后勤力量，加重敌国社会的恐慌，使敌国政府和军队丧失继续战争的意志。在第二次世界大战的欧洲战场，早期德军对英国多次实施战略轰炸，后期英军则转而对德国实施战略轰炸。英军的战略轰炸给汉堡、柏林等大城市造成了巨大破坏，导致大量平民死亡，因此也遭到了很多非议，但是比起美国针对日本的战略轰炸来，却只能算是小巫见大巫。

说到美国在第二次世界大战期间的战略轰炸，就不能不提波音（Boeing）公司。波音公司成立于 1916 年，从一开始就是一个专门生产军用飞机的企业，并从20世纪30年代开始研制大型轰炸机。1944年，被誉为“超级空中堡垒”的B-29轰炸机投入战场，最初被设计用来完成日间高空轰炸任务，但是美国杰出的军事家李梅（Curtis E. LeMay，1906—1990）在1945年却提出了惊人的设想——用B-29在夜间进行低空飞行，向日本本土投掷凝固汽油弹。1945年3月9～10日，美军对东京实施了成功的战略轰炸，大量集束的凝固汽油弹在东京上空倾泻而下，迅速引燃了以木制房屋为主的城区建筑，全城陷入火海，至少8.3万人死亡。此后，日本其他几十座大城市（京都除外）也都遭到了类似的惨烈轰炸。

当然，最终标志着美国战略轰炸顶峰的，是原子弹的使用。1941年年底，美国开始了制造原子弹的“曼哈顿计划”，第一批制造出3枚原子弹。1945年7月16日第一枚原子弹试爆成功；同年8月6日原子弹“小男孩”由B-29运载到广岛上空投放爆炸，造成13万人死亡；3天之后，原子弹“胖子”同样由B-29运载到长崎上空投放，造成6万人死亡。日本因此成为迄今唯一遭受过原子弹袭击的国家。尽管后来有人争议原子弹的使用是否必要，但是日本在两次核爆之后迅速无条件投降，却是不争的历史事实。

第二次世界大战是第二次工业-军事革命技术的全面应用和展示。正是从第二次世界大战开始，最先进的工业技术通常首先都在军事工业中得到应用，此后才转化为民用技术，完成了从“民为军用”到“军为民用”的逆转。在第二次世界大战期间发明或在第二次世界大战中得到广泛应用、战后反哺民用工业的产品数目极多，除了众所周知的核能、雷达、越野车、大飞机、大型船舶之外，还包括对讲机（摩托罗拉公司正是因军用对讲机制造而在战后一跃而起，成为著名的电信公司）、计算机、火箭、合成橡胶、抗生素以至于太阳镜、瑞士军刀、速溶咖啡等。下一章会讲到第三次工业革命，几乎可以认为这次工业革命的本质就是第二次世界大战军事技术的民用过程。我们完全可以说，正是第二次世界大战决定了我们今天的物质生活基本面貌。第二次世界大战还催生了一些20世纪的新兴科技方法论和科技哲学，信息论、控制论、系统论这“三大论”就都是在第二次世界大战期间提出并在战后得到深化和弘扬的。

不仅如此，第二次世界大战又进一步强化了世界主要国家的中央集权程度，国家对经济、社会的控制进一步加深，甚至连原先主要由私人、学术机构和企业从事的科学研究，在第二次世界大战期间也开始得到国家的大力支持，由此进入了政府主导科研的新时代。总之，现实中政体的演化正如生物的演化，在一轮又一轮族群竞争中，不适应的政体先后消失或被调整，保留下来的政体往往都是某个最近的“共同原型”的变异——比如，“地理大发现”和黑火药革命之后，东方帝国和游牧社会政体消失，欧洲民族国家政体成为所有现代国家采用的政体；第一次世界大战之后，各种自由放任的政体失败，中央集权政体被筛选出来，成为新的“共同原型”；第二次世界大战之后，集权度不够的政体又经历了新一轮的淘汰。总的来看，现代国家的政体的趋同性越来越高，与之对应，因为落后于时代而死去的政治乌托邦也就越来越多。

需要指出的是，上面这种科技和军事相互促进并进一步决定政体的模式，是与西方的资本主义和民族国家体系相始终的，因此在很大程度上也是“独一无二的欧洲”的族群竞争方式。在现代民族国家体系扩散到世界其他地方之前，军事技术对于中国这样的传统帝国并没有这种单方面助推、迫使它向单一方向不断前进的作用。恰恰相反，战争在中国通常只会消灭大量人口、全面破坏旧秩序，长期以来积累的大量文化成果也便随之一同毁灭。随后，在废墟上也只能建立一个和前代差别不大的新秩序，很多文化成果也只能从头再来。

正因为如此，在中国传统文化中，战争和军事是令人厌恶的。在文人眼中，兵者是“凶器”“圣人不得已而用之”。甚至连“武”这个字，因为由“止”和“戈”两个字合成，其造字本意长期以来都被曲解成“只有停止战争，才是真正的武功”。因此，虽然今天中国已经纳入民族国家国际体系当中，作为新兴科技大国也开始“享受”军事技术红利，但中国知识界一般不喜欢谈战争，更不愿意谈军事对科技和政治的积极影响，这也是科技史领域很少关注军事技术的原因。

诚然，当前世界总体来说是一个和平发展的世界，但这并不表明我们在反思两次世界大战的深重危害的同时，不能承认它们的正面意义。何况，目前的世界和平局面还能持续多长时间，也还是未知数。如果不幸而有新的世界大战，我们是否可以尽量减少它的破坏性、让它带来的新生活方式能够造福后世，而不是让它成为一场比中国历史上的改朝换代更黑暗的战争，造成大量人口和宝贵的文化遗产化为乌有，使人类重新回到旧有的生活方式中？（就像爱因斯坦所说："我不知道第三次世界大战会使用什么武器，但我知道第四次世界大战用的是棍棒和石头。"）假如不重视军事技术的研究，恐怕是无法实现这种愿望的。

科学思维和技术思维的冲突

在上述三场军事革命之后，我暂时先不讲第五次军事革命——信息革命，而是把它留到下一章，和第三次工业革命一起介绍。在这一章的最后我想指出，从科技文化的角度来看，尽管军事技术的重要正面意义常常被人低估，但它也有一个同样重要的负面影响没有引起前代学者的深入关注。这个重要的负面影响，使得在第一次世界大战、第二次世界大战之后“科技共进”甚至“工军共进”的今天，科学和一般技术仍然没有真正实现天衣无缝的契合，今后恐怕也不可能实现。

这里面的原因在于，科学和一般技术虽然都是技术，但各自的追求是不一样的（表 11-1）。回想我们对技术的定义：技术是人类不同族群之间开展竞争的一切行为手段（包括作用于自然界的自然技术和作用于他人和群体的社会技术）的统称。除去科学这种特殊的技术外，一般技术的关键在于“做”（to do），也就是行为。人类的行为是有目的的，衡量一般技术优劣的一大标准，就在于是否能够更有效率地达到预先的目的。

表 11-1　科学和技术的本质区别

内容	一般技术	科学
核心 问题	怎么做（hwo to do）	怎么知道（how to know）
主要衡量标准	是否更有效地达到了目的	是否把知识组织成统一合理的体系
从事者	工程师	科学家
彼此关系	①在多数古代文明国家，科学附庸于技术（科为技用） ②在希腊首次（也是唯一一次）出现了纯粹的科学（科技分离） ③文艺复兴之后科学逐渐和技术结合（科技共进） ④ 19 世纪开始紧密结合	
极端形式	国防工程和国防思维	古希腊科学研究及其思维

科学则不同。同样回想我们对科学的定义：广义的科学可以理解为人类一切族群所具备的有关客观世界的成体系的知识，较为狭义的科学则是由古希腊人建立、文艺复兴以降的西方人所弘扬的数理逻辑体系所组织起来的有关客观世界的知识体系。在科学的定义中也可以包括为了获得这些知识所采取的探索研究行为。显然，科学的关键在于“知”（to know），也就是知识。衡量科学优劣的一大标准，在于是否能够把知识组织为更合理的体系。

科学和一般技术的这种本质差别，导致人们对好的科学和好的一般技术的追求并不总是一致的。好的科学不一定能指导更有效率的一般技术行为，而好的一般技术也不一定能产出更合理的知识体系。在了解了古希腊和近代欧洲“科技分离”时期的科学和一般技术之后，这个道理是不难理解的。其中，古希腊那种追求纯粹的理想、追求无用的科学，是历史上离一般技术最远的科学，我们可以视之为科学思维的极端形式。

有极端的科学思维，自然就有极端的一般技术思维。在我看来，离科学最远的、最极端的一般技术思维，就是国防思维（national defense thinking）。

国防思维的极端性，是由国防技术的目的所决定的。国防技术要求坚决保证本国不遭受敌人的任何毁灭性打击，因此国防思维不允许任何漏警（把真实存在的威胁视为不存在，在统计学上叫第二类错误）。然而，根据统计学原理，在同等条件下，漏警率降低，虚警（把不存在的威胁视为存在，在统计学上叫第一类错误）率就会提高，可谓鱼与熊掌不可兼得。这就迫使国防思维相对来说并不在乎虚警，也就是所谓“宁可错杀千人，不可使一人漏网”。相比之下，科学思维通常同等看待漏警和虚警，对漏警没有那么高的要求，对虚警也没有那么高的容忍性。

国防思维的这种极端性，使国防部门成为纯粹的经验主义者，勇于尝试各种能够提高国防水平的新技术，不管这些技术看上去多么匪夷所思，多么不可能成功。举例来说，在第二次世界大战期间，美国心理学家斯金纳（在第三章中我们已经介绍过此人）就曾运用他的行为主义心理学理论设计了“鸽子制导导弹”——训练鸽子点啄目标，以此来调节导弹的制导舵。除此之外，第二次世界大战期间还有其他一些今天看来颇为搞笑的动物实验，如美国试图利用蝙蝠喜欢在建筑物上栖息的习性来放火，苏联试图训练狗携带炸药炸毁德军坦克（但因为狗更熟悉苏军坦克的引擎声，在实战的时候有些狗竟然掉头跑向己方阵地），等等。

不仅如此，作为技术思维最极端形式的国防思维和科学思维的这种差异，还导致国防部门对于违反较为充分确立的科学定律的一些“技术”并没有很强的排斥性，而且越是国防问题严峻的时候，国防部门对这些“技术”就越具有开放性。众所周知，第二次世界大战结束不久，美苏两个霸权国家就陷入了“冷战”（Cold War）。在冷战期间，美国中央情报局曾经资助了意念控物之类人体特异功能的研究，其目的很简单：即使只有非常微小的可能性比苏联先找到可以通过意念使导弹、卫星改道或坠毁的人，也是值得的。直到苏联解体之后，因为专门针对的敌人已经不复存在，这一资助才最终停止，并在相关档案解密之后成为美国社会上的笑谈。当然，苏联也一样组织人手积极研究特异功能，其目的和美国是一样的。从 20 世纪 70 年代末开始，中国社会上也掀起了“特异功能”热，之后又是“气功”热，这些热潮之所以能够迅猛发展，也和体制内战略人员的主动推广有关。直到 20 世纪末，早已蜕变的气功热才终于冷了下来。

因为从黑火药革命开始，世界上的民族国家政体就受到了战争环境越来越强的选择，相应的国家战略思维也同时受到选择，国防思维的特色越来越强，所以今天既是一个“科技共进”的时代，又是一个国防思维和科学思维频频冲突的时代。特别是因为国防工程像几乎一切工程一样追求可控性、确定性，国防思维在根本上又契合于人类追求确定解释的先天心理，因此国防思维较强的人更容易理解物理学这样的长期受决定论哲学影响的科学，而不容易理解生命科学、气象学、地质学之类用统计学处理复杂巨系统、反对决定论的科学。这些人也就因此常常尖锐反对这些学科的研究结论。这也能解释为什么在中国，具有国防思维的人倾向于支持特异功能，反对基因修饰技术，大肆渲染“基因武器”的危害，支持地震预报，反对全球变暖理论。

既然国防思维和科学思维始终有相冲突的一面，我们能做的就不是消除这种冲突，而是根据当前的局势尽量减少这种冲突。假如未来中国重新陷入“冷战”或更严酷的国际局势当中，我们几乎可以确定，极端国防思维会重新成为主流战略思维，因而基本不可避免会再有类似体制内战略人员支持研究特异功能之类的事情发生。但是在国际局势相对缓和的时候，贯彻那种极端的冷战思维就显得刻舟求剑、不合时宜了。在这个时候，国防思维对漏警的强调就应该比极端状况下小一些，我们应该多重视一些虚警的危害，因此也应该多尊重一下科学界对国防问题中的科学问题的意见。

同样，虽然国防人人有责，但是在国际局势相对缓和的时候，极端的国防精神却不应该人人都有。虽然我们无法避免那些在之前的国际局势紧张时期养成极端国防思维，但并不具备战略研究能力却又特别有发言欲望的中老年“战略家”口出妄言，但政府和负责任的媒体完全可以引导舆论，消除这些妄言的不良影响。总之，我们既要重视军事技术在世界科技文化史中的地位，也要明白军事思想的弱点，这样才能对人类的军事活动形成冷静的全面认知。

思维聚焦

16 世纪以来，到第二次世界大战为止，世界军事技术先后经历了第二至四次军事革命，即黑火药革命、第一次工业－军事革命和第二次工业－军事革命。黑火药革命使冷兵器逐渐被热兵器取代，荷兰－瑞典军队管理技术的应用更使军队实现了近代化。这一时期的战争在很大程度上决定了民族国家的形成，而民族国家又成为战争的主要发起者。

虽然第一次工业革命与之前的军事技术没有直接关系，但是工业革命的成果后来却为军队所吸收，以“工为军用”“民为军用”的方式促成了第一次工业－军事革命。在陆战方面，铁路、电报和新式步枪的使用极大提升了军队的机动力、通讯能力和单兵战斗力，而普鲁士－德国军队管理技术则使军队实现了现代化。在海战方面，海军告别风帆时代，形成了以战列舰为核心的新型舰队。到第一次世界大战的时候，国际战争已经发展到总体战水平，战争深刻地影响了民族国家的政体，使中央集权政体在国际竞争中占据优势地位。

第二次工业革命本身受到了军事技术的很大推动，它的成果后来也为军队吸收，到第二次世界大战期间终于形成“工军共进”的关系，并在战后完成了从“民为军用”向“军为民用”的逆转。第二次世界大战期间具有典型的第二次工业－军事革命特征的军事设备和技术包括装甲车、航空母舰、飞机、电子战等。战争继续深刻影响民族国家的政体，促成了中央集权的进一步加深。

第二次世界大战一方面深刻改变和塑造了全球的政治制度和社会面貌，促进了“科技共进”关系的最终形成，另一方面也凸显了极端国防思维的弱点及它与科学思维之间的冲突，提醒我们即使是在“科技共进”时代，科学和一般技术之间仍然存在矛盾，而不可能完全契合。

第十二章　打造今日世界

核能时代到来

第二次世界大战之后，人类的技术和工业在第三次工业革命浪潮的推动之下又上了一个大台阶。正如上一章中已经提到的，第二次世界大战以后的七十年是“科技共进”的时代，是“工（业）军（事）共进”的时代，是“军为民用”的时代。而且，正如第二次工业革命不光是自然技术的革命，也是社会技术的革命一样，第三次工业革命也同时包含自然技术革新和社会技术革新的内容。掌握了这些关键，可以让我们走出一些陈说的束缚，更好地理解这个刚刚过去的时代。

作为第三次工业革命中最重要的新能源，核能的发展具有惊心动魄的历史。早在 1919 年，新西兰物理学家卢瑟福（在第十章中已介绍他是原子有核模型的提出者）用 α 粒子（氦原子核）轰击氮原子核，得到了氧原子核，首次实现了炼金术的梦想——元素的嬗变。后来，为了纪念卢瑟福在原子物理学方面的贡献，人工合成的第 104 号元素被命名为“𬬻”（rutherfordium）。1932 年，卢瑟福的学生、英国物理学家查德威克（James Chadwick，1891—1974）发现中子（neutron），它与质子共同构成原子核。

1934 年，法国的弗雷德里克•约里奥-居里（J. Frédéric Joliot-Curie，1900—1958）和伊雷娜•约里奥-居里（Irène Joliot-Curie，1897—1956，她是居里夫妇的大女儿）夫妇用 α 粒子轰击铝，得到了磷的一个天然不存在的、具有放射性的同位素（isotope，同一种元素的原子核质子数一定相同，但中子数不一定相同。这些质子数相同、中子数不同的原子核互为同位素），它很快衰变为稳定的硅同位素。这样，他们就第一次以人工方式制得了放射性同位素。约里奥-居里夫妇因此共同获得了 1935 年诺贝尔化学奖，使居里家族成为有名的诺贝尔奖家族。“居里”这个姓氏后来便被用来命名第 96 号人造元素锔（curium）。

与带正电荷的质子不同，中子不带电，不受电磁力的影响，因此很适合用在人工核反应研究当中，用作更好的轰击原子核的工具。1934 年，意大利物理学家费米（Enrico Fermi，1901—1954）用中子挨个轰击周期表上的元素，发现用石蜡之类减速剂减速后的“慢中子”具有更强的核反应激发能力。后来，人们用他的姓氏命名了第 100 号元素镄（fermium）。

1938 年，德国物理学家哈恩（Otto Hahn，1879—1968）重复了用慢中子轰击铀原子核的实验，得到了多种比铀原子轻得多的元素的同位素。哈恩写信给当时受纳粹迫害逃亡瑞典的奥地利犹太女物理学家迈特纳（Lise Meitner，1878—1968），迈特纳大胆猜想，慢中子不仅可以使铀原子核发生“裂变”（fission），裂成几个碎片，而且在这个过程中会发生质量亏损，亏损的质量将按照爱因斯坦质能方程，以巨大的能量形式表现出来。事实证明，迈特纳的猜想完全正确。然而遗憾的是，她未能在 1944 年与哈恩一同获得诺贝尔物理学奖，这一直被女性主义科学史家作为科学界长期轻视妇女的典型例子。幸好在人造元素名称中，第 105 号元素的旧名 hahnium 如今已经废弃不用了，而第 109 号元素则被命名为 meitnerium（鿏），算是对这位杰出的女科学家一点迟到的荣誉补偿。

核裂变现象的发现，使费米马上意识到用中子轰击铀原子核可能会引发链式反应（chain reaction）——每一个裂变的铀核都会产生 2～3 个中子，这些中子又可以引发其他铀核裂变，这种正反馈过程使裂变速度呈几何级数增长，短短的时间内就可以释放出极为巨大的能量。很快，约里奥－居里夫妇就证实了链式反应的确可能发生。至此，物理学界已经深刻意识到了核能的巨大威力。

就在这个时候，第二次世界大战爆发了。在此前后，因为纳粹种族主义的迫害，大量犹太科学家纷纷离开欧洲，前往美国避难，这使美国的科学水平有了很大提高。在物理学家中，爱因斯坦就是避难美国的犹太科学家的代表。除此之外，还有很多非犹太科学家也都先后逃往美国，其中就包括妻子是犹太人的费米，以及不愿意和纳粹合作的玻尔。这些顶级的物理学家为后来美国率先研发出原子弹奠定了智识基础。

核武器研发的最早倡导者是匈牙利犹太物理学家齐拉德（Leó Szilárd，1898—1964），他于 1938 年移民美国。齐拉德很早就意识到核能用于军事的可怕后果。因为担心这一技术被纳粹德国所利用，他先是挨个劝说当时从事相关研究的物理学家保守自己的实验秘密，但是效果不彰。无奈之下，齐拉德只好联合爱因斯坦等人向美国总统写信，希望美国能赶在德国之前把原子弹研制成功。经过一番波折，美国政府终于意识到纳粹德国率先掌握原子弹技术的严重性，在 1941 年 12 月 6 日（日军偷袭珍珠港的前一天）批准大量拨款研发原子弹，正式开始了秘密的“曼哈顿工程”。1942 年 11 月 25 日，美国启用了洛斯阿拉莫斯（Los Alamos）基地。同年 12 月 2 日，费米主持建造的第一座核反应堆运转成功。

相比之下，纳粹德国虽然也拥有海森堡之类顶级物理学家，但因为希特勒一直不重视原子弹研制，因此德国的相关研究进展十分缓慢。这个情况在 1944 年年底传到美国，齐拉德、爱因斯坦等人认为已经没有必要再研发原子弹，于是又上书提请撤销“曼哈顿工程”，但是美国军方对此并不以为然。1945 年 7 月 16 日第一颗原子弹在洛斯阿拉莫斯基地附近的沙漠中成功爆炸，巨大的威力让在场的每一个人都感到极大恐惧，据说费米在事后连开车的力气都没有了。美国在日本投下两颗原子弹之后，当初提议研发原子弹的齐拉德、爱因斯坦等人都陷入了深深的自责之中。我们应该理解这些爱好和平的学者的一片苦心，但也不得不承认，在族群竞争的压力面前，没有哪个国家的政府会甘愿放弃拥有一种即将到手的先进军事技术。

原子弹的爆炸虽然震惊了世界，但是也给其他具有发展核武器潜能的国家提供了明确的目标和强烈的信心。1947 年，美苏之间开始“冷战”。很快，1949 年 8 月 29 日，苏联就爆炸了第一颗原子弹，仅比美国晚 4 年略多。后来在 1952 年、1960 年和 1964 年，英国、法国和中国也先后成功爆炸了各自的第一颗原子弹。

还是在 1938 年，移民美国的德国犹太物理学家贝特（Hans Bethe，1906—2005）和德国物理学家魏茨泽克（Carl F. F. von Weizsäcker，

1912—2007）分别独立提出了核聚变（fusion）概念，指出太阳等恒星的巨大能量来自氢核的聚变。贝特和魏茨泽克后来分别参加了美国和德国研发原子弹的工程。利用核聚变，可以制造出比原子弹威力更大的氢弹，氢弹的爆炸甚至需要原子弹作为引子。1952 年 11 月 1 日，美国在太平洋马绍尔群岛的比基尼（Bikini）环礁成功爆炸了第一枚氢弹，开启了新一轮的核武器军备竞赛。不曾想 1953 年 8 月，苏联也爆炸了第一枚氢弹，仅比美国晚了 10 个月而已。中国的第一枚氢弹则是在 1967 年爆炸的。

与此同时，核能的和平利用也在这几个国家先后开展。1954 年苏联建成第一座核电站，1956 年、1957 年英国和美国也先后建成第一座核电站。中国的第一座核电站——秦山核电站则在 1991 年建成。德国、日本虽然被禁止拥有核武器，但也开展了核电站建设。总的来说，利用核裂变能量的核电站技术越来越成熟，核电在当代社会中发挥的作用也越来越大，但是核电站一旦发生事故，就可能造成灾难性的后果。1979 年 3 月 28 日，美国三哩岛核电站就发生了严重的核事故，所幸没有造成人身伤亡和环境污染。但是 1986 年 4 月 26 日发生的苏联切尔诺贝利（今属乌克兰）核事故就不同了，不仅当场造成数十人死亡，而且产生了严重的放射性污染，后来周边的居民中可能有数万人的死亡都和污染相关。2011 年 3 月 11 日，日本东北部发生 9.0 级巨震和海啸，引发福岛第一核电站泄漏，这是比切尔诺贝利更严重的核事故，造成了更为严重的放射性污染。此外，由发电产生的核废料如何处理，也是一个棘手的问题。尽管如此，在可预计的未来，核电站仍然是解决能源危机的最有效的手段之一。

核聚变能量的可控、和平利用，则是当下各国仍在竭力攻关的一大难题。如果可控核聚变技术得以实用，由于用于核聚变的氢同位素储量颇丰，人类在相当长一段时间内都将不用再担心能源问题。然而，由于相关研究的困难性，未来什么时候人类能够驯服核聚变仍然是未知数。除了极端的技术乐观主义者（里面颇有一些人是主张恢复自由放任经济的无政府主义者）之外，很少有人会以核聚变的实现作为当前政策的制定依据。

空间时代到来

第三次工业革命的第二大标志是航空航天技术的发展。航空（aeronautics）和航天（astronautics）是两套既有联系又有区别的技术，最大的区别在于航空技术是在地球大气层内实施的，因此航空器的发动机一般就近从空气中获取氧气作为氧化剂；航天技术是在地球大气层外实施的，航天器的发动机必须自带氧化剂，完成燃料燃烧供能的步骤。当然，由于地球引力的束缚，航天技术的发展要比航空技术的发展困难得多。

在第二次世界大战期间，飞机发动机技术有了新突破，就是出现了涡轮喷气发动机。较之传统的活塞－螺旋桨发动机，涡轮喷气发动机能提供更强的动力，在高速（特别是突破音障）环境下仍能保持足够的动力和稳定性。1939 年德国首先试飞成功第一架喷气式飞机；1941 年英国也试飞成功第一架喷气式飞机；1947 年飞机的速度首次超过音障；1952 年美国波音公司研制成功著名的 B-52“同温层堡垒”喷气式重型轰炸机，加足燃料可不间断绕地球飞行一圈。

正如第一次世界大战后飞机实现“军转民”，民航事业获得大发展一样，第二次世界大战后民航事业再次取得蓬勃发展，飞机逐渐成为实现远距离人流和物流的重要交通工具。原本的军工企业波音公司，在第二次世界大战后积极研发民用飞机。1954 年，波音 707 首飞，开启了“7 系列”喷气式飞机称霸民航客机领域的时代。这一系列最新的型号是波音 787，于 2009 年首飞。1968 年，第一架民用超音速飞机图 -144 首飞，后来又出现了英国和法国联合研制的“协和式”超音速客机。遗憾的是，这种超音速客机最终没有竞争过低速客机，如今已经退出了民航市场。

当然，第二次世界大战后军用飞机的研发更是突飞猛进，革新性的新技术和新机种不断问世。这里我们只举两个例子：1981 年，美国的隐形攻击机 F-117A 首飞；1982 年，以色列首次将无人驾驶的无人机用于军事目的。后面我们会看到，在军事技术发生信息革命之后，空战的地位越来越高，先进的军机也成为一国军方最核心的军事装备。

航天技术的发展，则始于两位著名先驱的工作。一位是俄国的齐奥尔科夫斯基（К.Э. Циолковский，1857—1935），1903 年——也就是美国莱特兄弟的飞机试飞成功的那一年——他发表了一篇论文，首次提出以液体燃料火箭作为航天动力的思想。后来，齐奥尔科夫斯基不断完善自己的航天学理论，提出了三个宇宙速度之类重要的概念。然而，由于时代和技术局限，这位公认的“火箭之父”在生前始终未能造出一枚火箭。

比齐奥尔科夫斯基稍晚，美国工程师戈达德（Robert H. Goddard，1882—1945）也独立提出了火箭发射原理，单独一人亲手制作火箭模型并取得了成功。1918 年，戈达德发射了第一枚固体火箭；1926 年 3 月 26 日，他又成功发射了第一枚以液氧和汽油为燃料的液体火箭。尽管这枚火箭只飞行了 2.5 秒的时间和 56 米的距离，却是航天技术史上的里程碑事件。

不过，戈达德的发明在美国并未引起重视，反而是德国人听说了相关消息之后很感兴趣，开始了积极研发。其中，德国工程师冯·布劳恩（Wernher von Braun，1912—1977）在火箭技术的发展上做出了怎么赞誉都不过分的突出贡献，很多重要的创新都是他完成的。毫不意外的是，纳粹德国很快就把火箭技术研发纳入了军事计划，而年轻的冯·布劳恩也乐于在军方的大力支持下继续发展火箭技术和相关的导弹技术。1943 年冯·布劳恩团队同时研发成功 V-1 导弹和 V-2 导弹。V-1 属于巡航导弹，安装的是喷气式发动机，形状也像一架飞机，因此它还属于航空技术范畴。然而 V-2 却属于弹道导弹，安装的是火箭发动机，已经属于航天技术了。冯·布劳恩也因此被誉为“导弹之父”。

这两种导弹研发成功之时，纳粹德国已行将失败，它们虽然在1944年投入战场，也造成了一定的威慑力，但最终无法改变战局。战后，冯·布劳恩团队中的绝大多数人都被美国人抓获，送到美国继续从事火箭和导弹研究，而冯·布劳恩也毫无保留地继续向美国贡献他的聪明才智，后来的供载人航天用的火箭技术以至航天飞机技术最初均是出自他的设想。从某种意义说，他和装甲战理论的奠基人富勒一样，都是纯粹的军事工程师。

“冷战”开始之后，美苏之间展开了一轮又一轮的航天技术竞争，整个过程非常具有戏剧性。在齐奥尔科夫斯基的学生科罗廖夫（С.П. Королёв，1907-1966）领导下，苏联的导弹技术发展很快。1957年8月21日，苏联成功发射了第一枚洲际弹道导弹，射程达8000千米，这使苏联具备了跨洲用核武器攻击美国本土的能力，美国人不禁大为惊慌。更令人震惊的是，同年10月4日，苏联成功发射了第一颗人造卫星“旅行者1号”，全世界都收到了这颗卫星发送的无线电信息，这更是让苏联的航天技术遥遥领先于美国。仅仅两个月后，苏联在12月4日又发射了第二颗人造卫星，不但重量达到了第一颗人造卫星的5倍还多，上面还装载了一只小狗。

这些轰动性的突破极大地刺激了美国人。美国政府当即决定大力支持航天技术发展。凭借其雄厚的技术实力，美国在1958年1月31日成功发射了自己的第一颗人造卫星“探险者1号”。此后几年间，美苏的航天技术竞赛热闹非常，重要的突破如1959年1月2日苏联发射第一颗人造行星，同年9月12日发射第一枚月球硬着陆探测器，1960年10月4日发射第一颗人造月球卫星，同年8月10日美国第一次回收卫星等。总的来看，美国的技术还是要落后苏联一截。

1961年4月12日，苏联又完成了航天技术的一大突破——首次实现载人航天飞行，加加林（Ю.А. Гагалин，1934—1968）成为第一位进入太空的宇航员。这个重大成果再一次令美国人大为沮丧。尽管不到1个月后，美国人在5月5日也把他们的第一位宇航员谢泼德（Alan B. Shepard，1923—1998）送入了太空，但是谢泼德乘坐的飞船并未做环球飞行，在太空中只经历了5分钟的失重状态，较加加林的飞行显然逊色多了。1965 年 3 月 18 日，苏联宇航员又抢先实现了“太空漫步”——穿着宇航服在舱外的严酷太空环境中活动。

然而自此之后，美国的航天技术后来居上，逐渐反超了苏联。1969 年 7 月 16 日“阿波罗 11 号”飞船升空，20 日在月球着陆，美国宇航员阿姆斯特朗（Neil A. Armstrong，1930—2012）成为第一位踏足地外天体的人类，他在月球上踏出第一个脚印之后所说的“这是个人的一小步，人类的一大步”成为航天史上的名言。1969 ～ 1972 年，美国成功完成了 6 次“阿波罗”登月任务，而苏联则始终未能在载人登月方面取得突破。在此期间，1970 年 4 月 24 日，中国也成功发射了第一颗人造卫星“东方红 1 号”。

20 世纪 70 年代之后，美苏的航天对抗有所缓和，苏联和美国因而分别放弃了载人登月和载人登火星这样的政治象征意义远大于实际意义的航天计划。1971 年 4 月 19 日，苏联成功发射了第一个空间站，很快又实现了空间站与飞船对接的技术。1975 年，苏联和美国实现了飞船对接。1981 年 4 月 12 日，美国研发的航天飞机“哥伦比亚号”成功进入太空。1986 年，苏联发射“和平号”空间站，在后来国际空间站发射之前，它是唯一一个能够开展国际合作的空间站。

从 20 世纪 90 年代起，中国也开始大力发展载人航天工程。2003 年 10 月 15 日，杨利伟成为中国第一位进入太空的宇航员；2011 年 9 月 29 日，空间实验室“天宫一号”发射，2013 年 6 月 20 日，女宇航员王亚平在“天宫一号”中进行了饶有趣味的太空授课。2016 年 9 月 15 日，中国又发射了正式的载人空间站——“天宫二号”；按照部署，中国将在 2025 年前后实现载人登月。

人造卫星的成功发射，使人类进入了空间时代。如今，卫星在民用领域已经大放光彩，无论是遥感卫星（包括气象卫星）还是通信卫星（如能够传递电话信号和电视信号的卫星），都不动声色地改变了我们的生活。然而，对于载人航天的意义，民间却还有所争议。比如，美国宇航员在“阿波罗登月计划”之后再未返回月球，不仅造就了“登月是骗局”的阴谋论，也使很多人质疑中国在半个多世纪后又重复美国人已经做过的事情是否划算。自然，为载人航天辩护的声音也不小，有人认为它可以满足人类走向宇宙的崇高目标；有人认为它可以提振国民精神，提高国家凝聚力；有人指出在空间站可以从事一些在地面难以进行的科学研究，如天文观测和探测、失重实验等；还有人正确认识到载人航天是一项极为复杂的工程，对国家的整体工业和技术水平都有不菲的要求，因此载人航天的成功不仅是一国国力的全面展示，其中运用的大量技术还可以在民用领域得到应用，创造广泛的经济效益（举个最简单的例子，今天极为流行的原子笔最早就是为宇航员在太空中书写而设计的）。然而，永远不要忘记，正如航空技术的发展首先要满足军方需求一样，载人航天技术首先也具有重要的军事目的，有些目的甚至迄今还处在保密状态。从这个意义来说，无论是单从精神还是单从经济的角度衡量载人航天的利弊都是片面的。

信息时代和第五次军事革命

第三次工业革命的第三个重要标志是电子技术的发展。在第二次工业革命即将结束的1907年，美国工程师德·福雷斯特（Lee de Forest，1873—1961）发明了真空三极管，这是电子技术发展的先声。正是在三极管技术的基础之上，无线广播和电视技术才成为可能，并在两次世界大战的间隙蓬勃发展。在此期间，科学家们又从理论上提出，利用锗、硅等半导体材料的特殊性质，可以制造出性能和电子管相同的晶体管。然而，直到1947年，美国贝尔实验室的巴丁（John Bardeen，1908—1991）、布拉坦（Walter H. Brattain，1902—1987）和肖克莱（William B. Shockley，1910—1989）终于成功利用锗制造出了第一只晶体管。他们三人因此共同获得1956年的诺贝尔物理学奖。后来巴丁因为在低温超导理论方面的贡献，在1972年再次获得诺贝尔物理学奖，成为4名两获诺贝尔奖者中的第三位［第二位是美国化学家、社会活动家鲍林（Linus C. Pauling，1901—1994），他在1954年获得诺贝尔化学奖，在1962年又获得诺贝尔和平奖］。1950年，肖克莱等人又发明了锗晶体三极管。由于锗是稀有元素，这些锗晶体管的价格很贵，阻碍了它们的广泛应用。但是在20世纪50年代人们开始用地壳中丰度居第二位的硅制造晶体管之后，其价格就大为下降。

与电子管相比，晶体管制造工艺简单，耗能低，稳定性高，寿命长，使用前不需要预热；更重要的是，晶体管可以做得非常小、非常轻，这就使电子设备的体积可以做得非常小。因为意识到晶体管在商业方面的巨大潜力，肖克莱在1955年离开了贝尔实验室，到加利福尼亚州旧金山南部的圣克拉拉（Santa Clara）建立了自己的实验室，并在1957年与他人合办了仙童半导体（Fairchild Semiconductor）公司。1959年，美国德州仪器（Texas Instruments）公司和仙童公司先后发明了集成电路（俗称“芯片”），在同一片硅晶片上布设电子元件和线路，使之构成一个模块化的整体，这不仅简化了电子电路的设计，而且可以通过标准化批量制造进一步降低电子设备的制造成本。

随着工艺水平的不断提高，集成电路上的元件做得越来越小，集成度越来越高，这使仙童公司的创始人之一摩尔（Gordon E. Moore，1929—）在1965年提出了著名的“摩尔定律”（Moore's law）——每过24个月（后来有人修正为18个月），集成电路的价格就会降低一半，而性能增加一倍。在后来的50多年间，这条“定律”都是符合技术发展的事实的。在仙童半导体等公司的带动下，圣克拉拉所在的山谷逐渐成为电子技术和信息技术（information technology，缩写为IT）公司云集的地方，这就是大名鼎鼎的“硅谷”（Silicon Valley）。

电子技术的发展促进了电子计算机的发展。计算机本身并不是20世纪的新鲜事物。早在17世纪就已有人制造出了能够计算的机器；19世纪又有人提出了自动计算机模型；从19世纪末到20世纪40年代，先后有人利用第二次工业革命中发展起来的电气技术制造出机电式计算机。但是，计算机技术的真正突破，始于运用电子技术实现自动计算机模型。第二次世界大战后期的1942年，美国宾夕法尼亚大学的物理学家莫克莱（John W. Mauchly，1907—1980）为了能够提高计算机的运算效率，解决美国军方委托的繁重的弹道计算任务，提出了电子管计算机ENIAC（英文“电子数值积分计算机”的缩写）的制造方案。第二次世界大战结束后的1945年年底，ENIAC终于研制成功。它使用了18 000个电子管，每秒能进行5000次加法运算，比当时最好的机电式计算机还要快上千倍。

1946年，美国数学家冯·诺伊曼（John von Neumann，1903—1957，他本是受纳粹迫害逃往美国的匈牙利犹太人）针对ENIAC的不足，提出了一个改进方案，其中最重要的两点，一是用二进制代替十进制，二是把程序本身作为数据存储起来，进一步提高计算机的自动性和使用效率。冯·诺伊曼提出的这个通用计算机模型后来便成为所有计算机的共同原型。

晶体管技术发展起来之后，1956 年美国的马萨诸塞理工学院研制出第一台晶体管计算机，开创了电子计算机的第二个时代。1959 年，美国国际商用机器公司（英文缩写为 IBM）也推出了自己的晶体管计算机，IBM 以后即成为著名的计算机生产公司。1964 年 IBM 又推出了第三代电子计算机——集成电路计算机，实现了其功能的通用化（也就是所谓“兼容”化）。1968 年摩尔等人离开了自己亲手创办的仙童公司，新成立了一家名为“集成电子”（Integrated Electronics）的电子公司，这家公司的名称缩写就是今天人人熟知的“英特尔”（Intel）。1971 年，英特尔公司利用大规模集成电路制造了世界上第一个微处理器，这样，继电子管、晶体管和集成电路时代之后，电子计算机的发展又进入了持续至今的第四个阶段——大规模集成电路计算机阶段。

计算机硬件的飞速发展，也带动了软件（程序）的发展。1974 年哈佛大学二年级学生盖茨（William H. Gates III，习称 Bill Gates，1952—）看到了软件的巨大市场，毅然辍学和朋友共同开办了微软（Microsoft）公司。这个时候，微型化的计算机已经完全具备了走向家庭、供个人使用的条件。1976 年，乔布斯（Steven P. Jobs，习称 Steve Jobs，1955—2011）等人组建了苹果计算机公司，他们推出的苹果电脑大受欢迎，销量连年猛增。苹果电脑的问世，标志着个人计算机（personal computer，缩写为 PC）时代的到来。

就像电子计算机技术一样，互联网技术也是典型的“军转民”技术。互联网的前身是美国国防部主持、于 1969 年建立的“阿帕网”（ARPANET），构建阿帕网的目的是为了让几个研究机构的计算机之间实现资源共享，共同应付苏联航天技术的领先局面。阿帕网的最大创新是实现了“分布式网络”技术，没有一个网络节点是其他节点的控制中心，所有节点彼此之间均可两两互通，这就使网络中不存在“中枢”，敌人摧毁任何一个节点都不会使整个网络陷入瘫痪。

为了实现同一个互联网各个节点计算机之间的良好互联，有必要建立一套标准化的联网协议。1973 年，美国国防部制定了 TCP/IP 协议，成为互联网发展的一块基石。4 年之后，美国已经有的 3 个互联网彼此之间通过这一协议互联成功。1982 年，美国正式把 TCP/IP 协议作为加入互联网的标准，并将国内的互联网向国外开放，一个全世界性的因特网（Internet，首字母大写以与一般的互联网 internet 相区别）就此成立。从此，人类又进入了互联网时代。就在这一年的 9 月 19 日，美国的计算机科学家法尔曼（Scott E. Fahlman，1948—）发明了用 :-）表示笑脸的“表情符号”，后来成为网络文化的著名代表。1994 年 4 月 20 日中国接入因特网，正式成为因特网大家庭中的一员。

上述的电子技术、计算机技术和互联网技术加上移动电话、光纤和通信卫星技术极大地提升了信息流的深度、广度和速度，这不仅改变了一般人的生活方式，也使军事技术发生了第五次革命——信息革命。习惯上人们会认为核能的应用、核武器的研发也是一场重要的军事革命，但因为核武器的巨大威力及核战争可能引发全球生态灾难（所谓“核冬天”）的惨重后果，没有一个国家愿意主动使用它，只是把它作为一种保持均势的威慑力量而已。因此，从实战的角度来讲，核能除了在后来又催生了核动力航空母舰和核动力潜艇的发明外，并没有引发特别大的军事革命，远不如信息技术的影响深远。

军事上的信息革命主要发生在美国。从第二次世界大战结束到 1980 年之前，在“冷战”的背景之下，美国先后卷入了几场地区战争，其中最著名的两场是 1950 ～ 1953 年的朝鲜战争和 1961 ～ 1973 年的越南战争。在这两场战争中，美国最终均未取得胜利。特别是在越南战争期间，美国国内爆发了激烈的反战运动，军队的声望一落千丈。到 1980 年的时候，美军的战斗力已经陷入了历史最低谷。因此，信息革命的发生，在很大程度上是美国政府为了解决军队面临的危机而采取的一系列手段的结果。

当时的美军已经全部都是志愿兵。为了提高军人素质，美军用了很多方法改善兵源，并对入伍的军人严加管教（比如制定了对吸毒行为的“零容忍”策略）。尽管如此，美军总人数仍然逊于苏军，而在当时的常规武器方面也并不比苏军占据优势。在这种情况下，要提高军队战斗力，就只有发展新式武器一条路。

美国的军事战略家通过认真分析空军在朝鲜战争和越南战争中失败的教训，发现关键原因在于战机投放的弹药落点精确度不高，弹药一旦被投下，投弹者就失去了控制其运动状态的能力。在这种情况下，为了提高弹药落点精确度，战机就只能低飞，而在地形极为复杂和敌人的防空设备大为发展的情况下，这样只能导致更多的战机被击落，结果得不偿失。

对这个问题的解决方案有二，其一是研发更易操纵、更不易被雷达发现的隐形战机［在这个过程中不可避免也会用到信息技术的衍生技术——计算机辅助设计（computer aided design，CAD）］；其二——也是更重要的——则是充分利用计算机芯片的计算性能，让投出的弹药“长出眼睛”，获得自动精确制导的能力。为了实现这一点，最稳妥的技术是对越南战争期间已经研发成功的激光制导导弹加以改进，通过专门的芯片实现更精确的制导；此外，美军还研发了利用弹载计算机控制的高度精确制导的舰载巡航导弹。到 20 世纪 80 年代后期，美国的军事技术在这两个方面已经相当成熟了。不仅如此，通过接收和用芯片处理全球定位卫星发射的时间和位置信号，已经初步成形的全球定位系统（global positioning system，GPS）还可以为空军和地面部队提供电子导航服务。

1991 年初，以美军为首的多国部队打击伊拉克的海湾战争爆发，成为检验美军新式武器的绝好机会。伊拉克位于西亚两河流域，其地势平旷，视野开阔，轰炸目标通常都非常明显。战争刚打响时，美国空军即先发制人，用 F-117 等隐形战机发射精确制导导弹，率先摧毁了伊拉克的雷达、“飞毛腿”导弹发射架等防空设施。美军的精确打击通过视频画面广播到全世界之后，很多人都为之瞠目。经过这一番现代“闪击战”的打击，伊军士气大伤。到后来多国部队派出地面部队之时，战死和逃亡的伊军人数已经超过了 20 万人。毫无疑问，以美国为首的多国部队在这场战争中取得了完胜。

不过，信息技术这把双刃剑，在极大地提升美军战斗效率的同时，也为美国的敌人开辟了新的反击技术——恐怖主义袭击。2001

年 9 月 11 日发生了震惊世界的“9 • 11”事件——由“基地”组织派出的恐怖分子在美国本土劫持了 4 架民航客机，其中 2 架撞上纽约曼哈顿岛的地标建筑世界贸易中心，完全摧毁了“双子”大楼，还有 1 架撞上了华盛顿美国国防部所在的五角大楼。根据事后的调查，恐怖分子主要是利用移动电话、卫星电话、电子邮件、聊天软件等手段相互通信、策划袭击活动，由于缺乏对网络和移动通信信息的有效分析，美国政府在面对恐怖威胁时不可避免处于劣势。

痛定思痛的美国政府决定立刻予以反击。一方面，美国很快发起了阿富汗战争，攻灭了为“基地”组织高层提供庇护的阿富汗塔利班政权。在阿富汗战争中，美军的战术又有进步，包括全面使用 GPS 制导的导弹、大量使用无人机、通过互联网技术将各种武器系统整合为全球性的作战网络等。另一方面，美国政府加强了对海量移动通信和网络信息的监控和甄别，这在很大程度上挫败了恐怖分子利用网络的匿名特性继续相互串联的企图，但也引发了人们对美国政府过度监控一般人甚至外国政要信息的反感。2003 年，运用更为先进的互联网技术，美国最终彻底推翻了伊拉克萨达姆政权（但也使自己陷入了中东乱局的麻烦）。2011 年 5 月 1 日，“基地”组织首领、“9 • 11”事件策划者奥萨马 • 本 • 拉登（Osama Bin Laden，1957—2011）最终被美军识别并击毙在巴基斯坦北部山区。当然，时至今日，恐怖主义对全球的威胁并没有消除（比如 2015 年 11 月 13 日，法国巴黎也发生了多起恐怖袭击事件，堪称“欧洲 9 • 11”），军事技术的信息革命也还没有最终完成。

现代工业的发展和发达国家的衰落

在第二次世界大战之后长期的“冷战”中，苏联最终被耗尽了力量，完全败给了美国。原先由苏联控制的东欧各社会主义国家纷纷改变了政体，1991 年苏联解体，这就是所谓“苏联解体、东欧剧变”。自此之后的十几年中，美国是世界上唯一的霸权国家，它强大的军事力量使其他任何国家都难以望其项背。在“冷战”中一度盛行的“美国崩溃论”，这时看来是那么可笑。美国从 20 世纪 80 年代开始实行的新自由主义经济政策，也连同它三权分立的政治制度一起，成为曾经属于社会主义阵营的国家的知识分子歆羡的制度。

然而出乎这些人的意料，在 2008 年，美国突然陷入了金融危机，金融危机随后发展为经济危机。虽然美国政府竭力要摆脱这种困境，但几年过去之后，表面上看经济危机似乎有所缓解，深层次的危机却越演越烈。如今，“美国崩溃论”已经不再是笑话，而重新成为愿意严肃讨论问题的学者关注的预言。如果要问究竟是什么原因导致了军事力量那样强大的美国竟然这么快就走向了如今的境地，我的答案是：成也萧何，败也萧何。是信息技术促成了美国军事技术的新革命，同样也是信息技术促成了美国经济的衰落。

到这里就必须谈到第三次工业革命中的社会技术革命了。我们可以把这些社会技术革命大致分成两类。第一类是标准化技术向全球和更多领域的推广。1947 年，国际标准化组织（International Organization for Standards，简称 ISO）在瑞士成立，标志着标准化技术也实现了全球化，世界各国的技术和产品都将在一套共通的国际标准之下进行交流和商业竞争。1948 年，美国的麦当劳（McDonald）兄弟把标准化技术引入快餐业，极大地提高了生产效率，节约了生产成本，麦当劳因此迅速成为全美以至全球的著名连锁快餐店，为现代快餐业树立了标尺。1955 年美国又发明了标准化物流技术——集装箱运输。集装箱本身的尺寸首先明确严格规定，由此向上带动运输集装箱的火车、载重汽车、轮船等交通工具也都形成与之配套的标准，向下带动摆放在集装箱内部的货物包装尺寸也形成相应标准，最终提高了物流效率，也就大大节约了成本。今天，我们已经完全生活在一个由各种标准控制的世界中——比如你在商店里买到的床单和被子的尺寸也都是标准化的，因为它们要适应床本身的尺寸标准。具有讽刺意味的是，现在连论文写作这种看似最需要创新性的智慧活动也都“标准化”了。一些“论文公司”批量生产的假学术论文甚至能蒙蔽国际上的顶尖专家，发表在水平不低的学术期刊上。

更重要的第二类社会技术创新，是在人流、物流、信息流、资金流和能量流皆以更快速度流通的战后社会中发生了颠覆性变化的工业管理方式，而这显然和信息技术的发展相关。原先那种由一家核心母公司垂直管理产业链其他环节的子公司形成企业集群的福特制企业关系渐渐落后于时代，新的企业关系是：产业链的各个环节发生了分离，可以在全国甚至全球多个不同地区的企业中完成。同样一台汽车，以前所有零部件都在地理距离不远的工厂中制造，如今却可以分别在全世界不同的国家中制造，最终只要通过集装箱运输集中到拥有组装生产线的工厂中组装在一起就可以了。因此，企业可以在全球进行产能布局，完成向跨国公司的转变。不仅如此，对于顶层企业来说，产业链上的低端环节大可以外包给其他企业——比如制造环节可以完全外包，部分设计环节也可以外包——自己只需掌握专利、标准和核心设计，一样可以赚取最大的利润。这种新型企业制度就是“温特制”（Wintelism），其英文由微软公司的操作系统“视窗”（Windows）和英特尔公司之名拼合而成。的确，微软和英特尔这种分别负责计算机系统的软硬件、通过掌控核心技术获取主要利润、又在全球把产业链低端环节模块式外包的做法，正是温特制的典型。

温特制和跨国公司的兴起，使产业链低端环节不断从发达国家和地区转移到发展中国家和地区。20 世纪 60 年代“亚洲四小龙”（中国香港、中国台湾、韩国和新加坡）的经济之所以能够迅速腾飞，正是因为它们承接了从发达国家和地区转移出来的劳动密集型的制造业环节。同样，中国大陆在改革开放之后也积极充当“世界车间”，大量承接这些制造业环节，因而同样取得了经济的迅速发展。相比之下，印度则走了另一条路，不是让社会下层民众承担制造业环节，而是让中产阶级承担设计和其他商业服务环节，因此印度的信息技术产业十分发达，成为重要支柱产业之一。

表面上看，温特制是对发展中国家的一种剥削。产业链低端环节拥有最多的工作量，却只能赚取极稀薄的利润，以致出现了“8 亿件衬衫换一架飞机”的奇特现象。不仅如此，因为制造环节通常会产生各种污染，对劳工健康也会造成各种损害，发达国家借此便把这些副作用转嫁给发展中国家，而发展中国家为了保持竞争优势，不得不以牺牲环境和工人健康的方式承担这些代价。然而，如果发展中国家应对得力，事实证明，温特制在加快发展中国家的工业化速度的同时，也将造成发达国家的去工业化（deindustrialization），正是这种去工业化，可能最终会不可避免地导致发达国家的衰落。

这里的奥秘在于，在资本主义体制之下，经济主要是由技术创新驱动的，这就是所谓“创新驱动型经济”（innovation-driven economy）。创新的成果来源于对一线生产的实际问题的解决，如果没有一线生产的经验，创新也就无从谈起。当发达国家把产业链低端环节外包出去之后，他们事实上就等于失去了获得一线生产经验的机会。久而久之，由发展中国家的工程师做出的创新将越来越多，获得的新专利、制定的新标准也越来越多，这样就逐渐侵占了发达国家的核心利润，直至在相关领域中取而代之，成为新的掌控者。此外，全球化以自身技术优势绝对领先的自我认知为基础，这种骄傲情绪有可能导致发达国家战略意志的消退，而让发展中国家的一些战略意识更强的部门和企业反超。

以中国为例，华为等电信企业正是通过上面所说的原因不断在世界电信行业中扩张实力；而借鉴国外技术推陈出新的中国高铁，更是改变了整个国家的人流、物流格局，为未来亚欧大陆的资源整合、陆权的伸张奠定了基础。与此同时，产业空心化的发达国家那种高福利、高消费的社会将越来越不可持续，最终必然会走向深重而不可逆的经济危机，而这正是如今欧盟很多国家和美国面临的困境。

不仅如此，西方发达国家错误的金融政策和政治政策更是加快了经济危机到来的速度，甚至为更严重的社会危机埋下了伏笔。本来，金融应该为实体经济服务，不能脱离实体经济存在，但是在产业空心化的西方国家（特别是美国），通过金融手段凭空制造货币，却成了维系经济增长的重要手段。21 世纪以来，美国国债占 GDP 的比例从 2001 年的 50% 多上升到 2012 年的超过 100%，摊到每个美国公民头上的人均负债已经超过了 5 万美元。这样严重的债务危机显然是不可持续的。

在已经工业化的国家，“温特制”的兴起本身就会导致以实体经济的广大从业人员为主体的中产阶级逐渐衰落，财富将逐渐集中到拥有知识产权的个人和企业主手上。更糟的是，在 20 世纪 80 ～ 90 年代，美国、英国等纷纷转变了第二次世界大战以来政府对经济进行较多宏观调控的制度，改而奉行新自由主义经济政策，这进一步加剧了贫富分化，使原本已经充分形成、作为社会稳定剂的中产阶级不断萎缩。另外，在左翼的文化多元主义政策引导下，西方国家在第二次世界大战后又大量从发展中国家吸纳移民，但这些移民并没有融入原本健康的工业化、现代化社会，反而制造了族群隔阂，并在去工业化之后成为沉重的社会负担。近年来，许多西方国家的右翼势力崛起，种族主义势力也有所抬头，都表明西方社会的族群问题已经演变成为一枚不知何时会爆炸的炸弹。

面对这种迫在眉睫的危机，美国一些技术乐观主义者仍然坚信，新的技术创新一定可以掀起一场新工业革命，不仅拯救美国经济，也会让世界变得更美好。然而，综观第二次世界大战后引发第三次工业革命的种种主要技术创新，我们会发现，无论是核能、喷气式飞机还是卫星、电子计算机，都是第二次世界大战期间发展起来的，晶体管、激光、互联网技术也都是在第二次世界大战结束后不久的“冷战”期间发展起来的。从 20 世纪 70 年代之后，美国就未能再发展出什么具有重大突破性的新技术，而是一直在吃这些早年技术创新的老本。互联网在 20 世纪 90 年代一度促进了美国的经济繁荣，但是当 21 世纪初互联网泡沫破灭之后，美国赖以支撑经济发展的最后一项技术创新的红利也便消耗殆尽了。

近年来，美国接连把一些新技术炒作成可以引发新革命的“潜力股”，其中较为人所知的包括增材制造（additive manufacturing，俗称“3D 打印”）、生物医学技术、大数据和云计算、物联网、电动汽车以及页岩气、页岩油等新能源，但目前已有的事实证明，这些技术恐怕无一具有革命性，并不能改变目前工业体系的基本格局。以页岩气为例，尽管从 2009 年开始的大量开采极大地拉低了美国的天然气价格，降低了美国对外部能源的依赖性，一定程度上帮助美国实现了表面上的经济“复苏”，但是由于页岩气开采的特性（气井在第一年开采之后产量就会骤降）以及过低的价格，所谓的“页岩气革命”恐怕并持续不了多久，最终自然也不可能帮助美国走出经济危机。有人预测，当美国的经济最终崩溃之后，它很可能会恢复到 19 世纪第二次工业革命之前的状况，重新成为农业大国，以农业为主要经济支柱。

因此，我们可以有把握地认为，互联网泡沫的破灭标志着第三次工业革命已经结束，我们现在正处在革命后的族群竞争格局调整的时期。换句话说，我们正处在又一个重要的历史转折点上，即将见证中国的崛起以及西方的衰落。

在我们对未来做出新的展望之前，需要专辟一章，集中介绍 19 世纪以来的实验生物学和医学的现代化过程。这不仅是因为生命科学和医学技术在未来可能将扮演比现在更重要的角色，更是因为第四次全球化以来的很多社会问题在根本上都和生命科学及医学技术的进展相关。如果我们不能充分理解这些社会问题的肇因和本质，那恐怕也就不可能走出历史的怪圈，在未来为它们找到妥善的解决方案。

思维聚焦

第三次工业革命始于第二次世界大战结束，可以把2001年互联网泡沫破灭作为其结束的标志。和第二次工业革命一样，第三次工业革命也包含自然技术和社会技术的创新。其自然技术创新主要是核能、航空航天技术、电子技术、信息技术、生物医学技术的运用。其中，核能、喷气式飞机、卫星、电子计算机等技术都是第二次世界大战军事技术的遗产，互联网技术也是冷战前期军事技术的遗产。因此，第三次工业革命在很大程度上是第二次世界大战和冷战军事技术的民用过程。

第三次工业革命中兴起的航天技术除了卫星之外主要是载人航天，它和航空技术的发展一样是一国国力的全面展示，并有很强的军事意义。信息技术除计算机技术、互联网技术外还包括移动无线电技术、光纤和通信卫星技术，它们在改变了当代人生活的同时，还促成了第五次军事革命——信息革命。

第三次工业革命中的社会技术革命主要包括两个方面：①标准化技术向全球和更多领域（如物流业）推广；②在人流、物流、信息流、资金流和能量流皆以更快速度流通之后，工业管理方式发生变化，由垂直管理式的福特制改变为分散式的温特制，跨国公司大为发展，产业链的低端环节大量外包。

温特制使包括中国在内的发展中国家加快实现工业化，同时造成发达国家的去工业化和中产阶级的萎缩。在实体经济空心化、金融业脱离实体经济恶性发展、新自由主义经济政策加剧贫富分化、文化多元主义造成族群隔阂的打击下，无法找到新的革命性创新技术作为经济增长点的西方国家（包括美国在内）逐渐走向衰落。

第十三章　探究生命奥秘

实验生物学的现代化

第十章已经讲到了生命科学在 19 世纪初主要还坚持博物学传统，还没有与古典科学传统相结合，也就是还不怎么“现代化”；此后，这种博物学传统在 19 世纪中叶通过达尔文和华莱士提出的以自然选择为基础的演化论（达尔文主义）实现了理论化，后来又通过和生物统计学、现代遗传学的结合而实现了数学化，从而完成了这一传统的现代化。与此同时，在 19 世纪初，培根科学式的生命科学研究也已经初具规模，它在 19 世纪以后也逐渐理论化和数学化，从而完成现代化。

正如在 19 世纪初，化学通过与物理学中电学的结合促进了学科的大发展一样，19 世纪上半叶，已经略有成就的实验生物学也通过与物理学（同样以电学为主）和化学的结合，促进了自身的大发展。起初，一些人相信生命也是一台机器，虽然非常复杂精密，但也遵循着基本的物理规律，所以应该用物理学的手段来研究；与此同时，另一些人则相信生命基本上是一种化学现象，应该用化学的手段来研究。在这两种观念的主导下，实验生物学家分别从物理和化学两个方面入手，逐渐对生物的生理现象有了深入了解。

先来说从物理方面展开生理学研究的一派。我们还是要先提一下意大利学者伽伐尼。尽管他在 1780 年发现的“动物电”被同胞伏打证明并不是真正的生物电，但是伽伐尼仍然相信生物体内一定有电。在他去世之后，又一位意大利学者马特乌奇（Carlo Matteucci，1811—1868）继续用蛙腿做实验，终于在 1837 年发现了真正的生物电。消息传到德国，年轻学者杜·布瓦-雷蒙（Emil du Bois-Reymond，1818—1896）设计了一种更为灵敏的电流计，发现不仅是肌肉，神经也能产生电流，而且神经某一部分的电位在不同时间还会发生变化，呈现有规律的波动。后来，德国学者进一步测出青蛙神经中的电传导速度为每秒 27 ～ 30 米，颠覆了人们认为神经电的传导速度应该是光速的臆想。1878 年英国生物学家伯顿 - 桑德逊（John S. Burdon-Sanderson，1828—1905）记录了青蛙的心电图，后来荷兰医生埃因托芬（Willem Einthoven，1860—1927）在 20 世纪初改进了用于人的心电仪，使之成为诊断心脏疾病的重要医学仪器。伯顿 - 桑德逊的另一个重要发现是 1882 年在一种叫做捕蝇草的食肉植物体内也发现了电流，证明生物电并非动物所特有。

对于动物来说，生物电和神经系统有着最密切的联系。神经生物学在 19 世纪的第一个重大突破是贝尔 - 马让迪定律的发现。1811 年，英国生理学家贝尔（Charles Bell，1774—1842）公布他对兔子的研究结果，发现刺激兔子的脊神经前支（脊神经在进入脊椎的时候分成前后两支）可以引起肌肉运动。后来，法国生理学家马让迪（François Magendie，1783—1855）大胆在小狗身上进行活体解剖，进一步发现脊神经的后支专门负责感觉。脊神经前后支的这种不同分工，就是贝尔 - 马让迪定律。西班牙生理学家卡哈尔（Santiago Ramóny Cajal，1852—1934）则通过细心观察提出了神经元理论，指出神经系统并非前人以为的网络结构，至少就周围神经系统而言，大体上是由神经细胞（后来被命名为“神经元”）首尾相互连接而成的线状结构。在贝尔 - 马让迪定律和神经元理论的基础上，后来的学者进一步提出了神经活动的基本机制——反射弧，以及神经电活动的基本形式——神经脉冲。俄国生理学家巴甫洛夫（И.П. Павлов，1849—1936）则注重从整体上研究神经生理活动，揭示了神经系统调控循环系统、消化系统的巧妙灵敏的过程，还提出了著名的“条件反射”理论，对心理学产生了巨大影响。很多人都知道巴甫洛夫用狗作为实验动物，在给狗喂食的同时吹哨，久而久之便会让狗形成条件反射，在狗听到哨声的时候会不由自主地分泌大量唾液，“以为”马上就会有饭吃。第四章提到的华生和斯金纳正是在条件反射理论基础之上提出他们的行为主义心理学理论的。

比起上述的生物物理学和神经生物学研究来，生物化学的研究成果更为丰厚。早在 17 世纪，欧洲就有学者认为呼吸和消化作用都是化学反应。18 世纪后期，拉瓦锡和拉普拉斯合作，通过精密的实验率先明确指出动物的呼吸和燃烧一样都是氧化过程，吸入的氧气和食物中的碳反应生成二氧化碳由肺呼出，产生的能量则作为生命活动的驱动力。美国医生博蒙特（William Beaumont，1785—1853）则是揭示消化作用本质的先驱。1822 年他收治了一位因为枪支走火不慎被子弹击中腹部造成胃穿孔的加拿大青年圣马丁（Alexis St. Martin）。因为当时手术水平不高，圣马丁后来虽然恢复健康，但伤口一直未能痊愈，胃部一直有一个通往体外的出口，这给了博蒙特一个绝好的直接观察胃的生理活动的机会。在和圣马丁合作了几年之后，博蒙特在 1833 年发表了研究成果，证明胃液对食物的消化纯粹是一个化学过程。后来，法国生理学家贝尔纳（Claude Bernard，1813—1878）进一步总结了消化和呼吸为人体提供养分和能量的全过程。

另外，从 18 世纪后期开始，植物学家逐渐揭开了光合作用的奥秘，最终由德国植物学家萨克斯（Julius von Sachs，1832—1897）总结出了光合作用的完整方程式：二氧化碳＋水→糖类＋氧气。德国化学家李比希（Justus F. von Liebig，1803—1873）则在 1840 年提出了植物的矿质营养学说，指出植物需要氮、磷、钾等化学元素作为矿质营养，即使以无机物的形式向植物提供这些化学元素，植物也一样可以茁壮成长。李比希的发现直接催生了一门新工业——化肥工业的兴起，化肥的应用为 20 世纪农业的“绿色革命”奠定了一大基础。

进入 20 世纪之后，生物化学更是取得了突飞猛进的发展。这里我们只以胰岛素的发现为例。在 19 世纪末，人们已经发现胰腺可以制造一种降低血糖的物质。如果切除实验动物的胰腺，它就会表现出类似糖尿病的症状。然而，后来很多人试图从胰腺中提取治疗糖尿病的物质都失败了。这是因为胰腺主要是一个消化器官，大部分细胞能够分泌消化液。而胰腺中能够治疗糖尿病的成分是一种小分子蛋白质，在制造胰腺的常规提取物时，它很容易被胰腺分泌的消化液破坏。

1921 年，年轻的加拿大医生班廷（Frederick G. Banting，1891—

1941）找到一位叫麦克劳德（John J. R. Macleod，1876—1935）的教授，希望能够利用他的实验室进行胰腺中的降血糖物质的研究，麦克劳德同意了。就在这一年暑假，班廷和他的助手贝斯特（Charles H. Best，1899—1978）通过胰腺结扎手术，使狗的胰腺中分泌消化液的部分萎缩，于是他们成功得到了一种物质，能够降低患有糖尿病的狗的血糖——这就是胰岛素。1922 年，胰岛素用于人类糖尿病治疗获得成功，从此，糖尿病不再是绝症。仅仅一年之后，班廷就获得了诺贝尔生理学或医学奖。遗憾的是，这个奖同时颁给了对实验没有实质性贡献的麦克劳德，而班廷的助手贝斯特却未能获奖。班廷深知贝斯特在这个重大发现中的重要性，对诺贝尔奖委员会的做法非常不满，便在私下分了一半奖金给他。

20 世纪上半叶生物化学研究取得的丰沛成果表明，化学研究在生命现象的揭示中起着更重要的作用。不过，把生命现象还原为物理 - 化学现象只代表了实验生物学现代化努力的一个方面。另一方面的努力则是消除“生机论”这一根深蒂固的俗常生物观概念。

“自然发生论”是和生机论密切相关的一个理论，它认为生物体可以自发从无生命的物质产生。本来，到 17 世纪的时候，已经越来越少有西方学者相信动植物能够自然发生了，但是 1674 年荷兰生物学家列文虎克（Antony van Leeuwenhoek，1632—1723）用新发明的显微镜发现微生物之后，自然发生论凭借微生物这根救命稻草又广泛流传开来。意大利科学家斯帕兰扎尼（Lazzaro Spallanzani，1729—1799）为此做了一系列实验，并在 1765 年公布了这些实验的结果，他认为即使是微生物也不可能自然发生。差不多一百年后，法国微生物学家巴斯德（Louis Pasteur，1822—1895）则用更为精密的实验完全驳倒了微生物的自然发生论。

在 1838 ～ 1839 年，德国植物学家施莱登（Matthias J. Schleiden，1804—1881）和动物学家施旺（Theodor Schwann，1810—1882）则提出了“细胞学说”，后来又由其他学者进一步完善。细胞学说不仅指出生物体（后来发现的病毒除外）是由细胞构成的，而且指出“一切细胞只能来自细胞”，因此这个学说不仅为实验生物学向细胞和亚细胞层次的发展奠定了基础，而且同样完全否定了自然发生论。

化学家则对生机论的消亡做出了更为重要的贡献。在 19 世纪初的化学界流传一种化学版本的生机论，即认为生物体内的有机化合物含有生机，因此不可能在生物体外由无机物合成。然而，德国化学家、李比希的朋友维勒（Friedrich Wöhler，1800—1882）却在 1828 年意外用无机物制得了当时普遍被视为有机物的尿素，轰动化学界。尽管有人以尿素只是有机体排出的废物之类的理由来狡辩，但当化学家进一步用无机物合成出脂肪酸之类无可争辩的有机化合物之后，生机论在化学界也就彻底绝迹了。

正如演化论的提出根除了本质论，达尔文主义的提出根除了目的论一样，上述实验生物学家和化学家的努力根除了生机论，使这三种最顽固的俗常生物观观念从 19 世纪中叶开始都退出了生命科学领域。这样，到 20 世纪 50 年代实验生物学发生“分子革命”前夕，学界已经基本形成共识——生命现象不过就是在达尔文主义演化论作用下展开的特殊的物理－化学现象罢了。然而，正如相对论和量子物理学对俗常物理观的颠覆导致它们难以为一般公众所接受一样，颠覆了俗常生物观的生命科学，也已经难以为一般公众所接受了。

上面讲的是实验生物学在理论化方面的现代化过程。它在数学化方面的现代化过程则始于 1865 年的孟德尔遗传学实验。这段历程在第十章中已经谈过，这里就不赘述了。

医学革命

医学作为一种与生命科学关系密切的应用科学，在19世纪后期到20世纪前期的大约一百年间也取得了突破性进展，我们可以称之为“医学革命”。医学革命包括三个方面：内科方面的传染病预防、化学疗法应用和营养不良症防治，外科方面的“手术三大难关”的攻克和手术技巧的突飞猛进，以及疗效检验原则的提出和贯彻。

人类战胜传染病的第一役，是通过接种牛痘对天花做了有效预防。天花是一种非常凶险的旧世界传染病，死亡率高达20% ～ 40%。幸存者虽然终生不再得天花，但会在身上留下丑陋的瘢痕（麻子）。第六章已经提到，天花是“地理大发现”之后造成新世界原住民人口大为减少的罪魁祸首。

中国人最早发明了种痘术，即用病人身上的脓液或痘痂感染健康人，使健康人产生较为轻微的症状，从而获得终生不再得天花的能力。一般认为种痘术是明朝隆庆年间（16世纪晚期）发明的，此后辗转传入俄国、奥斯曼帝国，并于18世纪传入英国。但是人痘并非完全安全，仍然会有2%的接种者染上真正的天花而死。直到1796年英国医生詹纳（Edward Jenner，1749—1823）进行了第一例成功的牛痘接种实验，证明较为安全的牛痘可以有效预防天花之后，种痘术才在英国以至全欧洲、全世界推广开来。天花也因此成为人类通过自己的努力消灭的第一种（也是目前唯一的一种）人类传染病。

尽管种痘术对天花的预防产生了这样明显的效果，但是人们一直不清楚它和其他传染病的病因。直到1865年，巴斯德才在研究一种动物传染病——蚕微粒子病的时候首次提出了传染病的微生物致病说。19世纪70年代末，巴斯德在研究另一种动物传染病鸡霍乱的过程中意外发现，用鸡汤培养过一段时间的霍乱病原体毒力有所减弱，注射到健康鸡体内不足以使这些鸡死亡，但可以使它们不易再得致死性的鸡霍乱。巴斯德因而联想到种痘预防天花的医学实践，从而发明了制造减活疫苗的技术，并借此成功预防了炭疽病。1885 年，巴斯德成功地进行了第一例狂犬病疫苗接种实验，使人类终于找到了预防这种死亡率达 100% 的烈性传染病的方法。

德国的科赫（H. H. Robert Koch，1843—1910）则是和巴斯德齐名的传染病学家。他从 1881 年起开始研究结核病，在研究过程中建立了确定某种微生物是病原体的三原则：①这种微生物必须普遍在患病寄主身上存在；②这种微生物必须能分离出来进行人工培养；③用人工培养的微生物进行人工接种，必须能诱发相同的疾病。运用这种方法，科赫及其实验团队先后确定了结核病、霍乱、麻风、白喉、破伤风等许多传染病的病原体，为这些传染病的防治工作做出了很大的贡献。

巴斯德和科赫建立的两个研究所在传染病研究的过程中，也建立了免疫学这个医学的重要分支学科。比如，科赫团队的埃尔利希（Paul Ehrlich，1854—1915）在 1891 年就提出了体液免疫理论，认为免疫是通过体液中的特殊化学物质——抗体实现的。而比埃尔利希的研究稍早，巴斯德团队的俄国学者梅契尼科夫（I. I. Mechnikov，1845—1916）则提出了细胞免疫学说，他认为免疫是通过专门的“吞噬细胞”吞噬病原体实现的。当然，他们两人的理论都是正确的，体液免疫和细胞免疫都是免疫系统发挥作用的重要机制。

埃尔利希在医学上的另一个重要贡献是创立了化学疗法，通过大量实验新合成的化合物的方法寻找能够杀死病原体的“魔弹”。他在这方面取得的第一个成就是在 1909 年找到了一种含砷的化合物，可以高效地杀死梅毒病原体，这种编号为“606”、商品名为“洒尔佛散”（Salvarsan）的化合物是第一种现代化学药。后来，德国医学家多马克（Gerhard J. P. Domagk，1895—1964）在 1932 年发现了人工合成的磺胺类药物的杀菌效果。英国细菌学家亚历山大·弗莱明（Alexander Fleming，1881—1955）则在 1928 年发现了作为天然化学产物的青霉素的抗菌效果。第二次世界大战期间，青霉素实现了成批量生产，成为重要的军用物资。抗生素时代由此到来。当然，我们还应该提一下中国药学家屠呦呦（1930—）。20 世纪 70 年代，她参与的研究团队从一种叫黄花蒿的植物中成功提取到了新型抗疟药物青蒿素（artemisinin），让热带地区广大深受疟疾危害的人民有了对抗这种可怕传染病的新药。2015 年，屠呦呦光荣地获得了诺贝尔生理学或医学奖，实现了中华人民共和国在诺贝尔科学奖上零的突破。

从 20 世纪初开始，医学家还消灭了营养不良症。1901 年荷兰医学家艾克曼（Christiaan Eijkman，1858—1930）率先发现脚气病（不是俗称“脚气”的脚癣），这是一种营养不良症，而糙米中含有能够治愈脚气病的营养成分。这种物质很快被分离出来，这就是维生素 B_1。维生素 B_1 的发现掀起了一场寻找维生素的竞赛：1913 年发现维生素 A 和维生素 D；1928 年发现维生素 C，确定在“大航海时代”严重危害海员健康的坏血病正是维生素 C 缺乏症；20 世纪 30 年代发现 B 族维生素的其他成员；1939 年发现维生素 K……

内科在传染病和营养不良症防治上取得的巨大进展，极大地延长了人类的寿命。在 19 世纪前期，即使是英国这样的发达国家，人口平均寿命也只有 30 多岁。但到 20 世纪中叶，发达国家人口的平均寿命就增加到了 50 岁左右，并在 20 世纪末进一步延长到 70 岁或 80 岁以上，这是人类历史上从未有过的奇迹。

说过了内科，我们再来看外科的革命。长期以来，麻醉、消毒和输血这三大难题阻碍了外科的发展，而这三大难题是在 19 世纪先后克服的。

首先克服的难关是麻醉。1800 年，英国化学家戴维发现动物在吸入一氧化二氮之后会失去知觉，但重新让它们吸入氧气又会慢慢苏醒过来。戴维和同事勇敢地亲身吸入一氧化二氮，发现它会让人先产生欣快感，甚至会抑制不住地狂笑，接着便失去痛觉，昏昏欲睡。这是一氧化二氮麻醉效果的首次发现，它因而有了“笑气”的别名。1844 年，美国医生韦尔斯（Horace Wells，1815—1848）第一次在自己身上使用笑气进行麻醉获得成功，他请助手为自己拔除了一颗牙。在此之前的 1842 年，另一位美国医生朗格（Crawford W. Long，1815—1878）则用乙醚作为麻醉剂，成功为一位病人摘除了颈部的一个肿瘤。1847 年，比笑气和乙醚效果更好、更安全的氯仿投入应用。

其次攻克的难关是消毒。有一种死亡率很高的传染病叫产褥热，因常常感染产妇而得名。1847 年，匈牙利产科医生泽梅尔魏斯（Ignaz P. Semmelweis，1818—1865）的一位同事在解剖因产褥热而死的产妇尸体时不慎划破了手，很快也因出现了类似产褥热的症状而死。泽梅尔魏斯由此推测产褥热是由“尸毒”引起，只要让“尸毒”进入体内就会让人患上产褥热。他用兔子做实验，证明了自己的推测，却在医院里引发了争议，因为医生忌讳说是自己的双手造成了产妇的死亡。泽梅尔魏斯不顾偏见，决定用含氯的石灰水对医生的双手和接生用具进行浸泡消毒，试用仅一个月，他所管理的产区的产妇死亡率就有了大幅下降。然而这个重大成就反而引发了其他医生的更大反感。泽梅尔魏斯被迫离职，后来精神失常，在精神病院被看守殴打致死。然而就在他逝世那年，英国外科医生李斯特（Joseph Lister，1827—1912）在巴斯德的微生物致病说的启发下，用苯酚为手术器材和手术室消毒，成功避免了手术后的伤口感染。消毒术终于得以推广。

输血则是最后攻克的难关。1875 年先是有一位德国学者发现了血清和红细胞之间的凝集反应。1900 年，奥地利生理学家兰德斯泰纳（Karl Landsteiner，1868—1943）通过研究不同人的血清和红细胞之间的凝集反应，发现了人的 3 种血型——A 型、B 型和 C 型（后来改称 O 型）。1902 年，他的学生又发现了 AB 型血。兰德斯泰纳由此确定了 4 种血型之间安全的输血关系。

解决了这三大难关之后，外科手术在 20 世纪获得了迅猛发展，大量以创始人命名的术式不断涌现。其中，器官移植的发展史最能代表外科手术的发展史。要进行器官移植，首先需要有过硬的血管缝合技巧。1902 年法国医学家卡雷尔（Alexis Carrel，1873—1944）改进了缝合血管的技术，运用更精细的缝针和他首创的“三点固定缝合法”，使得缝口两端的血管能够精确吻合，血液能平稳顺畅地在其中流动，既不会渗漏，又不会结成栓块。

卡雷尔应用这样精湛的技艺在猫和狗身上先后做了多种器官的移植手术，尽管因为血管缝合得很好，很多都获得了成功，但这些移植器官后的猫狗却总是很快死亡。后来人们意识到这是免疫系统产生的排斥反应在作怪。由于一直找不到有效克服排斥反应的方法，在人身上实施的器官移植术全部都以失败告终，直到1954年美国医生默里（Joseph E. Murray，1919—2012）和哈里森（J. Hartwell Harrison，1909—1984）才在一对同卵双胞胎之间完成了第一例成功的器官移植术。1956年，美国医生托马斯（E. Donnall Thomas，1920—2012）也在同卵双胞胎之间完成了以治疗白血病为目的的骨髓移植。

但是到1959年，默里终于找到了用射线照射来抑制排斥反应的方法，由此首次成功地完成了两个没有血缘关系的人之间的肾脏移植手术。20世纪60年代，英国医生卡恩（Roy Y. Calne，1930—）找到了能抑制免疫系统的药物，成为器官移植史上的又一大突破。1967年，第一例成功的肝移植手术和心脏移植手术均得以施行，两年后托马斯又成功完成了第一例异体骨髓移植。此后，器官移植术便逐渐成为医院里的常规手术。

随着内科和外科取得长足发展，以及生物统计学理论不断成熟，医学界对于新药和新疗法的效用检验方法也做了改进。今天，科学的药效检验一般都需要遵循以下原则，第一，对照原则：实验须设立实验组和对照组，实验组使用待检测的新药，对照组使用传统药物或不给药。第二，随机原则：无论是实验组还是对照组，其样本都应该采取完全任意的方式划定，而避免把具有某一共同特征的人过多地分到某一个组。这样可以避免性别差异、年龄差异等因素影响到真正药效的确定。第三，盲法原则：通常是采用双盲（double-blind）原则，即无论是实验组还是对照组的病人都不知道他们吃的是新药、传统药物还是不含任何药物的“安慰剂”（placebo），同时，给他们药的医务人员也不知道给的是新药、传统药物还是安慰剂，杜绝了他们在无意中可能施加给病人的暗示。这样一来，就可以避免病人产生能影响病情的心理作用，使真正药效的确定不受病人心理的干扰，从而让对照组和实验组除了给药的差别外能真正做到“其余情况皆同”（拉丁语：ceteris paribus，英语：other things being equal）。第四，多中心原则。对于可能产生重要经济效益的新药，为了避免单个机构在实验中造假，还需要多个机构彼此独立地同时进行药效检验。

从 20 世纪 50 年代中期开始，上述疗效检验原则逐渐在西方医学界得到广泛应用，在帮助人们筛选出真正有疗效的新药和新疗法的同时，也让人惊奇地发现，很多习惯上认为有效的药物和疗法（特别是人造药物时代之前使用的传统药材）原来并没有效果！

“基因时代”到来

第十章已经提到了1900年孟德尔定律的重新发现，以及1910年摩尔根通过果蝇实验确定基因位于染色体之上，现代遗传学由此诞生。但是那一章主要强调了现代遗传学诞生之后是如何和达尔文主义相结合的，而没有过多介绍现代遗传学诞生前后的细节。这里就先来补充介绍一下现代遗传学诞生的实验生物学背景。

要确定基因位于染色体之上，首先得先发现染色体。在19世纪，显微镜的制造技术有了很大发展，而细胞学说的提出又使生物学家去关注细胞的结构和功能，因此从19世纪30年代开始，细胞内部的各种结构就不断被发现——1831年发现细胞核，20世纪40年代发现线粒体，20世纪90年代发现植物细胞膜，1897年发现高尔基体等。与此同时，细胞分裂的过程也得到了详细的阐述。19世纪70年代德国的斯特拉斯伯格（Eduard A. Strasburger，1844—1912）和沃尔特·弗莱明（Walther Flemming，1843—1905）分别详尽地描述了植物细胞和动物细胞的分裂过程，观察到在细胞分裂时细胞中会出现许多排列成纺锤状的细丝；弗莱明因而把这种细胞分裂过程称为“有丝分裂”。弗莱明还发现细胞核中有一种物质可以被碱性染料染成红色，并把它称为“染色质”（chromatin）。在细胞分裂之前，染色质在细胞核中呈弥漫状分布，但是在细胞分裂的时候染色质就浓缩成数目固定的短棒状小体，这就是染色体。在有丝分裂过程中，每一个染色体都随着细胞一起被一分为二，因此分裂后的子细胞中的染色体数目与母细胞的染色体数相等。

1876～1883年，先后有两位生物学家发现了细胞的另一种分裂过程，在这个分裂过程中染色体并不是直接一分为二，而是先分成两组，在第一次分裂后两个子细胞各得到其中一组，因此子细胞中的染色体数目只有母细胞的一半，这就是减数分裂现象。1888 年，德国生物学家鲍维里（Theodor H. Boveri，1862—1915）也独立地发现了减数分裂现象。这种以染色体数目减半为特征的减数分裂总是发生在生殖细胞（比如精子和卵）形成的过程中，而当精子和卵结合成受精卵时，二者的染色体集合在一起，其数目又恢复原状。染色体在有性生殖过程中的这种数目变化，和孟德尔学说中的“遗传因子”在生殖过程中的数目变化完全符合，这使鲍维里和美国学者萨顿（Walter S. Sutton，1877—1916）在 1902 年猜测遗传因子一定位于染色体之上，这就是“遗传的染色体假说”（chromosome hypothesis of inheritance）。因此，细胞生物学家对细胞的深入观察，对现代遗传学的诞生起到了至关重要的作用。

现代遗传学诞生之后，虽然主要研究方向是探究表型与基因型的关系，但是也有遗传学家试图把它和生物化学结合起来。在这方面做出了重要理论贡献的是美国遗传学家比德尔（George W. Beadle，1903—1989）和塔特姆（Edward L. Tatum，1909—1975）。他们通过对真菌进行的遗传学研究，在 1941 年提出了“一个基因一个酶”（one gene，one enzyme）的大胆假说。他们认为基因的作用就是指导酶的合成；如果正常基因发生突变，成为有缺陷的基因，就会导致生物体内缺乏相关的酶，从而造成生物体表型的改变；一个基因只能指导一种酶的合成，所以生物体内有多少种酶，就有多少个基因。

“一个基因一个酶”理论虽然还很粗糙，并不完全符合事实，但是它打通了遗传学和生物化学的关系；基因的化学本质及它指导酶的合成的具体过程因而成为生命科学的焦点问题。当时，生物化学家已经知道染色体主要由蛋白质和 DNA 两种物质组成——其中蛋白质由氨基酸构成，而 DNA 则由磷酸、脱氧核糖和 4 种碱基构成——但是因为人们错误地以为 DNA 是一种结构简单的化合物，因而都把精力放在蛋白质研究之上，而不太关注 DNA。尽管美国细菌学家艾弗里（Oswald T. Avery，1877—1955）在 1944 年通过肺炎链球菌转化实验无可争辩地证明 DNA 是遗传物质，但是他的重要发现却一直遭到怀疑，直到 1952 年才得到学界主流的认可。在此之前早就坚信

DNA 是遗传物质的两位年轻学者——美国的沃森（James D. Watson，1928—）和英国的克里克（Francis H. C. Crick，1916—2004）因而能够捷足先登，在 1953 年抢先发表了 DNA 的双螺旋模型。按照这一模型，DNA 是由两股长链缠绕而成的螺旋状分子，两条链中的碱基序列呈两两配对的关系。在 DNA 的 4 种碱基 A、T、G 和 C 中，A 总是和 T 配对，G 总是和 C 配对。正如沃森和克里克所说，这个模型"立即暗示了遗传物质的复制机理"——原来，生物的遗传信息是用 4 个"字母"——4 种碱基——书写而成的密码；只要把 DNA 双链拆开，照着两条链的碱基序列分别合成出与之配对的新链，就可以实现 DNA 分子的复制，也就实现了遗传信息的复制。

DNA 双螺旋模型的提出，使遗传学最终也还原到化学层面，不仅再次支持了生命现象是特殊的物理－化学现象的信念，而且使实验生物学的各个分支在理论上都统合在一起。从此，实验生物学就进入了分子生物学时代，人类也全面进入了"基因时代"。此后几十年间，分子生物学接连取得重大突破，其中最大的成就就是全面总结了从承载遗传信息的 DNA 合成负责具体生命活动的 RNA（"核糖核酸"的英文 ribonucleic acid 的缩写）和蛋白质的生物化学过程：主要存在于细胞核中染色体上的 DNA 双链先是解开，在酶的作用之下合成与之配对的"信使 RNA"（messager RNA），这个过程叫"转录"（transcription）。信使 RNA 从细胞核中转移到细胞质中，在一种叫作核糖体（ribosome）的细胞结构中充当模板，以"转运 RNA"（transfer RNA）带来的氨基酸为原料合成蛋白质。因为信使 RNA 上每 3 个碱基构成一个"密码子"（codon），而密码子和氨基酸之间有严格的对应关系（比如 CCC 代表脯氨酸，AAA 代表赖氨酸等），所以信使 RNA 上的碱基序列就决定了蛋白质的氨基酸序列，由信使 RNA 指导蛋白质合成的过程也因此叫做"翻译"（translation）。

分子生物学诞生未久，就很快显示出技术转化的巨大能力。1975 年，英国生物化学家桑格（Frederick Sanger，1918—2013）发明了快速测定 DNA 序列的方法——桑格法，他因此在 1980 年获得了诺贝尔化学奖。在此之前，桑格因为发明了测定蛋白质序列的方法已经在 1958 年获得了诺贝尔化学奖，这样他就成为第 4 位两获诺贝尔奖的学者。有了快速测定 DNA 序列的方法之后，1987 年美国国会批准了对人类基因组进行全测序的计划，1990 年“人类基因组计划”正式启动（中国也在 1999 年加入这个计划中，负责 1% 的序列的测定）。经过十几年的努力，2000 年人类基因组“草图”绘制完成，2006 年全部测序顺利完成。

此后，随着 DNA 测序技术的日新月异，对生物基因组进行全测序的速度越来越快，成本越来越低，今天已经进入了可以为个人进行全测序的时代。如今，对人类和其他生物进行基因测序已经成为分子生物学研究的常规手段，无论是在生物育种还是慢性病治疗方面都起着不可或缺的作用。实际上，现在很多测序工作都是相关市场需求推动的结果。

此外，1967 年人们发现了 DNA 连接酶，可以把特定的 DNA 片段连合起来，相当于“基因胶水”；1970 年又发现了限制性核酸内切酶，其功能与 DNA 连接酶相反，可以把 DNA 在特定的地方切断，相当于“基因剪刀”。有了“基因剪刀”和“基因胶水”，意味着人类可以对 DNA 进行随意剪拼，创造出重组（recombinant）的 DNA，从而实现对生物的遗传改造。1972 年，美国生物学家伯格（Paul Berg，1926—）首次制造了重组病毒 DNA；次年，科恩（Stanley N. Cohen，1935—）和伯耶（Herbert W. Boyer，1936—）又制造了重组大肠杆菌 DNA。伯耶后来致力于重组“工程菌”的商业化，用改造过的大肠杆菌生产大量而廉价的蛋白质类药物（如人生长激素抑制素、胰岛素等），由此开创了基因工程产业。1983 年，有 4 个研究小组又同时实现了向植物引入外源基因的操作。20 世纪 90 年代，“基因修饰作物”（genetically modified crop，俗称“转基因作物”transgenic crop）开始上市。2003 年，基因修饰动物（一种能够发荧光的观赏鱼）也被批准商业化生产。1980 年，人类还开始研发通过修改病人身上的基因来治疗疾病的“基因疗法”。1990 年第一例成功的基因疗法得以实行，使人们看到了这一新型医疗技术的曙光。

和分子生物学相关的各种生物医学工程，通常也被视为第三次工业革命的重要标志，在 21 世纪预计还会有很大发展。

越发展，越麻烦？

尽管实验生物学和医学及相关技术在 19 世纪以来取得了这样大的成就，但它们也造就了大量的社会、伦理问题，甚至使自身陷入被误解、被质疑的尴尬境地。我们甚至可以认为生物医学科技在今天已经走到了越发展越麻烦的地步。有些生物医学从业人员对于这种局面极为不满，但如果他们不去弄明白这些麻烦出现的根源，只凭单纯的技术乐观主义或反技术主义情绪是不可能解决问题的。

在 20 世纪中叶的时候，曾经严重危害人类的主要传染病和营养不良症已经得到了有效控制，当时有人乐观地认为这两类疾病在不远的将来就会被彻底攻克。然而几十年过去，营养不良症仍然在世界各发展中国家普遍存在，在一些新近陷入战乱的地区更是大为肆虐。

不仅如此，传染病也有卷土重来的趋势。一方面，由于人类不断破坏自然环境，与野生动物“亲密接触”，导致原本在野生动物身上生存的病原体不断入侵到人类身上，形成新传染病。1981 年发现的艾滋病，其病原体本来寄生在黑猩猩和猴类身上，很可能由于非洲人对这些野生灵长类的猎杀，而导致艾滋病毒在无意中传染到人类身上，成为蔓延全球、集传染病与慢性病于一身的“世纪瘟疫”。同样，2003 年在中国爆发的新型传染病 SARS（“严重急性呼吸综合征”的英文 severe acute respiratory syndrome 的缩写，通称“非典型肺炎”）的病原体已确认起源于蝙蝠，通过未知途径传给了人类，又由人类传给猪和果子狸等其他动物。无独有偶，2014 年突然在西非爆发的又一轮埃博拉（Ebola）出血热，其病原体也可能起源于蝙蝠。而近年来不时出现的人感染高致病性禽流感（以下简称“禽流感”）则提醒我们，如果不采取措施减少人和禽类（无论家禽还是野禽）的接触频率，由禽流感和人流感病毒杂交而成的新型人流感病毒有可能重现1918年造成数千万人死亡的“西班牙流感”病毒的高传染性和高毒性，从而在全世界形成一场新的流感大疫。

另一方面，由于抗生素的滥用，病原体很快产生了抗药性，导致以前认为能够根治的传染病重新变得难以治疗，结核病就是一个典型的例子。由于畜用抗生素的滥用，2015年，中国科学家甚至在自然界中检出了能够抵抗多黏菌素（polymyxin）的细菌基因，使这最后一类此前尚未发现抗药性的抗生素筑成的防线也不幸失守。由于新抗生素的研发速度越来越慢，在未来，能够抵抗多种抗生素的“超级细菌”的出现和扩散有可能会在全世界范围内引发另一种类型的传染病大流行，可想而知，这样的瘟疫将更难对付。

不容忽视的是，如同至今仍然在贫穷、战乱的国家肆虐的营养不良症一样，传染病根治之困难，在很大程度上不是自然技术不过关，而是没有配套的社会技术；其中又有很大原因在于，在如今这个民主化的世界，由政府组织进行全面的“移风易俗”越来越困难了。以禽流感为例，尽管早就有专家建议在大城市取缔活禽市场，避免人与禽类的频繁接触，但直到2004年，北京才永久禁止了活禽交易，而直到2013年年底禽流感在长江三角洲地区爆发之后，杭州才在次年初永久禁止了活禽交易，至于中国其他大城市，活禽交易则至今仍然未被禁止。再如20世纪50～70年代，长江中下游地区通过全民动员改造环境，在血吸虫病的防治上取得了很大成就；但是20世纪90年代以后血吸虫病的发病率又有上升趋势，而此时的中国政府已经很难再次通过社会动员改造环境的方法来对其进行预防了。

具有讽刺意味的是，主要通过传染病和营养不良症的防治实现的人口寿命延长，本身又给现代社会带来了新的问题。首先自然是老龄化问题，其核心在于长寿（单纯的寿命延长）和长生（身心健康的寿命延长）的矛盾。较少为学界所关注的还有青春期问题和“守旧老人”（the old men who knew）问题——由于营养条件好转，当代青少年的生理成熟期普遍提前，但心理成熟期基本未变，导致青少年在青春期前后出现的生理成熟、心理未成熟的发育脱节现象更为严重，从而加重了青少年暴力和滥交、年轻人骚乱等社会问题；对于社会发生剧烈转型的国家，老一辈人（哪怕只是三四十岁的中年人）仍然试图用旧经验解决新问题，由此则造成了不必要的社会冲突、舆论冲突，造成国家路线、政策滞后于形势的不良局面。

在发达国家，从20世纪后期开始，其人口健康面临的主要威胁已经变成了癌症、心脑血管病和糖尿病等慢性病。起初医学界怀着雄心壮志，希望能够像攻克传染病和营养不良症那样攻克这些慢性病，但是这个美好愿望却一次又一次受到打击。随着研究的逐渐深入，人们认识到慢性病不仅难治，而且因为都有复杂的遗传和环境诱因，也难以预防。更麻烦的是，很多慢性病其实是人类在生活改善之后患上的“富贵病”。根据1995年提出的“共同土壤假说”（common soil hypothesis），由于人类对高糖、高脂饮食的嗜好，过量糖和脂类的摄入会导致体内出现代谢紊乱，造成“氧化应激”（oxidation stress）；氧化应激又会导致细胞信号紊乱，最终成为心脑血管病、糖尿病、癌症、慢性肾病甚至阿尔茨海默病（俗称老年性痴呆）的诱因。演化心理学则告诉我们，人类对高糖、高脂饮食的嗜好是先天的，是演化的遗迹。这样一来，慢性病的高发实际上又是人类的演化生理、心理特质和飞速变化的环境（极易获得大量糖和脂肪的现代社会）之间出现不适应的结果。为了解决这种不适应，需要人们自觉在饮食中限糖、限脂，多摄入纤维素，并保持锻炼，但这显然又不可避免要涉及移风易俗的问题。

现代医学的发展带来的更严峻的问题则在于，当疫苗接种、营养干预、环境卫生、基本药物供应等成本相对低廉的公共卫生技术保证一般公众能够达到起码的、“基本”的寿命期望之后，更长寿命的获取、更好的健康状态的实现却不得不依赖于昂贵得多的医疗技术，而且二者之间呈现边际效用递减的规律（复旦大学在20世纪90年代曾经有过统计，30%的医疗费用花在病人生命的最后一年，而其中又有40%的费用花在病人生命的最后一个月）。换句话说，在公共卫生技术保证的基本寿命之上，更多的寿命和健康需要用更多的钱来购买。当这些费用主要由患者个人负担时，便不可避免会产生富人长寿、穷人短寿的问题，而这种现象现在普遍被认为是不公平的。为了保证社会公平，就需要实行医疗福利制度，但这样又会对政府的财政造成严重负担，这种负担对于去工业化的一些西方发达国家来说更已经到了不可持续的地步。由于涉及生存问题，在各种福利之中，医疗福利的这种可持续与平等的悖论表现得最为突出。

在中国，医疗福利问题还和中医问题纠缠在一起。在民国年间，新文化运动的很多领导人物都不信中医理论，但相信中药的功效，他们认为应该“废医存药”。然而，疗效检验原则得到广泛应用之后，有一些中药被证明毫无药效，或是毒副作用太大，或是有更好、更安全的现代药物可以替代。以“龙胆泻肝丸”事件为例，早在20世纪90年代，西方就发现因为这味中成药中的关木通含有肾毒性的马兜铃酸，一些病人服药后会产生肾衰竭症状。但直到10多年之后，中国有关部门才终于决定禁止在龙胆泻肝丸配方中使用关木通。尽管如此，《中国药典》中还是大量保留了使用含马兜铃酸的草药的中成药配方，仍然会对病人造成不可逆的身体损害。因此，从理论上说，“验药”才是符合现代医学的做法。

如果说医学技术主要因为对健康的促进作用而得到了公众疯狂的追求，从而引发了始料未及的麻烦，那么生物工程恰恰相反，是因为遭到了公众的排斥而引发了始料未及的麻烦。基因修饰作物（genetically modified crops，俗称“转基因作物”）的处境是其中最典型的例子。生命科学界的主流观点认为，基因修饰食物受到的安全检验是所有食品中最严格的，通过了这样严格的检验而上市的食物不太可能引发健康问题；值得关注的应该是基因修饰作物在种植时可能造成的环境安全问题，这需要配套的种植技术来防范其风险。但是，自1997年以来，“反转基因”运动之火在欧洲点燃，迅速烧向世界各地，在中国也形成了极大的声势，而运动参与者攻击基因修饰食物的主要理由恰恰不在环境安全问题，而在食品安全问题。有趣的是，不同地方的反转基因者对基因修饰食品主要危害的强调生动地体现了文化差异，如中国的反转基因者喜欢声称转基因会导致“断子绝孙”，而非洲的反转人士则喜欢强调转基因会使人变成同性恋。

反转基因运动的声势如此浩大，原因当然有很多，目前市场化的第一代基因修饰作物自身的缺陷（比起一般作物来，主要只利于农民，而对消费者没有明显的直接好处）是原因之一，但更主要的原因还在于反转基因运动充分利用了人类演化心理中的许多不适应现代数理科学的环节。比如，正如没有受过统计思维训练的人不容易理解疗效检验原则的必要性一样，这样的人也不能很好理解判定一种食品是否安全需要严格、规范的统计结论，而容易被个例和谣言激活害怕死亡的适应性保守主义情绪，从而对基因修饰食品这样的“特种食品”产生畏惧和抗拒心理。此外，由于俗常生物观中的本质论的影响，还有人（特别是生态主义者）无法接受混合了不同本质的“嵌合体”（chimera），他们认为基因修饰作物本身就是不自然的、邪恶的。

在中国，反转基因运动还有更复杂的历史背景。由于分子生物学革命是在20世纪50～70年代的西方发生的，而在这时的社会主义阵营中，苏联和中国生命科学界都深受李森科主义（Lysenkoism）影响，排斥现代遗传学，排斥分子生物学研究，因而未能像西方那样在社会中建立当代“生命科学文化”（culture of life science）。时至今日，大肆渲染“基因武器”的危害（认为美国等发达国家已经掌握了根据不同族群基因构成的差异而差别性消灭某些族群的技术）、对“航天育种”百般回护、在基因修饰食物危害问题上危言耸听的，往往都是同一批人。

传统上，学界对于生物医学技术的担忧，集中在像试管婴儿、克隆、基因疗法、遗传的保险业应用、遗传的法律辩护之类新技术之上，这些新技术的特点在于其普遍应用有可能对现存伦理造成冲击，为了捍卫现存伦理，学者们围绕这些问题进行了大量的讨论。然而具有讽刺意味的是，几十年来生物医学技术进步所引发的最为紧迫棘手的问题通常并不是这些学界关注的问题，而是其他一些学界未能充分关注的问题；这些问题之所以棘手，首先恰恰在于人们习以为常、认为不证自明的现存伦理本身具有缺陷性，这种缺陷性的根源则在于剧变的现代环境和人类演化心理的不适应性。上面所讨论的一些由生物医学技术引发的社会问题，已经显示出政治自由主义、民主主义、长寿至上论、生态主义等众多当下流行的伦理观的缺陷。如果不能直面这些缺陷，找到解决方案，生物医学技术的进一步发展，只能为社会、为自身带来更多的麻烦。

在本书的最后一章中，我们会看到，其他技术的发展之所以同样会带来诸多的社会问题，其根源是一样的，都是因为我们没有正视现代环境和人类演化心理的不适应性问题。

思维聚焦

从19世纪上半叶开始，生命科学中的培根科学研究方式——实验生物学也开始了现代化的历程。一方面，通过与物理学特别是化学相结合，实验生物学不断取得重要的发现；另一方面，实验生物学又建立了细胞学说，清除了生机论。到20世纪50年代分子生物学诞生前夕，这两方面的成果最终使学界基本形成了理论共识——生命现象就是在达尔文主义演化论作用下展开的特殊的物理－化学现象。

在19世纪后期到20世纪前期的大约一百年间，医学也取得了突破性进展。医学革命包括3个方面：内科方面的传染病预防、化学疗法应用和营养不良症防治；外科方面的“手术三大难关”的攻克和手术技巧的突飞猛进，疗效检验原则的提出和贯彻。

1953年沃森和克里克发表DNA的双螺旋模型，标志着分子生物学的诞生和“基因时代”的到来。分子生物学使遗传学也还原到化学层面，不仅再次支持了生命现象是特殊的物理－化学现象的信念，而且使实验生物学的各个分支在理论上都统合在一起。分子生物学和生物技术的结合也很紧密，体现了“科技共进”的现代特色。

然而，生物医学技术在今天正面临着越发展越给社会和自身带来种种麻烦的境地。长期以来，学界对生物医学技术的批判关注于它对现有伦理观的冲击。然而事实证明，生物医学技术引发的种种问题，无论是传染病复燃、慢性病高发、老龄化、青春期问题、“守旧老人”问题、医疗福利困境、中医药问题还是“转基因”问题或“基因武器”恐慌，反映的实际上是现存伦理本身的缺陷性，而这种缺陷性在根本上源于剧变的现代环境和人类演化心理的不适应性。

第十四章　站在历史转折点上

概率性和地学革命

第十章已经说到，量子力学的兴起标志着第三次科学革命的开端，因为它建立的那种间断的、概率性的、非因果性的、整体论的世界图景，与第二次科学革命期间的那种连续的、决定性的、因果性的、本体还原论的世界图景有根本区别。在新世界图景的各种特性中，以概率性和整体论最为重要。这最后一章就从这对两个概念的分析开始。

严格地说，概率性有两种不同类型，一种是量子世界的“真”随机性，也就是无论如何也不可能再用什么决定性的系统来模拟的随机性。哥本哈根解释成为量子物理学界的主流观点之后，仍然有一些不相信“上帝掷骰子”的物理学家执意认为，在表面上的随机性之下一定还隐伏着什么确定性的定律，他们因而支持所谓“隐变量”（hidden variable）理论。然而，迄今为止的实验证据都否认了隐变量的存在，尽管物理学家还在准备更精确的实验，但最终恐怕也还是找不到隐变量存在的数据。这就意味着在实在论者看来，量子世界的“本质”就是随机性的，而在工具主义者看来，把量子世界看成一个随机世界，是我们为了“拯救现象”而必须确定的一条公理。

另一种则是宏观世界的混沌（chaos）现象。混沌现象在表面上也表现出随机性的特点，但从理论上说，它却是可以用一个决定性的系统来模拟的现象。只不过，由于这个系统过于复杂、过于庞大，因此系统初值的微小区别，或是系统运行过程中从外界所获得的微小扰动，就可能导致此后系统状态的明显差别；这种差别将随时间的推移越来越大，直至完全看不出任何决定性的特点。广为人知的“蝴蝶效应”（the butterfly effect）就是混沌现象的一种生动描述：“南美洲亚马逊雨林里的一只蝴蝶扇动几下翅膀，可以在两周以后的美国佛罗里达州引起一场飓风。”由于人类的计算和建模能力终究是有限的，因此我们对混沌现象的拆解也是有限的。更多的时候，仍然只能用数理统计、随机过程这些专门处理概率性的数学工具去研究宏观世界中复杂巨系统的动力过程。

在这些研究复杂巨系统动力过程的学科中，地球科学及生命科学中的生态学是最突出的两门。地球科学与生命科学一样，在19世纪以前长期处在只有博物学传统的发展水平上。在19世纪，随着物理学、化学、天文学先后实现现代化，生命科学也提出了演化论，地球科学的一些研究领域才陆续实现了与数理科学传统相结合的现代化过程，出现了地球物理学、地球化学等子学科。其中，地震学（seismology）是地球物理学中的一个重要分支。通过研究天然和人工地震波，人们得以初步探明地球内部的情况，知道地球大致可以分成地壳、地幔和地核三个大圈层和更多的小圈层。然而，由于地球深部的不可入性（迄今，最深的钻井也只有12千米深，与地球的平均半径6371千米相比可谓微不足道），以及地震本身也属于混沌现象，直至今日，人类也无法准确预测地震，充其量是给出中长期预报。

进入20世纪，物理学、化学、数学等学科更为发达，人类探测地球的技术也更为先进，地球科学才最终实现了全面现代化，并同样掀起了一场地学革命，成为最晚实现现代化和发生科学革命的基础自然科学。地学革命很像是生命科学中的达尔文革命，是博物学传统的结晶。在革命之前的19世纪后半叶到20世纪初，地学界盛行“槽台学说”，该学说认为大地的构造运动以陆地拗陷成海洋、海洋隆起成山脉的垂直运动为主，对于这种构造运动的具体机制却语焉不详。但是德国地质学家魏格纳（Alfred L. Wegener，1880—1930）却在1910年偶然发现大西洋两岸的海岸线形状有惊人的吻合性，这启发他在1912年提出了大陆漂移说，认为在大地构造的演化中除了垂直运动还有水平运动。大陆漂移说虽然从地质学、古生物学、古气候学等方面找到了大量证据，但同样也无法提出一个有说服性的动力机制，因此在地质学界长期遭到主流反对，这个局面很像是自然选择理论因为找不到配套的遗传机制而不为生物学界主流所接受。为了替自己的学说搜集更坚实的证据，魏格纳本人在 1930 年第四次到冰天雪地的格陵兰考察，结果不幸遇难。

正如自然选择理论的复兴最终靠与现代化的遗传学相结合才得以实现一样，大陆漂移说最终也是在得到地球科学领域中其他现代化的研究成果的支持之后才逐渐被学界普遍接受。首先支持大陆漂移说的是古地磁学证据。通过对不同地质时期形成的岩石的磁性和磁极方向进行测定，可以发现在漫长的地质时期，地球磁场处在不断迁移的过程中，有时甚至发生磁极颠倒。但是，根据北美洲和欧洲的岩层建立的磁极迁移曲线虽然形状相同，方向却不同。因为地球上只可能有一个地磁场，除了承认大陆漂移外，没有别的理论可以很好地解释这个现象。

第二次世界大战之后，由于相关技术的发展，世界多个国家都开展了大规模的海洋地质调查工作。比起复杂的大陆地质构造来，大洋地质构造相对简单，因此地质学家们很快就找到了一些具有普遍意义的现象，比如大洋地壳的年龄在大洋中脊处最年轻，离大洋中脊越远越老（但最老也不超过 2 亿年）等。1960 ～ 1961 年，两位美国地质学家赫斯（Harry H. Hess，1906—1969）和迪茨（Robert S. Dietz，1914—1995）根据这些新发现提出了海底扩张说：由于地幔是具有对流运动的炽热流体，其中的上升流会在大洋中脊溢出地表并凝结；不断凝结形成的新洋壳造成了洋底的扩张，从而带动大陆漂移。海底扩张说不仅是大陆漂移说的扩充，而且首次为它提供了明确的动力机制——地幔对流。

尽管海底扩张说在刚提出时也遭到了强大的保守势力的攻击，但是随着海洋地质勘探资料越来越多，其正确性一再得到证实。20 世纪 60 年代中期，在海底扩张说基础上又形成了板块构造说：整个地壳可以分成若干个“板块”（plate），板块和板块之间形成了离散边界、会聚边界、转换边界等多种类型的边界，板块在离散边界处生长，在会聚边界处消亡；通过这些地质活动，就形成了造山、裂谷形成、火山喷发、地震等一系列地质现象。1968 年，法国地质学家勒皮雄（Xavier Le Pichon，1937—）首次提出六大板块，即亚欧板块、非洲板块、美洲板块、印度板块、南极板块和太平洋板块。后来，人们又对板块做了进一步的细分，但都没有出勒皮雄最早勾勒的这个格局。

就这样，通过大陆漂移说、海底扩张说和板块构造说的先后提出，地球科学也完成了一次科学革命。如今的地球科学的一大研究重点，就是通过更多、更细致的勘探和测量，进一步完善板块的分布和运动情况，构建地球内部的物质分布和运动模型，从而为地震研究和找矿等应用学科和技术提供理论基础。毫无疑问，对于地球这样一个复杂的实体，只有充分运用计算机技术才能建立理想的模型，而只有大量运用概率相关的数学工具，才能模拟其在过去和未来的大致运动状态，做出可供实践检验的预测。

相比对地球岩石圈（lithosphere）和内部的研究来，对地球水圈（hydrosphere，以海洋为主）和大气圈（atmosphere）的研究另有其难处，因为水和空气均属于流体，其高流动性造成的高混沌性使得建模更为困难。然而，流体毕竟是可入的，通过在海洋中和大气中施放大量探测装置，加上运用卫星进行遥感探测，科学家对海洋和大气的运动状况反而有更多的了解。通过运用巨型计算机构建大气运动模型，如今的天气预报不仅从大气运动机理入手实现了数值预报，而且在三天以内可达到相当的准确度。尽管如此，如今人们对于龙卷风之类局地小型灾害天气仍然缺乏足够的预测能力，对于下雨等天气现象通常也只能给出一定的发生概率值供参考。更复杂的是，海洋和大气运动具有非常密切的联系，对于中长期的天气预测来说，必须把海-气相互作用也考虑起来。20世纪后期以来频频进入公众视野的厄尔尼诺（El Niño）现象和拉尼娜（La Niña）现象就是典型的海-气相互作用——东太平洋表层海水温度的异常，竟然可以影响到几个月甚至十几个月之后整个地球的气候情况！目前，学界对它们的研究仍然没有达到令人满意的程度。

然而，就目前科学界所研究的复杂巨系统来说，没有一个比生态学所研究的生态系统（ecosystem）更令人感到畏惧。生态学是研究不同层次的生物及其集合体及环境相互作用的科学，根据生物及其集合体的层次可以大致划分成4个分支，即个体生态学、种群（population）生态学、群落（community）生态学和生态系统生态学。其中，生态系统生态学研究的是全部或部分生物圈（biosphere）与周边一切环境（包括岩石圈、水圈、大气圈和生物圈其他部分）的关系，全面建模的任务也最为艰巨。因此，如今多数生态系统生态学研究仍然只能关注生态系统中少数一些因素之间的关系，试图建立一些可靠的经验定律，再通过这些经验定律的整合窥知整个生态系统运动的大略面貌。就我们对生态系统运动规律的了解程度来说，生态学这门科学还远未成熟，还只是一门年轻的学科。

整体论因何兴起?

整体论（holism）是第三次科学革命的另一个关键词。但是，究竟什么是整体论，却需要做一定的剖析。

整体论的第一层意思是描述性的。这层意思简而言之，即“整体大于部分之和”；说详细一点的话则是：整体的性质绝不是部分的性质的简单相加，也不能由部分的相互作用全部推出，其中总有一部分是在这个层次上突然出现的，这就是“突现”（emergency）现象。突现正是上述量子世界的真随机现象和宏观世界的混沌现象造成的结果。第十章也讲过，生物哲学较之传统的物理哲学之所以显得“进步”，一个原因就是因为生物哲学承认突现不可能完全破解，所以悬崖还原是不可能的，可行的只能是温和的逐级还原。

自第二次世界大战以来，陆续有一些新兴的科技方法论、科技哲学思想以关注系统、关注整体为旨趣，因而被统称为“系统科学”（system science）。早期系统科学包括第二次世界大战期间提出的“老三论”——信息论、控制论和系统论。第二次世界大战以后又出现了一些新兴的系统科学流派，如耗散结构论、突变论、协同学、超循环理论等。总的来说，这些系统科学都属于这种描述整体论的范畴，在重视突现现象的同时，试图通过种种方式去把握突现的规律，其中并不排斥传统的“化整为零”式的本体还原论进路。

但是，现在哲学上所说的整体论，往往还包括了规范性的第二层意思，即因为存在突现现象，所以对于目前还没有实现理想的逐级还原的研究对象，应该放弃现代化的、数理主义的研究纲领，而恢复到博物学的描述和记录的老路上去。比如说，因为生态系统生态学研究还远远无法做到用生态系统的各个组分的性质及其相互关系解释其现象，所以这很可能意味着目前这种数理主义的做法最终将徒劳无功；与其把大量的精力花费在这种无谓的进路上面，倒不如放弃建模，放弃数理公式，一心一意对生态系统的各种类型和现象进行描述来得稳妥些。同样，因为神经生物学研究还远远无法做到用各个神经元及其他细胞的性质及其相互关系解释人类的神经活动和心理现象，所以这很可能意味着目前这种做法最终也将徒费心思；还不如承认人的神经活动和心理现象是完全突现的，老老实实进行各种观察和记录来得更恰当些。

不仅如此，这种规范性的整体论还特别容易和各种非理性主义哲学结合起来，从而形成反现代化科学甚至拥护宗教的思潮。在 19 世纪生态学这个学科刚刚开始成形的时候，就出现了两条截然不同的进路。一条是积极向现代数理科学靠近，走还原论、实证化路线的科学生态学，另一条是排斥实证化和数理化，走整体论、非理性化路线的人文生态学。科学生态学的代表人物是德国动物学家默比乌斯（Karl A. Möbius，1825—1908），他通过对德国基尔湾的水生动物的研究，初步提出了“生物群落”的概念，现在被公认为生态学领域的第一位重要学者。人文生态学的代表人物则是美国作家梭罗（Henry David Thoreau，1817—1862），通过《瓦尔登湖》（*Walden*）等作品表达了他热爱自然生态、关心人类心灵、反对工业化的自然主义思想。

20 世纪初，两种生态学已经界限分明，但我们仍能在一些著名生态学家身上同时找到这两种思想。比如美国生态学家克莱门茨（Frederic E. Clements，1874—1945）一面提出了植被演替学说，科学地解释了某些生态环境下植物物种组成的更替规律（比如在适宜生长森林的地区，从一片空白迹地开始，其建群种往往会遵循“草本——灌木——短命速生乔木——长命缓生乔木”的演替顺序，最终重新生长出能够稳定存在的森林群落），另一面又认为生物群落是“超有机体”，可以像生物个体那样从小到大逐渐生长。第二次世界大战之后，两种生态学更是分道扬镳，形成了自己的圈子。科学生态学的研究成果通常较为艰深，不易为外人所知，而人文生态学思想却借助环境主义（environmentalism，也叫生态主义 ecologism）运动在公众中广为传播。

同样，对于神经生物学来说，一方面有 DNA 双螺旋结构发现者之一克里克这样的理性主义者坚持认为人的心理活动可以还原为神经活动，而神经活动可以还原为神经元的活动；另一方面也有不少非理性主义者坚决否认心灵活动可以完全找到对应的物质运动，从而为灵魂（生机）在脑中保留了一席之地。甚至连本来是科学三大传统之一的博物学，在 19 世纪以后也出现了一种新的形态——人文博物学，其特点是重视个人知识，重视地方性知识，重视从对自然的观察和接触中生发的情感，重视附加在自然物之上的人文价值。

最后，整体论在量子物理学那里还有另一个意思，即在涉及量子世界的观测中，观测主体和客体是一个整体，彼此之间不能截然分开，所以主体的意愿将影响到对客体的观测结果。这种把主体和客体融为一体、重视主客体互动关系的理论，不仅启发了一些新的哲学流派，也同样受到了上述人文化的规范整体论的欢迎。

整体论特别是规范整体论的兴起，有其深厚的历史背景。自 19 世纪以来，传统物理哲学及与其捆绑的各种乌托邦思想为人类社会带来了重重危机，其中不乏因为不重视生态系统和社会系统内部的复杂互动、滥用技术造成的危机。在这里我们可以把这些危机大致罗列一下。

能源危机。从 18 世纪第一次工业革命以来，人类开始用煤用能源；从 19 世纪第二次工业革命开始，石油成为新能源；第三次工业革命又把核裂变能加入了能源利用谱系。按照工业革命之前的能耗，这些能源足可以供全人类使用上万年，但是因为人类的加速消耗，仅仅几百年过去后这些新能源就不够用了。其中，石油的储量还可供人类再用几十年，煤和铀的储量还可供人类再用几百年。如果在这些能源耗尽之前，人类找不到能取而代之的新能源（如核聚变能、太阳能、地热能之类）的话，那么人类最终只能回到使用奴隶、畜力和薪柴的老路上去。

环境危机。由于化石燃料的大量消耗，各种人造化学品的大量使用，大气圈、水圈和岩石圈均遭到了不同程度的污染。其中，空气污染是最为严重、影响最广的。第二次世界大战期间及以后，西方国家多次出现严重的空气污染事件，包括 1952 年冬季发生的伦敦烟雾事件，以及20世纪40～50年代美国洛杉矶的光化学烟雾事件等。西方提高工业、汽车废气排放标准及去工业化之后，其空气污染情况有所好转，但发展中国家的空气污染却日益严重，如中国华北地区（包括首都北京在内）近年来就多次发生PM2.5（可入肺颗粒物）浓度超标的严重雾霾事件。酸雨也是空气污染的表现，可以造成建筑物的腐蚀和地面植被的死亡。此外，由于含氟制冷剂的逸出，破坏了大气臭氧层中能吸收紫外线的臭氧分子，造成臭氧层稀薄和两极上空出现臭氧层空洞，使更多紫外线照到地面，危害动植物和人体健康，这也可以算作空气污染的一种。

在水污染和土壤污染中，有机卤素化合物（卤素包括氟、氯、溴等元素）和重金属是两类最重要的污染物。有机卤素化合物因为几乎不能被微生物降解，可以长时间稳定存在，毒害各种生物。美国海洋生物学家卡逊（Rachel L. Carson，1907—1964）是最早向公众警告有机卤素化合物危害的人，她在1962年出版的《寂静的春天》（*Silent Spring*）一书中痛陈滴滴涕之类有机卤素农药对环境的危害，成为环保运动史上的里程碑式著作。相比之下，二噁英更是毒性极大的污染物。同样，重金属可以通过多种渠道污染人类食物，最终造成严重的公害病。日本在第二次世界大战后先后出现水俣病和痛痛病公害事件，就分别是由汞和镉污染造成的。

人类还制造了大量的生产、生活垃圾，形成了严重的垃圾问题。城市中夜晚大量的灯光也会遮蔽夜空，影响人的生物钟和其他生物的生理活动，形成光污染。大分贝的噪声同样会给人和生物带来负面的生理影响，形成噪声污染。

气候变化。现在气象学家基本确定，由于人类燃烧化石燃料排放了大量温室气体二氧化碳，引起大气温室效应上升，全球气候因此变暖。气候变暖可能有某些方面的好处（比如增加了中纬度地区的降水量，某种更高产的作物熟制技术可以向更北的地方推广），但更多的则是坏处：干旱、洪涝之类极端天气会增加，热带气旋的强度会更大（2013年11月的台风“海燕”就是有观测记录以来最强的台风之一，几乎以其巅峰强度登陆菲律宾中部，造成了极为惨烈的损失），海平面将上升淹没一些岛国和沿海的大城市，病虫害和传染病会更加肆虐，甚至连中国冬季的雾霾天气都会更为多发。

生物多样性丧失。由于种种原因（主要是人口增长），野生生态系统大量被破坏或干扰，造成生物多样性在三个层次（遗传多样性、种多样性和生态系统多样性）上都大为丧失。如今，地球上物种减少的速度极为可观，堪称生物诞生以来的“第六次物种大灭绝”。

生命科学和医学危机。这包括上一章已经介绍过的传染病问题、慢性病问题、医疗福利问题、老龄化问题、青春期问题、“守旧老人”问题、“转基因”问题及克隆问题和基因歧视问题等。

粮食安全危机和食品安全危机。粮食安全（food security）指的是所有人都可以保证获得足够的粮食；食品安全（food safety）指的是所有人都可以保证获得健康无毒的食物。粮食安全危机和后面要谈的人口危机密切相关，短缺的粮食最容易把人口过剩凸显出来，有时甚至会催生出惨绝人寰的大屠杀（如1994年的卢旺达惨案）。食品安全危机则和前述污染问题密切相关，而且在一定程度上与现代农业技术的不恰当应用（如滥用农药和抗生素）相关。

核战争。尽管第二次世界大战以来，各个有核国家一直相安无事，但我们仍然不排除未来某一天爆发核战争的可能。

当然，这个危机名单肯定还不是完备的，但也足以让人看到，现代自然科技并没有让人类真正过上安全幸福的生活，在很大程度上却让全人类都卷入了危险而不幸的局面。既然这些危机很多时候都是因为人类忽略了新技术对生态系统、社会系统的全面影响，那么主张一种整体论的新观念，似乎就是纠正这些危机的唯一方法。这也正是当下的主流科技哲学界及人文界一直宣扬规范整体论，提倡反思科学、“警惕科学”的原因。特别是环境主义者的论著，俨然成了最能代表当下这个时代的退步主义文本，就像《新旧约全书·创世纪》、希腊神话中“五个纪”的传说、中国古代儒学的“大同小康说”和老子“小国寡民”思想以及第一次工业革命时期英国的浪漫主义诗歌分别可以视为那些时代的代表性退步主义文本一样。

还原论的反击

规范整体论对当代危机的批判文字虽然已经汗牛充栋，但我们也要看到，其中其正具有实用性的不多。举例来说，环境主义者认为有机农业（organic agriculture）是解决农业造成的污染问题的最佳方案，但是有机农业的问题非常多。一方面，有机农业常常拒绝使用化肥，这就决定了有机农业的产量不可能太高；另一方面，有机农业更拒绝使用农药，表面上看减少了农药污染，实际上由于病虫害增加，这样生产出来的农作物将含有更多的毒素，反而造成了食品安全问题。直到今天，价格昂贵的有机农业消费也主要只是在富裕阶级和部分中产阶级人士中比较流行，没有一个严肃的学者会认为它真的可以替代传统农业，既解决粮食安全问题又解决污染问题。

再如20世纪70年代，现代医学刚刚度过征服了传染病和营养不良症的辉煌时期，却落入无法征服慢性病的低谷中，有人因而批评既有的“生物医学模式”存在问题，应该用“生物—心理—社会医学模式”取而代之，后来又有人在这个模式的基础上加入更多因素，发展出更全面的“人文医学模式”。然而，这些新的医学模式在实践中并没有产生太大影响，因为从20世纪80年代起，生物医学技术的发展带来了更多的新药，总结出了更好的疗法，而循证医学（evidence-based medicine）规范的实施也提高了疾病的正确诊断率和治疗效率。发达国家人口平均寿命的提升和健康质量的提高，主要仍然取决于医学中的生物方面。

规范整体论者在解决现实问题方面的无力，很自然就给了同样对人类的命运怀有关切之心的还原论者迎头赶上的机会，让他们终于得以发展出还原论式的解决危机的理论体系。本书主张的新达尔文主义就属于还原论阵营，它先是运用自然选择理论把心理学还原为生物学，建立演化心理学范式，再进一步把社会科学还原为心理学，从而得出从本书开头就反复强调过的那个观点：现代社会的很多问题，归根结底都是现代化的环境和人类的演化心理不适应的问题。从语义上讲，无论"适应"还是"不适应"，都是双边关系。规范整体论者的主要问题就是忽略了这个双边关系中人性的一面，一味批判现代化的环境一面；然而不认清人性，也就不可能真正把现代化的环境改造得使之与人性相适应。从这个意义上说，规范整体论者恐怕是不太可能找到解决现代危机的方案的。

我们在这里不妨先总结一下"地理大发现"以来，人类从第三次全球化（文明全球化）走向第四次全球化（资本主义全球化）的过程。总括来说，第四次全球化包括三个方面的技术：第一个方面是"地理大发现"的相关技术，如活字印刷术、资本主义、骑马术、航海、热兵器等；第二个方面是工业及相关技术，举其要者，如第一次工业革命中的蒸汽机、铁路和电报，第二次工业革命中的电能、标准化制造和福特制管理，第三次工业革命中的核能、信息技术、集装箱运输、温特制管理等；第三个方面是政治－军事技术，如民族国家体制、公共教育、民主制度、现代中央集权制、福利制度、人权制度等。最终，全世界都被纳入同一个民族国家国际政治体系和资本主义市场经济体系中，从而完成了这第四次全球化的过程（表 14-1）。

表 14-1　前三次全球化的比较

原状态	危机	应对方式	新状态
人类起源		旧石器制造，用火，狩猎，语言	第一次全球化（人类全球化）
第一次全球化	野生生物资源危机	**农业及相关技术**（生物驯化和育种、新石器制造、陶器制造、纺织、建筑）	第二次全球化（农业全球化）
第二次全球化	陌生人危机	**文明技术**（专制、法律制度、税收、公共服务、等级制、宗教、社会分工、军事、城市化、举贤制、文字、国家） **"地理大发现"相关技术**（活字印刷术、资本主义、骑马术、航海、热兵器、"病菌"）	第三次全球化

续表

原状态	危机	应对方式	新状态
第三次全球化	欧洲人口、货币危机	**工业及相关技术**（蒸汽机、铁路、电报、电能、标准化制造、福特制管理、核能、信息技术、集装箱运输、温特制管理） **政治－军事技术**（民族国家体制、公共教育、民主制度、现代中央集权制、福特制度）	第四次全球化（资本主义全球化）

注：本表总结了前三次全球化的基本情况。如今，第四次全球化也迎来了深重危机。

不幸的是，刚刚完成第四次全球化的人类，马上又面对了重重危机。除了上面已经提到的那些生态危机之外，还有很多社会危机，其中在我看来比较严峻者有以下四个方面。

第一，人口危机。其实质是人口数量、结构不合理，相对于某一资源过剩（常常是因为资源分配不均造成的相对过剩）。在发展中国家，人口容易相对于粮食、水等基本资源过剩；在发达国家，人口容易相对于社会福利过剩；经济危机到来时，人口会相对于工作岗位过剩；在中国还有一种独特的人口危机，即因为重男轻女、养儿防老的传统思想作祟，近年来男女的出生性别比偏高不下，也就是男性人口相对于女性人口过剩，从而造就了数千万的潜在“男光棍”。

第二，国家认同危机。在当今这个民族国家体系的世界中，仍然有一些国家未能解决全部国民的国家认同问题，因而造成了社会的分裂和不安定，典型例子就是萨达姆政权被推翻之后的伊拉克。在欧美国家和地区，大量来自第三世界的移民不愿意认同移民国的文化，当年轻一代因为经济衰退找不到工作的时候，便容易成为恐怖主义的支持者，由此产生了西方特有的另一种国家认同危机。

第三，专制问题和民粹问题。这是同一个危机的两面。20 世纪以来，理想的政权应该保证在贤才统治的基础之上积极接受民众意见，反映民众诉求，如果不能充分实现民主，就会造成专制问题，而如果过于顺从民意而不顾专业意见，又会造成民粹问题，二者都不利于社会团结和稳定。

第四，人权“退步”危机。这是我特别提出的一个危机，指的是在未来不仅无法继续推进落实“国际人权公约”中规定的各项人权，已经落实的人权还可能重新失去的问题。文化多元主义、经济自由主义、平等主义等均是对某些人权的张扬，但是随着西方国家陷入经济衰退，这些人权在西方都有重新失去的可能。

在新达尔文主义者看来，只有理解了真实的人性，才可能弄清楚这么多危机出现的根源。以能源危机为例，为什么我们今天的能源消耗越来越快？一部分原因可以归结为族群竞争需要发展先进武器，而先进武器的能耗通常总是越来越高。但更主要的原因在于人类个体之间的相互攀比。以用于交通的能源消耗为例，在交通不发达的古代，很多人口被制度束缚在土地之上，即使是脱离了土地束缚的“自由”人口，通常也难以做长途旅行，因此哪怕只是千里之游，能够践行者也十分稀少，通常只局限于贵族或官宦家庭。以唐代大诗人杜甫为例，他出身官宦家庭，年轻时曾经从家乡巩县（今河南巩义市）出发，北游齐赵，南游吴越，对于一个古代的年轻人来说游历得已经相当之广了，但在今天看来，也不过就是河南、河北、山东、安徽、江苏、浙江这几个省区而已，而且很多地方只能去一次，此后便再无机会重游。工业革命之后，出行逐渐变得容易，国内游、千里行成为很多人能够办到的事情，于是大家竞相仿效贵族出游，旅游逐渐平民化，但与此同时也“浪费”了不少火车、汽车燃料。第二次世界大战之后，喷气式客机使得出国游、万里行也不再是难事，大家攀比的目标进一步升级，“浪费”的能源也就更多了。

同样，美国的人均电能消耗高居世界前列，一个重要原因就是美国家庭大量使用高耗能的电器，如空调、干衣机等（其中，空调用电量占到居民用电量的14%，占全国总用电量的5%；干衣机这种具有美国特色的电器用电量占到居民用电量的6%，占全国总用电量的2%）。第二次世界大战之后，空调作为新式住宅必备的电器得到大力推广，出于攀比消费的需求，美国人迅速把家有空调作为生活质量高的标志，空调因而很快在美国家庭普及开来。同样，干衣机可以让人在室内烘干衣物，不必把衣物晾在外边，因而让人觉得很体面、不寒酸，也很快普及开来，以至于有人晾晒衣物的社区竟会给人“这是贫民区"的印象，而各州政府也因此纷纷出台禁止室外晾衣行为的禁令，以满足房产商和富人保持高房价的需求。今天，中国也在重复美国当年之路，空调同样已经成为城市住宅"起码"的配置，干衣机也逐渐流行起来。

然而，人类为什么要攀比？原来归根结底是为了求偶炫耀（courtship display）。演化心理学早就发现，在两性追求长期配偶的时候，虽然都把爱情、可靠、情绪稳定等因素作为首要条件，但男性较之女性更重视对方的姿色（这表明对方携带有好基因），而女性较之男性更重视对方的收入水平和社会地位（这表明对方具有获取更多资源的能力，因此可以更好地养育自己的后代）。因此，女性更容易相互攀比姿色，而男性更容易相互攀比财富（当然，这不意味着男性不会攀比姿色，女性不会攀比财富）。无论是频繁旅游、家有名车还是家有空调、干衣机之类"电老虎"，展示的都是自己具有更多财富的信息，最终目的（虽然不一定是有意的目的）则是向异性展示自己更适合作为长期配偶。了解了这一点，我们就会明白，除非通过技术的进步降低家用电器的能耗，或是通过阶梯电价等方法限制电能消耗，或是通过极为强力的社会道德规范鄙视耗电多且不环保的人（这几乎不可能做到），否则任何人都不可能阻止空调、干衣机等电器的普及。能源危机在很大程度上其实是求偶炫耀行为在现代社会失控的表现。

不仅如此，连艺术创新的动力，最初也源自求偶炫耀；从这个意义上说，人类的艺术创作、表演和园丁鸟雄鸟为了吸引雌鸟搭建精美的小园或三刺鱼雄鱼为了吸引雌鱼而建造精巧的巢穴、跳轻快的舞步并没有本质区别，都是服务于个体竞争。这样就回答了第一章提出的那个问题——为什么说艺术活动也是技术？

同样，民粹问题之所以在现代社会越来越成为问题，根本原因在于科技已经成为族群竞争的主要手段，而科学已经严重偏离了人类的演化心理，一般技术的应用所要考虑的因素也已经复杂到超出了一般人靠常识能够想象的程度，贤才统治是根本不可避免的，民粹主义只能是一种死掉的乌托邦。在这种情况之下，除了满足民众的需求外，统治精英往往必须通过非理性的方式树立自己的权威性和合法性，建立民众对自己的信任，这样才能把有利于族群竞争的政策推行下去。一旦这种信任感被破坏，统治精英只能通过屈从民意的方式维持自己仅有的合法性的话，那些民众无法理解的技术便无法施行，最终结果就是整个族群在竞争中失去了应有的实力。

新达尔文主义还原论者不仅能够对生态危机和社会危机做出自己的实用性分析，而且可以揭露规范整体论者的一些荒谬观点。环境主义者最独特也最为人诟病的一大伦理观就是非人类中心主义（non-anthropocentrism）伦理观，认为除了人体个体之外，动物、全体生物甚至地球、整个宇宙也都应该被看成道德主体，人类应该尊重它们，对它们负起道德责任。这实际上就是泛灵论的复辟，反映了人类俗常生物观的顽固性。在处理现实问题时，这种非人类中心主义可以说完全没有逻辑自洽性。以动物福利为例，非人类中心主义者坚持说动物有免于受到虐待的权利，但是对于怎样的行为就算“虐待”，他们最终也只能出于自己主观武断确定。比如用脚踢猫大概可以算是“虐待”，但是给流浪猫去势、剥夺其繁育后代的能力算“虐待”吗？听任猫捕食鸟类和其他小动物是否又是对这些被害动物的“虐待”呢？如果是一个还原论者，他大可以继续坚持人类中心主义观点，把“动物免于受到虐待的权利”还原为“人类免于因动物受到‘虐待’而产生心理不适的权利”，这样不仅圆满解释了为什么不同的人对动物权利有不同的主观看法，为什么仅需通过人类个体之间的交涉就可以解决动物福利问题，而且可以避免动物福利主义者以“动物权利”践踏正常的人权——那和以神的意旨杀人并没有本质区别。

一个出色的现代还原论者还懂得吸取传统物理哲学对描述整体论重视不够的教训，尽可能全面了解生态系统、社会系统的每一个部分，不留下任何遗落。而规范整体论者自称“整体论”，事实上却很可能做不到这一点。如果连整体本身都没有全面认识的话，这样构建出来的“整体论”，很容易在自己仅知的有限几个因素之间胡乱建立确定性联系，那它实际上就是阴谋论。举例来说，颇有一些人习惯把中国的自然灾害（特别是气象灾害）归咎于三峡大坝或“南水北调”

等大型水利工程，指责这些工程在建造时没有考虑对自然的影响。的确，以人类现在的科技水平，要全面预测大型工程对生态系统的影响是不可能的，已经建好的大型工程出现对自然环境的意料之外的负面影响是可能的。但是在没有丝毫根据的情况下，把一切灾害都归结为某一两个大型工程的过错，从而拒绝一切大型工程的建设，这只能认为是阴谋论。

因此，虽然我们承认，整体论思维的确是目前尚未结束的第三次科学革命的特征之一，但是严格说来，真正有价值的恐怕只是其中的描述整体论，而不是走向歧途的规范整体论。在我看来，第三次科学革命结束之后的新科学，是且只能是结合了描述整体论的还原论科学；只有这样的科学及通过“科技共进”关系与之同步发展的一般技术，才有可能在未来帮助人类以体面的方式走出第四次全球化带来的危机，向新的历史阶段迈进，而不是在巨大的灾难之后让幸存者筚路蓝缕重建人类文明。毕竟，能够拯救人类的最终是实干者的行动，而不是养尊者的抱怨。

下一站，向右

在本书最后，我们不妨展望一下近未来（可预计的未来），看看哪些新的技术将在族群竞争中发挥重要作用。

尽管在一些人看来，人类最终只有走向宇宙，走向外星球，才能解决地球资源危机问题，比如著名科幻作家刘慈欣就坚定认为人类必须从现在就开始想法走出地球这个“摇篮”，但是从实际出发，这些都还只是对远未来的幻想。在近未来，我们只有一个地球，我们只能在地球上继续进行个体竞争和族群竞争的同时，努力实现共存共荣。

在我看来，近未来在自然技术方面不会有什么革命性的新进展，也就是说，不会发生可以和已经有的三次工业革命相提并论的“第四次工业革命”。能源方面，也许可以发掘更多的非常规能源（如页岩气、“可燃冰”之类），但人类主要仍然依靠常规化石能源、核裂变能源和电力。上一章已经说过，目前还遥遥无期的可控核聚变技术在近未来是无法指望的。在节能技术和电能储能技术方面倒是有可能产生一些重要进展。

在交通运输方面，中国的高铁技术将大放光彩，有可能深刻地改变世界经济格局和政治格局。如果能够克服中东乱局造成的不良局面，那么在亚欧大陆上也许有可能建立以中国、俄罗斯和德国为主导的“一带一路”经济带，东欧、中亚、中国西部及周边地区将成为新的经济增长地区。当然，要实现这个美好的愿望，需要十分艰辛的努力。

信息技术将继续发展。通过移动互联网技术和统一协议实现更便捷的联网；通过物联网技术让互联网能够完成更多的远程任务；通过云服务实现数据的借储和计算能力的借调，在方便中小型用户的同时提高设备使用效率；通过大数据技术实现对巨量数据的快速存取和分析，提高政府和企业的决策能力。不过，虽然有些人颇认为人工智能会很快超越人类，从而创造一个历史“奇点”，奇点之后的人类社会将完全无法用现在的历史思维预测其面貌，但和可控核聚变一样，这种高度发达的人工智能也是属于远未来的事物，对于近未来的展望还没什么意义。相比之下，目前处在研究热潮之中的量子通信倒是有可能率先展现出它的广泛用途。

生物医学技术会有显著但非颠覆性的进步。基因疗法成为常规疗法；人类基因组的功能和多样性进一步得到揭示，个人全基因组测序价格大为下降，针对个人基因组特色提供预防医学建议成为可能；基因修饰技术和分子辅助育种将开发出更优异的作物品种；合成生物学继续发展，人类将能够制造一些功能简单的人造微生物并用于生物工程；神经生物学家对脑的活动将有更多了解。

但是，在社会技术方面，近未来可能会有相当明显的变化。

首先，中国的和平崛起对世界大国政体可能会造成又一次筛选。对于目前的世界政治形势来说，没有任何一个国家的政体是理想的。西方国家的多党制的主要缺点是为了争夺选票而使各党都注重短期能见效的政策，对长期政策则缺乏考虑，这个弊端在其经济衰落的时候表现得十分明显。中国的政体则能够使政府对长期政策进行顶层设计，但主要由于历史原因，民众对于政府缺乏信任感，社会舆论分化过于尖锐，缺乏统一的主流价值观，这在经济增长放缓的时候将成为影响社会稳定的因素。

在不通过战争进行霸权竞赛的过程中，中国和西方国家的政体可能会发生“归中化”，各自吸取对方的长处。比如中国就可能通过“90后”“00后”这些新一代城市化中产阶级的崛起，实现符合“时代精神”（zeitgeist）的主流价值观的统合，让这些年轻一辈的观点压制住“守旧老人们”的政争，从而恢复民众对政府的信任感，使爱国主义情怀能够在舆论中正常表达。毕竟，在可预计的将来，民族国家国际体系仍然坚不可摧，无论是传统的各种世界主义观念，还是某些中国学者提出的恢复东亚传统帝国体系的异想天开，至多只是丰富了人文学科思想的多样性而已，不会对国际政治格局产生什么影响；而在这种民族国家国际体系中，国家既然是族群划分的最主要单位，那么为了在族群竞争中处于不败局面，一种合宜的爱国主义就是必不可少的。

当然，这个过程也将是艰巨的，目前在中国社会上仍然充斥着大量危害到主流价值观统合的观念。有些是落伍的前工业化、前城市化观念——比如导致出生性别比失衡的重男轻女、男尊女卑观念，认为农民天生就是与土地紧密相连的“全才”、农业活动不应该实现分工的观念，认为父母天生就是教育家、即使有严重错误的育儿方式国家也不能干涉的观念等；也有些是“超前”的后工业化（实质是去工业化）观念——比如对工业污染的排放要求一味向发达国家看齐、不顾这种要求超出了中国现实能力的极端环境主义思潮，缺乏对社会和城市运转全貌的认识及对默默为自己提供物资和能源的从业人员的同情、从自己利益（有时是“莫须有”的）出发一味反对公共建设的邻避主义［NIMBYism，NIMBY 是英文 not in my backyard（不在我家后院）的缩写］思潮等。最有趣的一点是，中国中产阶级受西方后工业化思潮影响，认为工业文化老土、不时兴，但是他们自己喜爱的一些品牌恰恰体现了浓重的工业文化气息。德国著名汽车公司“宝马”的德文名称 BMW 实际上是 Bayerische Motoren Werke（巴伐利亚发动机制造厂）的缩写；再如美国的服饰品牌约翰・迪尔（John Deere）和卡特彼勒（Caterpillar）实际上本来都是农用机械制造公司，而吉普（Jeep）是越野车品牌。我们可以设想，如果中国的徐工、山推、三一重工这样的企业也推出类似的时尚服饰，恐怕也难以在这些崇洋媚外的沿海中产阶级中打开销路。

其次，在科技和人文已经如此隔膜的时候，哪个国家能够把这二者整合起来，完成思想的融贯，哪个国家就可能在今后的族群竞争中通过更好地克服现代化危机而具备优势。我认为新达尔文主义是实现这种融贯的最可靠进路，但正如演化心理学家平克直言，它需要人们打破一些“政治正确”（political correctness）的观点才能够接受。

不幸的是，这些正确的政治观点里面，有很多正是国际人权公约中所谓的“人权”。本来，国际人权公约的制定是为了促进“地球村”时代人类族群的共存共荣，避免两次世界大战那样的惨剧再次发生，用心不可谓不好，但是受时代限制，公约制定者不可能认清真实的人性，又受到线性历史观的影响，最终确定的“人权”反而常常危害到真正实现族群和谐共处的目的，可谓矫枉过正。

我在上面提到了人权“退步”危机，其出现原因并不在于各国政府对“国际人权公约”的贯彻不力，而在于这个公约本身就是乌托邦，推出的要求纵是处在经济繁荣时期的国家也不可能做到，遑论经济衰退的国家。以废除死刑为例，除了干巴巴地诉诸“生命权是天赋人权”之类公理和“人类的死刑越来越少”的线性历史观之外，支持者并不能提出真正有力的论述，证明废除死刑的社会一定比保留死刑的社会更幸福繁荣。同样，文化多元主义拒绝承认不同社会文化在族群竞争中的优劣程度不同，经济自由主义拒绝承认国家对财产的掌控恰恰是保证国家在总体战和现代竞争中居于不败之地的重要社会技术，平等主义拒绝承认平均分配对奋斗精神的破坏，这些政治正确的观点都影响了自然科技思想和人文思想的融贯，成为现代乌托邦设置在人类继续前进的道路上的绊脚石。

我们今天的确是站在一个历史的转折点上。这是第三次工业革命已经结束、第四次工业革命还看不到明显迹象的时刻。这是第三次科学革命需要冲出思想瓶颈、取得新突破的时刻。这是整合了描述整体论和逐级还原论的生物哲学重新发现人性、改写社会科学的时刻。这是第四次全球化完成的时刻。这是第四次全球化引发的深重危机需要全面解决的时刻。这是中国即将全面超越衰落的西方的时刻。这是我们即将告别西方人权“黄金时代”的时刻。在一些忧心忡忡的学者眼中，这还是“第三次世界大战”的爆发前夜；这场战争有可能导致人类文明倒退，让人类不得不以非常不体面的方式开始“新时代”。

我们对世界科技文化史的重新审视，将启发我们正确选择未来之路，将决定人类下一阶段的命运。

思维聚焦

地球科学是基础自然科学中最后完成现代化和科学革命的领域。魏格纳提出大陆漂移说是地学革命的开端，海底扩张说和板块构造说的提出则是地学革命的高潮。地球科学的很多分支通过建立模型研究地球这个复杂巨系统的动力过程，它和科学生态学一样，都需要大量运用数理统计、随机过程等数学工具，反映了科学开始重视处理概率性问题，而这是第三次科学革命的一大标志。

第三次科学革命的另一大标志是整体论的兴起。整体论可以分为描述整体论和规范整体论两个层次，其中由系统科学各理论所总结的描述整体论和逐级还原论的结合代表了科学的另一个发展方向。规范整体论反对还原论方法，但自身也未能提供解决现实问题的实用方案。

第四次全球化（资本主义全球化）带来了各种生态危机和社会危机。在新达尔文主义看来，它们都是现代环境与人类的演化心理不适应的结果。在21世纪初这个历史的转折点上，有必要批判行为主义心理观、决定论、线性历史观等现代主义观念，破除不必要的政治正确性，实现科技与人文思想的融贯，从而达成让人类在近未来能够共存共荣的愿景。

注 解

第一章 从古猿到智人

本书在写作过程中着重参考了两部简明世界科学技术史著作。其中一部是美国学者詹姆斯·麦克莱伦三世和哈罗德·多恩合著的《世界科学技术通史》(*Science and Technology in World History: An Introduction*，中译本为王鸣阳译，上海科技教育出版社2007年出版)，第七章“科学革命”对此书借鉴尤多。这本书按照国外科技史界的传统把近代科学分成了“古典科学”和“培根科学”，我在此基础上又增加了“博物学”，从而形成了本书将近代科学一分之三的叙述方法。

另一部是中国学者吴国盛所著的《科学的历程》(北京大学出版社2002年出版第二版，湖南科学技术出版社2013年出版第三版)。这部书初版于20世纪90年代，在中国国内极有影响力。本书第四章“科学的起源”对此书参考甚多。吴国盛教授的新作是《什么是科学》(广东人民出版社2016年出版)，其中汇总了他近年来的新思考。

《别闹了，费因曼先生！》(*Surely You're Joking，Mr. Feynman!*)是美国著名物理学家费因曼晚年的口述自传，是很多理工科学生能一口气读完的有趣著作。不过，费因曼缺乏科学哲学训练，他在书中谈到的对科学的理解仅仅代表了物理学界常见的朴素认知，相信看过本书之后你会意识到他思想的不足之处。本章摘录的文字出自该书中译本(吴程远译，生活·读书·新知三联书店1997年出版)，但对引文里个别人名、书名和哲学术语的翻译略作改动。

本章有关人类起源的介绍，主要参考了两部著作。一部是 *Carl Zimmer*，*Smithsonian Intimate Guide to Human Origins*，*Smithsonian Books*，2005. 当然，这本书出版至今已有十年，其中不可避免会有过时的内容，本书在写作中已尽量加以更新。比如，2010年有关最古老旧石器存在证据的新发现参考了 Shannon P. McPherron，Zeresenay Alemseged，Curtis W. Marean，et al.，*Evidence for Stone-Tool-Assisted Consumption of Animal Tissues Before 3.39 Million Years Ago at Dikika，Ethiopia*. Nature，466（2010）：857-860；对现代人基因组中存在少量丹尼索瓦人基因的介绍参见李辉《从基因中重新认识人类进化历程》(《现代人类学通讯》，2013 年第 7 期，1-11 页）；对藏族人从丹尼索瓦人那里继承了适应高原的基因的介绍参见 Emilia Huerta-Sánchez，Xin Jin，Asan，et al. *Altitude adaption in Tibetans caused by introgression of Denisovan-like DNA*. Nature，512（2014）：194-197.

另一部是英国生物学家罗宾·邓巴的《人类的演化》（*Human Evolution*，中译本为余彬译，上海文艺出版社 2016 年出版）。邓巴对社会脑假说做了很大发展，又提出了闲聊假说，因此声名大噪，社会脑假说也成为本书所持宏观历史观的又一基础理论。在这本书之前，邓巴还写过科学随笔集《你需要多少朋友》（*How Many Friends Does One Person Need?* 中译本为马睿、朱邦芊译，中信出版社 2011 年出版），语言更通俗，也值得推荐。

在我看来，理查德·道金斯最好的三本书恰恰是他最早出版的三本书，即《自私的基因》（*The Selfish Gene*，1976 年初版）、《延伸的表型》（*The Extended Phenotype*，1982 年初版）和《盲目的表匠》（*The Blind Watchmaker*，1986 年初版）。其中，第一本和第三本国内最近都已再版［卢允中、张岱云、陈复加、罗小舟译《自私的基因》（三十周年版），中信出版社 2012 年出版；王道还译《盲眼钟表匠》，中信出版社 2014 年出版］；最有学术意味的第二本《延伸的表型》——也是本书所提出的新技术观的基础理论出处——也将由北京理工大学出版社出版，请大家拭目以待。

第二章　走向农业时代

第一章所介绍的现代人在大约 8 万年前退回非洲、大约 6 万年前才第三次大规模走向世界的理论，在 2015 年年底遭到了中国湖南新发现的道县福岩洞现代人牙齿化石的挑战，参见：Wu Liu，María Martinón-Torrez，Yan-jun Cai，et al. *The earliest unequivocally modern humans in Southern China.* Nature，526（2016）：696-699. 今后，现代人的演化史也许会因此又有较大调整。

美国人类学大师马歇尔·萨林斯提出的"原初丰裕社会"是一个非常重要的概念，它有力驳斥了线性进步历史观的传统观念。《石器时代经济学》（*Stone Age Economics*，中译本为张经纬、郑少雄、张帆译，生活·读书·新知三联书店 2009 年出版）是萨林斯的力作，其中对原初丰裕社会有比较详细的介绍。

在农业和文明的起源方面，没有别的什么书比贾雷德·戴蒙德的《枪炮、病菌与钢铁》（*Guns*，*Germs*，*and Steel*，中译本为谢延光译，上海译文出版社 2000 年出版）更值得首先参考了。戴蒙德的这本书是新达尔文主义宏观历史学派的代表作，连一些科班出身的历史学者（比如赫拉利）都深受影响。

一些分子和考古证据有助于我们复原农业时代的三大族群取代的细节。比如，有关欧洲人全基因组的分析参见 I. Lazaridis，N. Patterson，A. Mittnik et al. *Ancient human genomes suggest three ancestral populations for present-day Europeans*. Nature，513（2014）：409-413；商朝人使用外族俘虏作为人祭的证据参见李济《安阳》（上海人民出版社 2007 年出版）；复旦大学现代人类学实验室是国内从事分子人类学研究的最著名机构，本章在论述东亚族群取代时重点参考了该实验室的两篇论文，其一是 C.C. Wang，H. Li，*Inferring human history in East Asia from Y chromosomes*. Investigative Genetics，4（2013）：1-11（作者之一的王传超已将此文译为中文并在网上发表，题目为《从 Y 染色体解析东亚人群历史》），另一是 S. Yan，C.C. Wang，H.X. Zheng，et al. *Y Chromosomes of 40% Chinese are descendants of three Neolithic Super-grandfathers*. Plos One，9（2014）：e105691. 此外，该实验室的李辉和金力已经出版了《Y 染色体与东亚族群演化》（上海科学技术出版社 2015 年出版）一书，可供参考。

第三章　文明的肇始

说到世界史著作，首先要推荐的自然是〔美〕斯塔夫里阿诺斯著、董书慧等译的《全球通史（第7版）》（*A Global History*，北京大学出版社2006年出版）。这部全球风靡的简明世界史教材从文明兴衰的宏观角度论述了世界历史，也为我们讨论科学技术文化史提供了丰富的背景材料。

另一部值得认真阅读的世界史简明读物是以色列历史学家尤瓦尔·赫拉利的《人类简史》（*A Brief History of Humankind*，中译本为林俊宏译，中信出版社2014年出版）。这本书受到了新达尔文主义宏观历史观的影响，同时仍有传统历史学派的特色，有很多观点十分精到，最有启发性的观点就是“地理大发现”改变了人类的思维，从面向过去改为面向未来，而这正是现代科学技术和资本主义得以发展的基础——这正是本书第六章“开辟未来”重点论述的内容之一。“想象的共同体”这一著名术语则出自美国政治学家本尼迪克特·安德森的同名著作《想象的共同体》（*Imagined Communities*，中译本由吴叡人翻译，上海人民出版社2011年出版）。

要想全面了解演化心理学这门学科，最好首先参阅戴维·巴斯（David M. Buss）的经典教科书《演化心理学》（*Evolutionary Psychology*）。该书目前已经出到第4版（2011年出版），国内则有一个第2版的中译本（〔美〕D.M. 巴斯著，熊哲宏、张勇、晏倩译《进化心理学》，华东师范大学出版社2007年出版）。至于有关演化心理学某一专题的专著和普及型读物就非常多了，这里推荐两本：加拿大著名演化心理学家斯蒂芬·平克的《白板》（*The Blank Slate*, *London: Penguin Books*，2003），以及〔意〕马埃斯特里皮埃里（D. Maestripieri）著、吴宝沛译《猿猴的把戏》（*Games Primates Play*），电子工业出版社2014年出版。这一学科目前还在不断发展，汲取各个领域的研究成果构建愈加强大的理论大厦。本章有关中国人幸福感受遗传影响的论述就出自2014年的新论文Y.L.L. Luo，Y. Shi，

H. Cai, et al. *Liking for name predicts happiness: A behavior genetic analysis*. Personality and Individual Differences, 69（2014）：156-161. 有关“逆向统治等级”的论述，则请参看 Christopher Boehm, *Hierarchy in the Forest*, Harvard University Press, 2001.

第四章 科学的起源

什么是科学？这个定义问题是科学哲学的基本问题之一。在科学哲学的教材中，我推荐美国学者亚历克斯·罗森堡（Alexis Rosenberg）撰写的《科学哲学：当代进阶教程》（*Philosophy of Science: A Contemporary Introduction*），最新版为第3版（Routledge, 2011），国内则译出了第2版（译者为刘华杰，上海科技教育出版社2006年出版）。这本书对科学哲学的常见概念都做了介绍，其中自然也包括本章一开头谈到的“还原”。

若要说到本书中最大的学术创新，我认为是把演化心理学对俗常世界观的研究用到了人类对科学技术文化的认知和科学技术文化史的分析之中。我认为俗常世界观来源于作为人类本能的朴素世界观，这里提供两篇有关朴素世界观（包括朴素物理观、朴素心理观等）的论文，其一为 L. Melbourn. *Learning naïve physics by visual observation: Using qualitative spatial representations and probabilistic reasoning*. International Journal of Computational Intelligence and Applications, 1（2001）：273-285.；另一为张雷，张玲燕，李宏利，黄杏琳，莫雷．朴素物理观和朴素心理观——进化心理学视角．心理学探新，26（2006）：9-12，74.

古希腊自然哲学可以根据本原为一或多、变或不变这两个范畴划分成4类，利用这个划分方法对古希腊自然哲学所做的介绍参见赵敦华《西方哲学简史（修订版）》（北京大学出版社2012年出版）。在这本西方哲学教材中，你也能够了解到本书第七章“科学革命”中提到的笛卡儿和培根的哲学观点。

第五章　影响古代的兵与冰

想要较详细地了解世界自然技术史的话，牛津大学出版社积 30 年之力、200 余位学者之功编写的《技术史》（*A History of Technology*）是最佳选择。这套总共 7 卷、800 余万字的皇皇巨著已经有了中译本（上海科技教育出版社 2004 年出版）。同样，想要较详细地了解中国科学技术史的话，也有一套已经完成的巨著值得参考，这就是卢嘉锡总主编的《中国科学技术史》（全 28 卷，科学出版社 1998 ～ 2008 年陆续出版）。如果说到未完成的巨著，那么由李约瑟开创的《中国科学技术史》（*Science and Civilisation in China*, 1954—）无疑是最有名的；但因为此书篇幅过大，英国学者柯林 • 罗南（Colin A. Ronan）又把它改编成一部简版的《中华科学文明史》（*The Shorter Science and Civilisation in China*），一共 5 卷，中译本为上海交通大学科学史系翻译（上海人民出版社 2001 ～ 2003 年陆续出版）。

台湾人类学家王明珂从研究羌族出发，接连写了多部有关游牧社会的专著。我在这里重点推荐《华夏边缘》（社会科学文献出版社 2006 年出版），读之可以澄清很多有关游牧社会的不实传言。此后，王明珂又写了另一部细论游牧文化的著作《游牧者的抉择》（广西师范大学出版社 2008 年出版）。这两本书是本章“逼出来的游牧技术”一节的主要参考。关于中国中原地区新石器时代末期的文明图景和随后的大崩溃，可参考许宏《何以中国》（生活 • 读书 • 新知三联书店 2014 年出版）。

和演化心理学、分子人类学一样，环境史也是近几十年来飞速发展的交叉学科。如果想了解气候对人类历史进程的影响，不妨阅读环境史研究的开山学者埃尔斯沃斯 • 亨廷顿（Ellsworth Huntington）主编的著名论文集《气候改变历史》（*The Impact of Climate on Human Histories*，中译本为王笑然译，金城出版社 2014 年出版）。在《枪炮、病菌与钢铁》之后，戴蒙德出版了《崩溃》

（*Collapse*，中译本为叶臻、江滢译，上海译文出版社 2011 年出版），也讨论了环境史问题。

第六章 开辟未来

说到“四大发明”，江晓原的《技术与发明》（复旦大学出版社 2010 年出版）一书对其真正起源论述得简单而准确，足以颠覆很多中国人的传统认知。该书对中国古代天学、炼丹术和水运仪象台的介绍也简明清晰。不过，中国古代技术史领域观点众多，学者们基本不可能达成定论，所以也得承认江晓原的观点只是一家之言。此外，江晓原还是明确指出“李约瑟问题是伪问题”的学者之一，我完全同意他的这个判断，并在第四章“科学的起源”中利用演化心理学理论给出了自己的理由。

《科学》杂志在 2014 年刊登的有关稻作农业和麦作农业对中国南北方居民心理素质影响的论文（T. Talhelm，X. Xhang，S. Oishi，et al. *Large-Scale psychological differences within China explained by rice versus wheat agriculture*. Science，344（2014），pp. 603-608）虽然在学界内外都引发了巨大争议，但不妨作为一种有趣的假说介绍给读者。

由于存世史料极为浩瀚，国内外对中华帝国晚期开展的历史研究成果极为丰富。比如，农业内卷化的概念就由美国华人学者黄宗智（Philip C.C. Huang）在《长江三角洲小农家庭与乡村发展》（*The Peasant Family and Rural Development in the Yangzi Delta*，1350 ～ 1988，中译本为程洪、李荣昌、卢汉超译，中华书局 2000 年出版）应用到对中国经济史的分析之中。王学泰《游民文化与中国社会（增修版）》（同心出版社 2007 年出版）对游民文学的分析饶有趣味。德国学者贡德・弗兰克（A. Gunder Frank）在《白银资本》（*ReOrient*，中译本为刘北成译，中央编译出版社 2001 年出版）指出了美洲的白银流入对明清中国经济发展和人口增长的推动作用。葛剑雄主编的《中国人口史》（全六卷，复旦大学出版社 2000 ～ 2002 年出版）是讨论中国人口数目的最权威著作，其中第四卷（明时期）和第五卷（清时期）由曹树基撰写，而第六卷的作者侯杨方曾经撰文反驳了美洲作物的传播造成清代中国人口增长的观点（见其文章《美洲作物造就了康乾盛世？》，载《南方周末》2013 年 10 月 31 日）。

为什么一门有利于提升族群竞争力的新技术会在某些族群那里推行不开？这是一个典型的传播学问题。罗杰斯（Everett M. Rogers，1931—2004）是美国著名学者、传播学的开创者之一，《创新的扩散（第四版）》（*Diffusion of Innovations*，中译本为辛欣译，中央编译出版社 2002 年出版）是他的名著，非常值得一看。

第七章　科学革命

由于科学技术史过去长期是个由科学专业人士把持、一般史学家不易或不愿进入的领域，所以其中的辉格史倾向曾经相当严重。关于科学编史学中的辉格史问题，可以参见刘兵《克里奥眼中的科学》（上海科技教育出版社 2009 年出版）。

库恩是科学哲学和科学史界的重要学者，他的一系列著作都产生了重大影响。《哥白尼革命》（*The Copernician Revolution*，中译本为吴国盛、张东林、李立译，北京大学出版社 2003 年出版）首次在历史的语境中公允地复原了天文学革命的实际面貌，而《科学革命的结构》（*The Structure of Science Revolution*，中译本之一为金吾伦、胡新和译，北京大学出版社 2003 年出版）更是科学哲学界的里程碑式作品。对布鲁诺其人比较全面的介绍，可参考：刘晓雪，刘兵．布鲁诺再认识——耶兹的有关研究及其启示．自然科学史研究，24（2005）：259-268.

《天球运行论》（*De Revolutionibus Orbium Coelestium*）是科学革命时代的重要著作之一，由张卜天翻译的全译本（商务印书馆 2014 年出版）首次采用了新的书名翻译。不过，这本书并不如一般人以为的那样通俗易懂，仅供感兴趣的深入钻研的读者参考。

作为人类历史上数一数二的大科学家，牛顿的传记在国内外都有很多种。如果只让我推荐一部，那自然是〔英〕迈克尔·怀特（Michael White）的《最后的炼金术士：牛顿传》（*Isaac Newton: The Last Sorcerer*，中译本为陈可岗译，中信出版社与辽宁教育出版社2004年联合出版）。这部传记已经摆脱了传统辉格史塑造的牛顿的崇高形象，如实地描述了他的古怪性格、与同时代其他科学家的纠纷，以及对神秘主义及炼金术的痴迷。

第八章 工业的兴起

专利制度自从诞生以来，就与技术创新相伴同行。想了解历史上最著名的那些发明专利，可以参看戴吾三等著的《影响世界的发明专利》一书（清华大学出版社2012年出版）。

本章对第一次工业革命的描述参考了张箭《论工业革命的开端》一文（载《自然辩证法通讯》2009年第31卷，24，57-61）。该文把第一次工业革命中的技术创新划分为5个技术群，我把其中的“冶金采矿技术群”分为“冶金技术群”和“采矿技术群”，这样就成为6个技术群。

西方学者对于工业革命以来技术和经济的发展已经有了很多论述。这里推荐两本通俗读物，其一是〔美〕兰德斯（David S. Landes）著、门洪华等译《国富国穷》（*The Wealth and Poverty of Nations*，新华出版社2001年出版），另一是〔美〕莫基尔（Joel Mokyr）著、陈小白译《富裕的杠杆》（*The Lever of Riches*，华夏出版社2008年出版）。正如英国的社会文化导致它开展了第一次工业革命却错失了第二次工业革命，不同国家的社会文化在很大程度上影响了其创新体系的构建。对于这种国家间的差异，有一本较为专业的书值得参考，这就是〔美〕尼尔森（Richard R. Nelson）编著、曾国屏等译《国家（地区）创新体系比较分析》（*National Innovation Systems: A Comparative Analysis*，知识产权出版社2012年出版）。

标准化技术是非常重要的技术，可惜的是，在中国国内很多世界技术史著作中却不见提及。要了解这一技术在美国的早期发展史和美国制造体系的建立，首推美国学者豪恩谢尔（David A. Hounshell）的专著《从美国体系到大规模生产》（*From the American System to Mass Production*，1800 ～ 1932，Johns Hopkins University Press，1985）。

第九章　知与行的联姻

在写作本章提到的几门自然科学（含数学）的历史时，我使用的几本参考书是郭奕玲、沈慧君的《物理学史（第二版）》（清华大学出版社 2005 年出版），赵匡华的《化学通史》（高等教育出版社 1990 年出版），〔英〕米歇尔·霍斯金（Michael Hoskin）编、江晓原译的《剑桥插图天文学史》（*The Cambridge Illustrated History of Astronomy*，山东画报出版社 2003 年出版），〔美〕莫里斯·克莱因（Morris Kline）著、张理京等译的《古今数学思想》（*Mathematical Thought from Ancient to Modern Times*，上海科学技术出版社 2009 年出版）。前三种是比较通俗的读物，适合了解一些基本的历史大事，至于其背后的史观则不必全盘接受。《古今数学思想》是一部巨著，内容也比较深。想简单了解数学这个学科的基本情况的话，可以参看胡作玄《数学是什么？》（北京大学出版社 2008 年出版）。这一套“自然科学是什么”丛书中的其他几册也可以参考。

有关第二次工业革命和管理学史的介绍，我要极力推荐美国著名企业史学家小艾尔弗雷德·钱德勒（Alfred D. Chandler Jr.）独著或参著的几本著作，包括《塑造工业时代》（*Shaping the Industrial Century*，中译本为罗仲伟译，华夏出版社 2006 年出版）、《管理的历史与现状》（*Management: Past and Present*，中译本为郭斌译，东北财经出版社 2007 年出版）等。关于 19 世纪西方国家的铁路系统和经济发展的关系，可参考〔美〕弗兰克·道宾（Frank Dobbin）著、张网成等译的《打造产业政策：铁路时代的美国、英国和法国》（*Forging Industrial Policy: The United States，Britain，and France in the Railway Age*，上海人民出版社 2008 年出版）。要了解美国的经济史，可参考〔美〕恩格尔曼（R.W.H. Engelmann）等著、高德步等译的《剑桥美国经济史》(*The Cambridge Economic History of the United States*，中国人民大学出版社2008年出版)。〔美〕吉尔·琼斯(Jill Jonnes)著、吴敏译的《光电帝国》(*Empires of Light*，中信出版社2006年出版)则展现了爱迪生和特斯拉这两位电气技术大家的辉煌成就和彼此的爱恨情仇。

徐英瑾是中国哲学界不多的研究新达尔文主义哲学的学者之一。他从演化心理学角度对马克思异化理论的重新诠释见《演化、设计、心灵和道德——新达尔文主义哲学基础探微》(复旦大学出版社2013年出版)。

第十章 两种哲学的对抗

"两朵乌云"是现代物理学史上的一个重要术语，但是很多物理学著作和通俗读物搞错了开尔文勋爵提出这个说法的时间、地点及"两朵乌云"的原意。李醒民的《开尔文勋爵的"两朵乌云"》一文(载《物理》1984年第11卷，699-700页)通过解读开尔文报告记录原文对这些问题有所澄清，只是仍然搞错了报告的地点。

要了解爱因斯坦的生平，可以参考〔美〕沃尔特·艾萨克森(Walter Isaacson)著、张卜天译《爱因斯坦传》(*Einstein: His Life and Universe*，湖南科学技术出版社2012年出版)。和牛顿、爱迪生一样，爱因斯坦也是一个喜欢讲故事的人，他在晚年的一些说法不一定是史实。许良英是国内翻译和研究爱因斯坦著作的著名学者，他与范岱年合译的《爱因斯坦奇迹年》[*Einstein's Miraculous Year*，〔美〕施塔赫尔(John Stachel)主编，上海科技教育出版社2001年出版]也可供参考。

量子物理学是一般人望而却步的高深理论，甚至连它的开创者之一玻尔也说过："如果谁没被量子力学搞得头晕，那他就一定是不理解量子力学。"但是，如果你看过曹天元的《量子物理史话：上帝掷骰子吗》(辽宁教育出版社2011年出版)这本深入浅出、生动幽默的通俗读物，相信你是有可能把握量子物理学的基本原理的。

要了解世界生物学史，可以参考汪子春、田洺、易华编《世界生物学史》(吉林教育出版社 2008 年出版)。我本人为中学生写过一本《彩图科学史话·生物》(辽宁少年儿童出版社 2015 年出版)，这也可以作为一本更通俗的参考书。本书中对生物学史的部分介绍文字即由此书中的相关章节改编而成。

第十一章　热兵器时代

本章及下一章对中世纪以来的 4 次军事革命的描述基本是对马克斯·布特《战争改变历史》(中译本为石详译，上海科学技术文献出版社 2011 年出版) 一书的简单概括。强烈推荐想要了解军事科技和其他科技的关系演变的读者阅读这本书，它可以让你成为一位高端的军迷。

当然，这本书中的西方中心主义史观也是比较明显的，有些对西方以外历史的解释是不正确的，比如原书认为奥斯曼帝国和清帝国的政权打造新式军队的目的本来是为了延续自己的统治，最终却亡于这些利用欧洲式价值观打造的新式军队之手，因此军队制度改革往往会成为落后国家政治制度变革的先声。但这并不合历史事实。有趣的是，原书主书名是 *War Made New*，直译是“战争创造新事物”，体现了强烈的面向未来的观念，而中译本的书名“战争改变历史”却体现了面向过去的观念，由此可见中西文化至今仍然有这种显著差异。

对火器发展史感兴趣的读者可以参阅王兆春著《世界火器史》(军事科学出版社 2007 年出版)。如果想从科技文化史的角度了解 20 世纪的“气功热”，可以参考刘华杰著《中国类科学：从哲学与社会学的观点看》(上海交通大学出版社 2004 年出版)。

第十二章　打造今日世界

要了解本章中提到的一些第三次工业革命技术的历史，我推荐以下著作:〔美〕理查德·罗兹（Richard Rhodes）著，江向东、廖湘或译的《原子弹秘史》(*The Making of the Atomic Bomb*，上海科技教育出版社 2008 年出版）通过挖掘大量历史细节重现了原子弹研制前后的时代背景；龚钴尔的《航天简史》(天津科学技术出版社 2012 年出版）是航天科技史的通俗读物；李彦的《IT 通史》(清华大学出版社 2005 年出版）内容丰富，既讲述了计算机技术的发明过程，又详细介绍了 IT 企业激烈竞争、此起彼伏的商战风云；关于高铁见闻的《高铁风云录》(湖南文艺出版社 2015 年出版）是“首部世界高铁发展史”，可以帮助读者了解新兴的高速铁路技术。

从 19 世纪初开始，美国通过将近两百年的创新引领了第二、三次工业革命的展开，对今日世界的打造做出了卓越的贡献。〔美〕哈罗德·埃文斯（Harold Evans）等著的《美国创新史》(*The Made America*，中译本为倪波等译，中信出版社 2011 年出版）全面总结了这两个世纪中美国的创新历程。而在西方资本主义走向衰落的今天，值得阅读〔美〕杰弗里·弗里登（Jeffry A. Frieden）的《20 世纪全球资本主义的兴衰》(*Global Capitalism: Its Fall and Rise in the Twentieth Century*，中译本为杨宇光等译，上海人民出版社 2009 年出版)，了解政治学界对这段历史的梳理和解读。

第十三章　探究生命奥秘

人类发现致病微生物、通过疫苗克服传染病的历史是生命科学历史上的一段波澜壮阔的历史。早在 1926 年，美国微生物学家德·克鲁伊夫（Paul H. de Kruif）就写了一部介绍这段历史的科普名著《微生物猎人传》(*Microbe Hunters*，中译本为饶晓红译，较新的版本如北方妇女儿童出版社 2009 年的版本)。如今，这部书仍然值得推荐给 21 世纪的读者。

同样，早在 1927 年，意大利医学家卡斯蒂廖尼（Arturo Castiglioni）的巨著《医学史》(英文版标题为 *A History of Medicine*）初版面世，在今天仍然有很大参考价值。这本书的中文版由程之范翻译，最初的几个版本竟将有关中国医学史的一章完全删去，直到

2014 年才由译林出版社推出了全译本，但在中国医学史的一章仍然加上了大量“拨乱反正”的译者注。如果觉得这本书部头太大，可以参看张大庆著《医学史十五讲》（北京大学出版社 2007 年出版）。屠呦呦获得 2015 年诺贝尔生理学或医学奖之后，长期关注中国近现代生命科学史的学者饶毅等人很快推出了解读青蒿素发现史的著作《呦呦有蒿》（饶毅、张大庆、黎润红著，中国科学技术出版社 2015 年出版），可以通过这本书了解这段历史。

我曾经与分子生物学家陈润生院士合著过一本面向青少年的分子生物学普及读物《基因的故事：解读生命的密码》（北京理工大学出版社 2010 年出版），可供参考。要了解人类对付肿瘤的历史，有两本书写于不同年代的书很值得一读，一部是〔美〕罗伯特·温伯格（Robert A. Weinberg）著、郭起浩译的《细胞叛逆者》（*One Renegade Cell*，上海科学技术出版社 2012 年新版），另一部是〔美〕悉达多·穆克吉（Siddhartha Mukherjee）著、李虎译的《众病之王》（*The Emperor of All Maladies*，中信出版社 2013 年出版）。要了解基因修饰技术的成果，可以参看旭日干等人编著的《转基因 30 年实践》（中国农业科学技术出版社 2012 年出版）。

第十四章　站在历史转折点上

除了和人类生活密切相关的大气科学外，地球科学似乎不是公众感兴趣的学科，长期以来缺乏优秀的中文地球科学史著作。这里我只能推荐一本通俗读物《漂移的大陆（第二版）》（金性春著，上海科学技术出版社 2000 年出版），可以对 20 世纪以来的现代地质学史有一个简单的了解。

正如我在第五章的结尾所说，本书并不是一部完全价值中立的著作（事实上也不存在这样的著作）。我一方面向读者讲述了新达尔文主义范式的世界科技文化史，另一方面也希望这个新故事能够给读者新的启发，思考一下处在历史转折点上的人类的命运，至少也可以思考一下自己人生的未来。因此，我最后还有几本书愿意推荐给读者：〔美〕欧阳莹之（Sunny Y. Auyang）著、李啸虎等译的《工程学：无尽的前沿》（*Engineering-An Endless Frontier*，上海科技教育出版社 2008 年出版）可以教会你从工程学的角度思考问题；〔加〕基思·斯坦诺维奇（Keith E. Stanovich）的《机器人叛乱：在达尔文时代找到意义》（*The Robot's Rebellion: Finding Meaning in the Age of Darwin*，中译本为吴宝沛译，机械工业出版社 2015 年出版）和《超越智商：为什么聪明人也会做蠢事》（*What Intelligence Tests Miss: The Psychology of Rational Thought*，中译本为阳志平译，机械工业出版社 2015 年出版）运用心理学的最新研究成果教导人们如何摆脱演化心理的束缚，实现对自我的超越；陈虎平的《打破自我的标签》（电子工业出版社 2015 年出版）更是一部专门为青年中国学生写作、希望他们能了解世界大势、科学规划人生的好书。这些书都是作者多年（甚至毕生）经验的总结，如果你愿意在这个时间碎片化的时代静下来好好阅读，相信它们不会让你失望的。

索 引

C

D

E

F

G

H

J

K

L

M

O

P

Q

R

S

T

W

X

Y

Z